指数関数・対数関数

1 指数の拡張

$a \neq 0$, n が，正の整数のとき

$$a^0=1,\ a^{-n}=\frac{1}{a^n}$$

$a>0$, m, n が，正の整数のとき

$$a^{\frac{1}{n}}=\sqrt[n]{a},\ a^{\frac{m}{n}}=(\sqrt[n]{a})^m=\sqrt[n]{a^m}$$

$$a^{-\frac{m}{n}}=\frac{1}{a^{\frac{m}{n}}}=\frac{1}{\sqrt[n]{a^m}}$$

2 指数法則

$a>0$, $b>0$, p, q が，整数や分数のとき

[1] $a^p \times a^q=a^{p+q}$, $a^p \div a^q=a^{p-q}$

[2] $(a^p)^q=a^{pq}$　　[3] $(ab)^p=a^pb^p$

3 対数

$a>0$, $a \neq 1$, $M>0$ のとき

$M=a^p$ ‹

4 対数の性質

[1] $\log_a 1=0$, $\log_a a=1$

[2] $\log_a MN=\log_a M+\log_a N$

[3] $\log_a \frac{M}{N}=\log_a M-\log_a N$

[4] $\log_a M^r=r\log_a M$

[5] $\log_a b=\frac{\log_c b}{\log_c a}$

5 指数関数と対数関数のグラフ

	指数関数 $y=a^x$	対数関数 $y=\log_a x$
グラフ	$0<a<1$, $a>1$, 1, O, x, y	$a>1$, $0<a<1$, O, 1, x, y
定義域	すべての数	正の数
値域	正の数	すべての数
$a>1$ のとき	つねに増加	つねに増加
$0<a<1$ のとき	つねに減少	つねに減少

微分

1 平均変化率

$y=f(x)$ において，x の値が a から b まで変化するときの $f(x)$ の平均変化率

$$\frac{f(b)-f(a)}{b-a}=\frac{(y\text{の変化量})}{(x\text{の変化量})}$$

2 微分係数

$y=f(x)$ の $x=a$ における微分係数 $f'(a)$

$$f'(a)=\lim_{h\to 0}\frac{f(a+h)-f(a)}{h}$$

3 微分の公式

[1] $(x^n)'=nx^{n-1}$

[2] $(c)'=0$　　(c は定数)

[3] $\{kf(x)\}'=kf'(x)$　　(k は定数)

[4] $\{f(x)+g(x)\}'=f'(x)+g'(x)$

[5] $\{f(x)-g(x)\}'=f'(x)-g'(x)$

4 接線の方程式

曲線 $y=f(x)$ 上の点 $(a,\ f(a))$ における接線の方程式

$$y-f(a)=f'(a)(x-a)$$

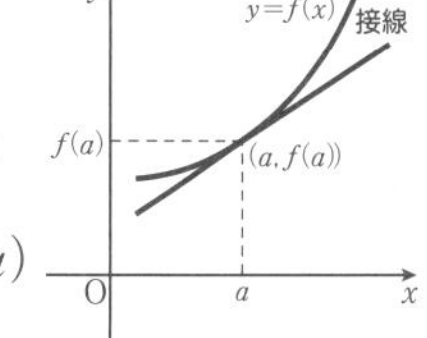

5 関数の増加・減少

$f'(x)>0$ となる x の範囲で y は増加

$f'(x)<0$ となる x の範囲で y は減少

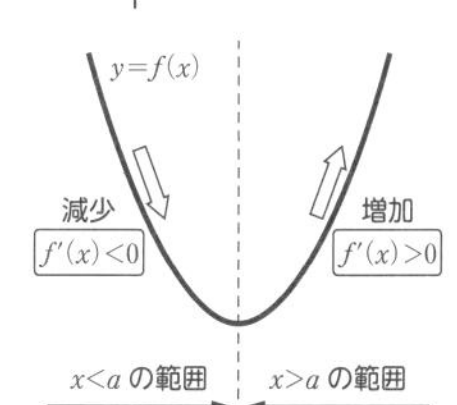

6 極大・極小

増減表で，

$f'(x)$ が＋から－へ変わるところで極大

$f'(x)$ が－から＋へ変わるところで極小

積分

1 不定積分

$$\int x^n\,dx=\frac{1}{n+1}x^{n+1}+C$$

$$\int k\,dx=kx+C,\quad \int dx=x+C$$

(n は正の整数，k は定数，C は積分定数)

2 不定積分の公式

[1] $\int kf(x)\,dx=k\int f(x)\,dx$

[2] $\int \{f(x)+g(x)\}\,dx$

$=\int f(x)\,dx+\int g(x)\,dx$

[3] $\int \{f(x)-g(x)\}\,dx$

$=\int f(x)\,dx-\int g(x)\,dx$

この公式は，定積分でも同様である。

3 定積分

$\int f(x)\,dx=F(x)+C$ のとき

$$\int_a^b f(x)\,dx=\Big[F(x)\Big]_a^b=F(b)-F(a)$$

4 面積

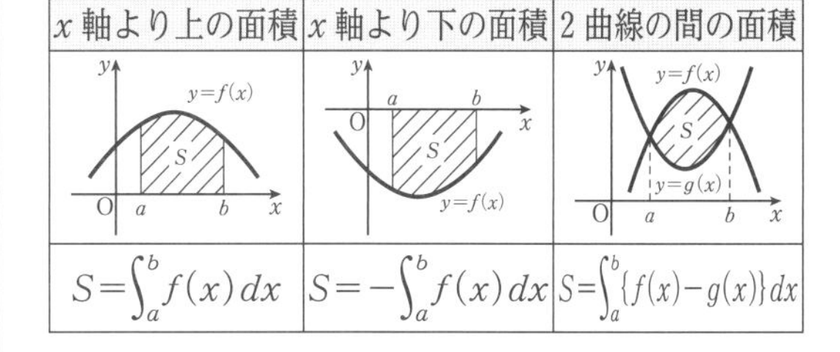

x 軸より上の面積	x 軸より下の面積	2 曲線の間の面積
$y=f(x)$, S, O, a, b, x, y	$y=f(x)$, S, O, a, b, x, y	$y=f(x)$, $y=g(x)$, S, O, a, b, x, y
$S=\int_a^b f(x)\,dx$	$S=-\int_a^b f(x)\,dx$	$S=\int_a^b \{f(x)-g(x)\}\,dx$

ラウンドノート数学Ⅱ

本書は，教科書「新編数学Ⅱ」に準拠した問題集です。教科書で扱う知識・技能が確実に身に付くようにするとともに，思考力・応用力も養えるように編集してあります。

本書の使い方

POINT 1	重要な用語や公式を簡潔にまとめています。
例 1	各項目の代表的な問題です。解答の考え方や要点をよく理解してください。
1A 1B	例の解き方を確認しながら取り組んでください。 同じタイプの問題を左右２段に配置しています。 ■一度になるべく多くの問題に取り組みたい場合は，A・B を同時に解きましょう。 ■二度目の反復練習を行いたい場合は，はじめにAだけを解き，その後Bに取り組んでください。
▼	
ROUND 2	教科書の応用例題レベルの反復演習まで進む場合に取り組んでください。
▼	
演習問題	各章の最後にある難易度の高い問題です。教科書の思考力 PLUS・章末問題レベルの応用力を身に付けたい場合に取り組んでください。例題で解法を確認してから問題を解いてみましょう。

■各項目の最後のページに検印欄を設けました。
■巻末の解答は略解です。詳細は別冊に掲載しました。

問題数

例	171 (231)
例題	11 (13)
問題	365 (689)

(　) は小問の数を表す。

目次

1　整式の乗法

▶教 p.4〜6

POINT 1
3次式の乗法公式

[1] $(a+b)^3 = a^3 + 3a^2b + 3ab^2 + b^3$
$(a-b)^3 = a^3 - 3a^2b + 3ab^2 - b^3$

[2] $(a+b)(a^2 - ab + b^2) = a^3 + b^3$
$(a-b)(a^2 + ab + b^2) = a^3 - b^3$

例 1　次の式を展開せよ。

(1)　$(x+1)^3$　　(2)　$(x+5)(x^2-5x+25)$

解答
(1)　$(x+1)^3 = x^3 + 3 \times x^2 \times 1 + 3 \times x \times 1^2 + 1^3 = x^3 + 3x^2 + 3x + 1$
(2)　$(x+5)(x^2-5x+25) = (x+5)(x^2 - x \times 5 + 5^2) = x^3 + 5^3 = x^3 + 125$

1A　次の式を展開せよ。

(1)　$(x+4)^3$

(2)　$(3x-1)^3$

(3)　$(x-2)(x^2+2x+4)$

(4)　$(3x+2y)(9x^2-6xy+4y^2)$

1B　次の式を展開せよ。

(1)　$(3x+2y)^3$

(2)　$(x-2y)^3$

(3)　$(x+4)(x^2-4x+16)$

(4)　$(2x-5y)(4x^2+10xy+25y^2)$

POINT 2

3次式の因数分解の公式

$$a^3+b^3=(a+b)(a^2-ab+b^2)$$
$$a^3-b^3=(a-b)(a^2+ab+b^2)$$

例 2 次の式を因数分解せよ。

(1) $8x^3+27$　　(2) $27x^3-64y^3$

解答 (1) $8x^3+27=(2x)^3+3^3=(2x+3)\{(2x)^2-2x\times3+3^2\}=(2x+3)(4x^2-6x+9)$

(2) $27x^3-64y^3=(3x)^3-(4y)^3=(3x-4y)\{(3x)^2+3x\times4y+(4y)^2\}$
$=(3x-4y)(9x^2+12xy+16y^2)$

2A 次の式を因数分解せよ。

(1) x^3-27

(2) $27x^3+8$

(3) $8a^3-125$

(4) $x^3-x^2y-2xy^2+8y^3$

2B 次の式を因数分解せよ。

(1) x^3+8y^3

(2) $64x^3-125y^3$

(3) $27a^3+1$

(4) $a^3-4a^2b+12ab^2-27b^3$

検印

2 二項定理

▶教 p.7〜11

POINT 3
二項定理

$(a+b)^n = {}_nC_0 a^n + {}_nC_1 a^{n-1}b + \cdots\cdots + {}_nC_r a^{n-r}b^r + \cdots\cdots + {}_nC_{n-1}ab^{n-1} + {}_nC_n b^n$

注 ${}_nC_r = \dfrac{n(n-1)(n-2)\cdot\cdots\cdots\cdot(n-r+1)}{r(r-1)(r-2)\cdot\cdots\cdots\cdot 3\cdot 2\cdot 1} = \dfrac{n!}{r!(n-r)!}$

ただし，${}_nC_0 = {}_nC_n = 1$，　$n! = n(n-1)\cdot\cdots\cdots\cdot 3\cdot 2\cdot 1$，　$0! = 1$

例 3 二項定理を利用して，$(x+2)^5$ を展開せよ。

解答 $(x+2)^5 = {}_5C_0x^5 + {}_5C_1x^4\cdot 2 + {}_5C_2x^3\cdot 2^2 + {}_5C_3x^2\cdot 2^3 + {}_5C_4x\cdot 2^4 + {}_5C_5\cdot 2^5$

$= 1\cdot x^5 + 5\cdot x^4\cdot 2 + 10\cdot x^3\cdot 4 + 10\cdot x^2\cdot 8 + 5\cdot x\cdot 16 + 1\cdot 32$

$= x^5 + 10x^4 + 40x^3 + 80x^2 + 80x + 32$

3A パスカルの三角形を利用して，$(a+1)^4$ を展開せよ。

3B パスカルの三角形を利用して，$(x+y)^7$ を展開せよ。

4A 二項定理を利用して，$(x+1)^6$ を展開せよ。

4B 二項定理を利用して，$(a+3b)^5$ を展開せよ。

POINT 4 $(a+b)^n$ の展開式の一般項は ${}_n\mathrm{C}_r a^{n-r} b^r$

一般項

例 4 $(2x+y)^5$ の展開式における x^2y^3 の係数を求めよ。

解答 $(2x+y)^5$ の展開式の一般項は ${}_5\mathrm{C}_r(2x)^{5-r}y^r = {}_5\mathrm{C}_r \times 2^{5-r} \times x^{5-r}y^r$

ここで，$x^{5-r}y^r$ の項が x^2y^3 となるのは，$r=3$ のときである。

よって，求める係数は ${}_5\mathrm{C}_3 \times 2^{5-3} = \dfrac{5\times4\times3}{3\times2\times1}\times4 = 40$

5A $(3x+2)^5$ の展開式における x^2 の係数を求めよ。

5B $(x-2y)^7$ の展開式における x^5y^2 の係数を求めよ。

例 5 次の等式を証明せよ。

$${}_n\mathrm{C}_0 + 2{}_n\mathrm{C}_1 + 2^2{}_n\mathrm{C}_2 + \cdots\cdots + 2^n{}_n\mathrm{C}_n = 3^n$$

証明 二項定理 $(a+b)^n = {}_n\mathrm{C}_0 a^n + {}_n\mathrm{C}_1 a^{n-1}b + {}_n\mathrm{C}_2 a^{n-2}b^2 + \cdots\cdots + {}_n\mathrm{C}_n b^n$

において，$a=1$，$b=2$ とおくと

$$(1+2)^n = {}_n\mathrm{C}_0\cdot1^n + {}_n\mathrm{C}_1\cdot1^{n-1}\cdot2 + {}_n\mathrm{C}_2\cdot1^{n-2}\cdot2^2 + \cdots\cdots + {}_n\mathrm{C}_n\cdot2^n$$

よって ${}_n\mathrm{C}_0 + 2{}_n\mathrm{C}_1 + 2^2{}_n\mathrm{C}_2 + \cdots\cdots + 2^n{}_n\mathrm{C}_n = 3^n$ 終

6A 次の等式を証明せよ。

${}_n\mathrm{C}_0 + 3{}_n\mathrm{C}_1 + 3^2{}_n\mathrm{C}_2 + \cdots + 3^n{}_n\mathrm{C}_n = 4^n$

6B 次の等式を証明せよ。

${}_n\mathrm{C}_0 - \dfrac{{}_n\mathrm{C}_1}{2} + \dfrac{{}_n\mathrm{C}_2}{2^2} - \cdots + (-1)^n\cdot\dfrac{{}_n\mathrm{C}_n}{2^n} = \left(\dfrac{1}{2}\right)^n$

POINT 5

$(a+b+c)^n$ の展開式

$(a+b+c)^n$ の展開式における $a^p b^q c^r$ の項の係数は $\dfrac{n!}{p!q!r!}$

ただし，$p+q+r=n$

例 6 次の式の展開式において，[　] 内に指定された項の係数を求めよ。

(1) $(a+b+c)^5$　$[a^2bc^2]$　　(2) $(a+2b-3c)^6$　$[a^3b^2c]$

解答 (1) $(a+b+c)^5$ の展開式における a^2bc^2 の項の係数は $\dfrac{5!}{2!1!2!}=30$

(2) $(a+2b-3c)^6$ の展開式における $a^3(2b)^2(-3c)^1$ の項は

$$\frac{6!}{3!2!1!}a^3(2b)^2(-3c)^1=\frac{6!}{3!2!1!}\times 2^2\times(-3)a^3b^2c=-720a^3b^2c$$

よって，求める係数は　-720

ROUND 2

7A 次の式の展開式において，[　] 内に指定された項の係数を求めよ。

(1) $(a+b+c)^4$　$[a^2bc]$

(2) $(2a-b+c)^5$　$[ab^2c^2]$

7B 次の式の展開式において，[　] 内に指定された項の係数を求めよ。

(1) $(x+y+z)^7$　$[x^2yz^4]$

(2) $(x-3y-2z)^6$　$[xz^5]$

検印

3 整式の除法

▶教 p.12〜14

POINT 6
整式の除法

① 項のない次数の場所は空ける。
② 割られる式の最高次の項が消えるように，次数の高い項から計算していく。
③ 余りの次数が割る式の次数より低くなるまで計算を続ける。

例 7 次の整式 A を整式 B で割ったときの商と余りを求めよ。

(1) $A=2x^2-3x+1$, $B=2x+3$　(2) $A=3x^3+2x-4$, $B=x^2-2x-1$

解答 (1) $A=2x^2-3x+1$, $B=2x+3$
右の計算より　商は $x-3$　余りは 10

$$\begin{array}{r} x\ -3 \\ 2x+3\,\overline{)\,2x^2-3x+1} \\ \underline{2x^2+3x} \\ -6x+1 \\ \underline{-6x-9} \\ 10 \end{array}$$

(2) $A=3x^3+2x-4$, $B=x^2-2x-1$
右の計算より　商は $3x+6$　余りは　$17x+2$

$$\begin{array}{r} 3x\ +6 \\ x^2-2x-1\,\overline{)\,3x^3\qquad +2x-4} \\ \underline{3x^3-6x^2-\ 3x} \\ 6x^2+\ 5x-4 \\ \underline{6x^2-12x-6} \\ 17x+2 \end{array}$$

8A 次の整式 A を整式 B で割ったときの商と余りを求めよ。

(1) $A=2x^2+5x-6$, $B=x+3$

(2) $A=3x^3-2x^2+x-1$, $B=x^2-2x-2$

8B 次の整式 A を整式 B で割ったときの商と余りを求めよ。

(1) $A=3x^2+4x-6$, $B=3x+1$

(2) $A=2x^3-7x^2+3$, $B=x^2-2x+1$

POINT 7

整式の除法の関係式

整式 A を整式 B で割ったときの商を Q，余りを R とすると
$$A=BQ+R \qquad \text{ただし，}(R\text{ の次数})<(B\text{ の次数})$$
が成り立つ。

例 8 次の問いに答えよ。

(1) 整式 A を $x-3$ で割ると，商が x^2+3x+9，余りが 10 である。このとき，整式 A を求めよ。

(2) 整式 $3x^3+10x^2+3x-1$ をある整式 B で割ると，商が $3x-2$，余りが $5x+3$ である。このとき，整式 B を求めよ。

解答 (1) 整式の除法の関係式より
$$A=(x-3)(x^2+3x+9)+10=(x^3-27)+10=x^3-17$$

(2) 整式の除法の関係式より
$$3x^3+10x^2+3x-1=B\times(3x-2)+(5x+3)$$
よって　$3x^3+10x^2-2x-4=B(3x-2)$

したがって，$3x^3+10x^2-2x-4$ を $3x-2$ で割って　$B=x^2+4x+2$

9A 整式 A を $x+3$ で割ると，商が x^2+2x-3，余りが 5 である。このとき，整式 A を求めよ。

9B 整式 A を x^2-3x-4 で割ると，商が $x+1$，余りが $2x+3$ である。このとき，整式 A を求めよ。

10A 整式 $2x^3-x^2+3x-1$ をある整式 B で割ると，商が $2x+1$，余りが -3 である。このとき，整式 B を求めよ。

10B 整式 x^3-x^2-3x+1 をある整式 B で割ると，商が $x-2$，余りが $-3x+5$ である。このとき，整式 B を求めよ。

検印

4 分数式

▶教 p.15～17

POINT 8
分数式

$$\frac{A}{B}=\frac{A\times C}{B\times C},\qquad \frac{A}{B}=\frac{A\div C}{B\div C}\quad (C \text{ は } 0 \text{ でない整式})$$

分数式の分母と分子を，その共通の因数で割ることを約分するという。
それ以上約分できない分数式を既約分数式という。

例 9 次の式を約分して，既約分数式に直せ。

(1) $\dfrac{4x^4y}{6x^2y^4}$　　(2) $\dfrac{2x^2-x-3}{x^3+1}$

解答 (1) $\dfrac{4x^4y}{6x^2y^4}=\dfrac{2x^2y\times 2x^2}{2x^2y\times 3y^3}=\dfrac{2x^2}{3y^3}$　　← $2x^2y$ で約分

(2) $\dfrac{2x^2-x-3}{x^3+1}=\dfrac{(x+1)(2x-3)}{(x+1)(x^2-x+1)}=\dfrac{2x-3}{x^2-x+1}$　　← $x+1$ で約分

11A 次の式を約分して，既約分数式に直せ。

(1) $\dfrac{6x^3y}{8x^2y^3}$

(2) $\dfrac{3x+6}{x^2+4x+4}$

(3) $\dfrac{x^2-2x-3}{2x^2+x-1}$

11B 次の式を約分して，既約分数式に直せ。

(1) $\dfrac{21x^2y^5}{15x^4y^3}$

(2) $\dfrac{x^2-4}{x^2-3x+2}$

(3) $\dfrac{x^2-9}{x^3-27}$

POINT 9
分数式の乗法・除法

$$\frac{A}{B}\times\frac{C}{D}=\frac{AC}{BD},\qquad \frac{A}{B}\div\frac{C}{D}=\frac{A}{B}\times\frac{D}{C}=\frac{AD}{BC}$$

例 10 次の計算をせよ。

(1) $\dfrac{x}{x-1}\times\dfrac{x^2-1}{x^2+4x}$　　(2) $\dfrac{x-6}{x+2}\div\dfrac{x^2-7x+6}{x^2-x-6}$

解答 (1) $\dfrac{x}{x-1}\times\dfrac{x^2-1}{x^2+4x}=\dfrac{x}{x-1}\times\dfrac{(x+1)(x-1)}{x(x+4)}=\dfrac{x+1}{x+4}$

(2) $\dfrac{x-6}{x+2}\div\dfrac{x^2-7x+6}{x^2-x-6}=\dfrac{x-6}{x+2}\times\dfrac{x^2-x-6}{x^2-7x+6}=\dfrac{x-6}{x+2}\times\dfrac{(x+2)(x-3)}{(x-1)(x-6)}=\dfrac{x-3}{x-1}$

12A 次の計算をせよ。

(1) $\dfrac{5x-3}{4(x+2)}\times\dfrac{x+2}{(x+1)(5x-3)}$

(2) $\dfrac{x^2-9}{x+2}\div\dfrac{2x-6}{x^2+2x}$

(3) $\dfrac{x^2+2x-3}{x^2-3x+2}\times\dfrac{x^2-x-2}{x^2+4x+3}$

12B 次の計算をせよ。

(1) $\dfrac{x+4}{x^2-4}\times\dfrac{x+2}{x^2+4x}$

(2) $\dfrac{x^2-2x+1}{3x^2+5x+2}\div\dfrac{x^3-1}{3x^2-4x-4}$

(3) $\dfrac{4x^2-1}{2x^2+5x-3}\div\dfrac{6x^2+7x+2}{3x^2+11x+6}$

POINT 10
分母が等しい分数式の加法・減法

$$\frac{A}{C}+\frac{B}{C}=\frac{A+B}{C},\qquad \frac{A}{C}-\frac{B}{C}=\frac{A-B}{C}$$

例 11 $\dfrac{x^2-x}{x+2}-\dfrac{6}{x+2}$ を計算せよ。

解答 $\dfrac{x^2-x}{x+2}-\dfrac{6}{x+2}=\dfrac{x^2-x-6}{x+2}=\dfrac{(x+2)(x-3)}{x+2}=x-3$ ← $\dfrac{A}{C}-\dfrac{B}{C}=\dfrac{A-B}{C}$

13A 次の計算をせよ。

(1) $\dfrac{x+2}{x+3}+\dfrac{x+4}{x+3}$

(2) $\dfrac{x^2}{x^2-x-6}+\dfrac{2x}{x^2-x-6}$

(3) $\dfrac{x^2+2x}{x^3-1}-\dfrac{2x+1}{x^3-1}$

13B 次の計算をせよ。

(1) $\dfrac{2x+6}{x-1}-\dfrac{3x+5}{x-1}$

(2) $\dfrac{x^2}{3x^2+2x-1}-\dfrac{2x+3}{3x^2+2x-1}$

(3) $\dfrac{x+5}{x^3+8}+\dfrac{x^2-3x-1}{x^3+8}$

POINT 11

分母が異なる分数式の加法・減法

分母が異なる分数式の加法や減法では，それぞれの分数式の分母，分子に適当な整式を掛けて，分母を同じ整式に直して計算する。

例 12 次の計算をせよ。

(1) $\dfrac{x}{x+1}-\dfrac{1}{x-1}$　　(2) $\dfrac{x-1}{x^2+3x}+\dfrac{8}{x^2-9}$

解答

(1) $\dfrac{x}{x+1}-\dfrac{1}{x-1}=\dfrac{x(x-1)}{(x+1)(x-1)}-\dfrac{x+1}{(x+1)(x-1)}=\dfrac{x^2-2x-1}{(x+1)(x-1)}$

(2) $\dfrac{x-1}{x^2+3x}+\dfrac{8}{x^2-9}=\dfrac{x-1}{x(x+3)}+\dfrac{8}{(x+3)(x-3)}$

$=\dfrac{(x-1)(x-3)}{x(x+3)(x-3)}+\dfrac{8x}{x(x+3)(x-3)}=\dfrac{(x-1)(x-3)+8x}{x(x+3)(x-3)}$

$=\dfrac{x^2+4x+3}{x(x+3)(x-3)}=\dfrac{(x+1)(x+3)}{x(x+3)(x-3)}=\dfrac{x+1}{x(x-3)}$

14A 次の計算をせよ。

(1) $\dfrac{3}{x+3}+\dfrac{5}{x-5}$

(2) $\dfrac{2}{x(x-1)}-\dfrac{1}{(x-1)(x-2)}$

(3) $\dfrac{x-1}{x^2-2x-3}+\dfrac{x+5}{x^2-6x-7}$

14B 次の計算をせよ。

(1) $\dfrac{x-1}{x-2}-\dfrac{x}{x+1}$

(2) $\dfrac{1}{(x+1)(x+2)}+\dfrac{x+5}{(x+1)(x-3)}$

(3) $\dfrac{x+8}{x^2+x-2}-\dfrac{x+5}{x^2-1}$

検印

5　複素数

▶教 p.20〜25

POINT 12
複素数

2乗して -1 となる数を i で表す。すなわち $i^2=-1$
a, b を実数として，$a+bi$ の形で表される数を複素数といい，a を実部，b を虚部という。

例 13　次の複素数の実部と虚部を答えよ。

(1)　$3-4i$　　(2)　$2i$

解答　(1)　実部は 3，虚部は -4　　(2)　実部は 0，虚部は 2

15A　次の複素数の実部と虚部を答えよ。

(1)　$3+7i$

(2)　$-6i$

15B　次の複素数の実部と虚部を答えよ。

(1)　$-2-i$

(2)　$1+\sqrt{2}$

POINT 13
複素数の相等

$a+bi=c+di \iff a=c$ かつ $b=d$
とくに　$a+bi=0 \iff a=0$ かつ $b=0$

例 14　次の等式を満たす実数 x，y の値を求めよ。

$$(x+y)+(3x-y)i=-1+5i$$

解答　$x+y$，$3x-y$ は実数であるから　$x+y=-1$ かつ $3x-y=5$
これを解いて　$x=1$，$y=-2$

16A　次の等式を満たす実数 x，y の値を求めよ。

(1)　$2x+(3y+1)i=-8+4i$

(2)　$(x+2y)-(2x-y)i=4+7i$

16B　次の等式を満たす実数 x，y の値を求めよ。

(1)　$3(x-2)+(y+4)i=6-yi$

(2)　$(x-2y)+(y+4)i=0$

POINT 14
複素数の加法・減法・乗法

加法・減法は，実部と虚部をそれぞれ計算する。
乗法は，i^2 が現れれば i^2 を -1 と置きかえて計算する。

例 15 次の計算をせよ。

(1) $(3+2i)+(1-4i)$ (2) $(3+2i)-(1-4i)$ (3) $(1+2i)(3-4i)$

解答

(1) $(3+2i)+(1-4i)=(3+1)+(2-4)i$
$=4-2i$
⬅ $(a+bi)+(c+di)=(a+c)+(b+d)i$

(2) $(3+2i)-(1-4i)=(3-1)+\{2-(-4)\}i$
$=2+6i$
⬅ $(a+bi)-(c+di)=(a-c)+(b-d)i$

(3) $(1+2i)(3-4i)=3-4i+6i-8i^2$
⬅ i を文字と考え計算する
$=3-4i+6i-8\times(-1)$
⬅ $i^2=-1$ と置きかえる
$=3+2i+8=11+2i$

17A 次の計算をせよ。

(1) $(2+5i)+(3+2i)$

(2) $(3+8i)-(4+9i)$

(3) $(2+3i)(1+4i)$

(4) $(4+3i)(4-3i)$

17B 次の計算をせよ。

(1) $(4-3i)+(-3+2i)$

(2) $(5i-4)-(-4i)$

(3) $(3+5i)(2-i)$

(4) $(1+3i)^2$

POINT 15 複素数の除法

複素数 $a+bi$ に対して，複素数 $a-bi$ を共役な複素数という。
除法は，分母と共役な複素数を分母・分子に掛けるなどして，分母を実数に直して計算する。

例 16 $2+5i$ と共役な複素数を答えよ。

解答 $2-5i$

18A $3+i$ と共役な複素数を答えよ。

18B $\dfrac{3-\sqrt{5}\,i}{2}$ と共役な複素数を答えよ。

例 17 $\dfrac{10+5i}{1+2i}$ を計算し，$a+bi$ の形にせよ。

解答 $\dfrac{10+5i}{1+2i}=\dfrac{(10+5i)(1-2i)}{(1+2i)(1-2i)}=\dfrac{10-20i+5i-10i^2}{1-4i^2}=\dfrac{20-15i}{5}=4-3i$

19A 次の計算をし，$a+bi$ の形にせよ。

(1) $\dfrac{1+2i}{3+2i}$

(2) $\dfrac{2-i}{5i}$

(3) $\dfrac{4}{1+i}+\dfrac{2i}{1-i}$

19B 次の計算をし，$a+bi$ の形にせよ。

(1) $\dfrac{3+2i}{1-2i}$

(2) $\dfrac{4}{3+i}$

(3) $\dfrac{1+2i}{2+i}-\dfrac{1-2i}{2-i}$

POINT 16 $a>0$ のとき，$\sqrt{-a}=\sqrt{a}\,i$　とくに，$\sqrt{-1}=i$

負の数の平方根 $a>0$ のとき，負の数 $-a$ の平方根は，$\pm\sqrt{-a}$　すなわち　$\pm\sqrt{a}\,i$

例 18 次の計算をせよ。

(1) $\sqrt{-2}\times\sqrt{-5}$　　(2) $\dfrac{\sqrt{8}}{\sqrt{-2}}$

解答 (1) $\sqrt{-2}\times\sqrt{-5}=\sqrt{2}\,i\times\sqrt{5}\,i=\sqrt{10}\,i^2=-\sqrt{10}$

(2) $\dfrac{\sqrt{8}}{\sqrt{-2}}=\dfrac{2\sqrt{2}}{\sqrt{2}\,i}=\dfrac{2}{i}=\dfrac{2\times i}{i\times i}=\dfrac{2i}{i^2}=-2i$

20A 次の計算をせよ。

(1) $\sqrt{-2}\times\sqrt{-3}$

(2) $\dfrac{\sqrt{12}}{\sqrt{-4}}$

20B 次の計算をせよ。

(1) $(\sqrt{-3}+1)^2$

(2) $(\sqrt{2}-\sqrt{-3})(\sqrt{-2}-\sqrt{3})$

POINT 17 2次方程式 $x^2=k$ の解は，$x=\pm\sqrt{k}$

$x^2=k$ の解

例 19 2次方程式 $x^2=-3$ を解け。

解答 $x=\pm\sqrt{-3}=\pm\sqrt{3}\,i$

21A 次の2次方程式を解け。

(1) $x^2=-2$

(2) $9x^2=-1$

21B 次の2次方程式を解け。

(1) $x^2=-16$

(2) $4x^2+9=0$

検印

6 2次方程式

▶教 p. 26〜29

POINT 18
2次方程式の解の公式

2次方程式 $ax^2+bx+c=0$ の解は　$x=\dfrac{-b\pm\sqrt{b^2-4ac}}{2a}$

とくに，$b=2b'$ のとき　$x=\dfrac{-b'\pm\sqrt{b'^2-ac}}{a}$

例 20　次の2次方程式を解け。

(1)　$2x^2-4x-1=0$　　(2)　$9x^2+6x+1=0$

解答　(1)　$x=\dfrac{-(-4)\pm\sqrt{(-4)^2-4\times2\times(-1)}}{2\times2}=\dfrac{4\pm\sqrt{24}}{4}=\dfrac{4\pm2\sqrt{6}}{4}=\dfrac{2\pm\sqrt{6}}{2}$

(2)　$x=\dfrac{-6\pm\sqrt{6^2-4\times9\times1}}{2\times9}=\dfrac{-6\pm0}{18}=-\dfrac{1}{3}$

22A　次の2次方程式を解け。

(1)　$2x^2+5x+1=0$

(2)　$9x^2+12x+4=0$

(3)　$x^2-x+1=0$

22B　次の2次方程式を解け。

(1)　$x^2-4x+1=0$

(2)　$2x^2-4x+5=0$

(3)　$3x^2-2x-1=0$

POINT 19

判別式

2次方程式 $ax^2+bx+c=0$ において，$D=b^2-4ac$ とすると

[1] $D>0 \iff$ 異なる2つの実数解をもつ
[2] $D=0 \iff$ 重解をもつ
（[1], [2] をあわせて）$D \geqq 0 \iff$ 実数解をもつ
[3] $D<0 \iff$ 異なる2つの虚数解をもつ

例 21 次の2次方程式の解を判別せよ。

(1) $2x^2+3x-1=0$　(2) $9x^2-12x+4=0$　(3) $5x^2-3x+1=0$

解答　2次方程式の判別式を D とする。

(1) $D=3^2-4\times2\times(-1)=17>0$　よって，異なる2つの実数解をもつ。

(2) $D=(-12)^2-4\times9\times4=0$　よって，重解をもつ。

(3) $D=(-3)^2-4\times5\times1=-11<0$　よって，異なる2つの虚数解をもつ。

23A 次の2次方程式の解を判別せよ。

(1) $2x^2+5x+3=0$

(2) $25x^2-10x+1=0$

(3) $x^2+2\sqrt{5}x+5=0$

23B 次の2次方程式の解を判別せよ。

(1) $3x^2-4x+2=0$

(2) $x^2+x-1=0$

(3) $4x^2+3=0$

例 22　2 次方程式 $x^2-mx+3m-8=0$ が異なる 2 つの実数解をもつとき，定数 m の値の範囲を求めよ。

解答　この 2 次方程式の判別式を D とすると

$$D=(-m)^2-4\times1\times(3m-8)=m^2-12m+32$$

2 次方程式が異なる 2 つの実数解をもつのは $D>0$ のときである。

ゆえに　$m^2-12m+32>0$

$(m-4)(m-8)>0$

よって，求める定数 m の値の範囲は　$m<4,\ 8<m$

24A　2 次方程式 $x^2+(m-3)x+1=0$ が次のような解をもつとき，定数 m の値の範囲を求めよ。

(1)　異なる 2 つの実数解

(2)　異なる 2 つの虚数解

24B　2 次方程式 $x^2+2mx+m+2=0$ が次のような解をもつとき，定数 m の値の範囲を求めよ。

(1)　実数解

(2)　異なる 2 つの虚数解

検印

7 解と係数の関係

▶教 p.30〜33

POINT 20 解と係数の関係

2次方程式 $ax^2+bx+c=0$ の2つの解を α, β とすると

$$\alpha+\beta=-\frac{b}{a},\qquad \alpha\beta=\frac{c}{a}$$

例 23 2次方程式 $2x^2+6x+3=0$ の2つの解を α, β とするとき，次の式の値を求めよ。

(1) $\alpha+\beta$, $\alpha\beta$　　(2) $(\alpha-2)(\beta-2)$

(3) $\alpha^2+\beta^2$　　(4) $\dfrac{1}{\alpha}+\dfrac{1}{\beta}$

解答 (1) 解と係数の関係より　$\alpha+\beta=-\dfrac{6}{2}=-3$, $\alpha\beta=\dfrac{3}{2}$

(2) $(\alpha-2)(\beta-2)=\alpha\beta-2(\alpha+\beta)+4=\dfrac{3}{2}-2\times(-3)+4=\dfrac{23}{2}$

(3) $\alpha^2+\beta^2=(\alpha+\beta)^2-2\alpha\beta=(-3)^2-2\times\dfrac{3}{2}=6$

(4) $\dfrac{1}{\alpha}+\dfrac{1}{\beta}=\dfrac{\beta}{\alpha\beta}+\dfrac{\alpha}{\alpha\beta}=\dfrac{\alpha+\beta}{\alpha\beta}=(-3)\div\dfrac{3}{2}=-2$

25A 2次方程式 $2x^2-x-4=0$ の2つの解を α, β とするとき，次の式の値を求めよ。

(1) $\alpha+\beta$, $\alpha\beta$

(2) $(\alpha+3)(\beta+3)$

(3) $\alpha^2-\alpha\beta+\beta^2$

(4) $\alpha^3+\beta^3$

25B 2次方程式 $3x^2+5x+4=0$ の2つの解を α, β とするとき，次の式の値を求めよ。

(1) $\alpha+\beta$, $\alpha\beta$

(2) $(\alpha-1)(\beta-1)$

(3) $(\alpha-\beta)^2$

(4) $\dfrac{1}{\alpha}+\dfrac{1}{\beta}$

POINT 21 解に条件のある2次方程式

一方の解をαとおき，他方の解βをαで表す。

例 24 2次方程式 $x^2+5x+m=0$ について，1つの解が他の解の4倍であるとき，定数mの値と2つの解を求めよ。

解答 2つの解は，α，4αと表せる。
解と係数の関係から　$\alpha+4\alpha=-5$，$\alpha\times 4\alpha=m$
よって　$\alpha+4\alpha=-5$　より　$\alpha=-1$
また　$\alpha\times 4\alpha=m$　より　$m=4\alpha^2=4\times(-1)^2=4$
したがって，$m=4$，2つの解は $x=-1,\ -4$

26A 2次方程式 $x^2+8x+m=0$ について，1つの解が他の解の3倍であるとき，定数mの値と2つの解を求めよ。

26B 2次方程式 $x^2-9x+m=0$ について，1つの解が他の解の2倍であるとき，定数mの値と2つの解を求めよ。

ROUND 2

27A 2次方程式 $x^2+10x+m=0$ について，2つの解の差が4であるとき，定数mの値と2つの解を求めよ。

27B 2次方程式 $x^2-7x+m=0$ について，2つの解の差が3であるとき，定数mの値と2つの解を求めよ。

POINT 22
2次式の因数分解

2次方程式 $ax^2+bx+c=0$ の2つの解を α, β とすると
$$ax^2+bx+c=a(x-\alpha)(x-\beta)$$

例 25 次の2次式を，複素数の範囲で因数分解せよ。

(1) x^2-4x+1　　　(2) $2x^2-3x+2$

解答 (1) 2次方程式 $x^2-4x+1=0$ の解は　$x=2\pm\sqrt{3}$

よって　$x^2-4x+1=\{x-(2+\sqrt{3})\}\{x-(2-\sqrt{3})\}$
$=(x-2-\sqrt{3})(x-2+\sqrt{3})$

(2) 2次方程式 $2x^2-3x+2=0$ の解は　$x=\dfrac{3\pm\sqrt{7}i}{4}$

よって　$2x^2-3x+2=2\left(x-\dfrac{3+\sqrt{7}i}{4}\right)\left(x-\dfrac{3-\sqrt{7}i}{4}\right)$

28A 次の2次式を，複素数の範囲で因数分解せよ。

(1) $2x^2-4x-1$

(2) $3x^2-6x+5$

28B 次の2次式を，複素数の範囲で因数分解せよ。

(1) x^2-x+1

(2) x^2+4

POINT 23
2数 α, β を解とする2次方程式

2数 α, β を解とする2次方程式の1つは
$$x^2-(\alpha+\beta)x+\alpha\beta=0$$

例26 2数 $2+i$, $2-i$ を解とする2次方程式を1つ求めよ。

解答 解の和 $(2+i)+(2-i)=4$, 解の積 $(2+i)(2-i)=5$ より　$x^2-4x+5=0$

29A 次の2数を解とする2次方程式を1つ求めよ。

(1) 3, -4

(2) $1+4i$, $1-4i$

29B 次の2数を解とする2次方程式を1つ求めよ。

(1) $2+\sqrt{5}$, $2-\sqrt{5}$

(2) $3+2i$, $3-2i$

例27 2次方程式 $x^2+2x+5=0$ の2つの解を α, β とするとき, $\alpha+3$, $\beta+3$ を解とする2次方程式を1つ求めよ。

解答 解と係数の関係より　$\alpha+\beta=-2$, $\alpha\beta=5$
であるから, $\alpha+3$, $\beta+3$ の和と積をそれぞれ求めると
$$(\alpha+3)+(\beta+3)=(\alpha+\beta)+6=-2+6=4$$
$$(\alpha+3)(\beta+3)=\alpha\beta+3(\alpha+\beta)+9=5+3\times(-2)+9=8$$
よって, 求める2次方程式の1つは　$x^2-4x+8=0$

30A 2次方程式 $2x^2+x-2=0$ の2つの解を α, β とするとき, $2\alpha+1$, $2\beta+1$ を解とする2次方程式を1つ求めよ。

30B 2次方程式 $x^2-5x+2=0$ の2つの解を α, β とするとき, $\dfrac{4}{\alpha}$, $\dfrac{4}{\beta}$ を解とする2次方程式を1つ求めよ。

8 剰余の定理

▶教 p.34〜36

POINT 24
剰余の定理

整式 $P(x)$ を 1 次式 $x-\alpha$ で割ったときの余り R は
$$R=P(\alpha)$$

例 28 整式 $P(x)=2x^3-3x^2-x+4$ を，次の 1 次式で割ったときの余りを求めよ。
(1) $x-3$　　(2) $x+1$

解答 (1) $P(3)=2\times3^3-3\times3^2-3+4=28$
(2) $P(-1)=2\times(-1)^3-3\times(-1)^2-(-1)+4=0$

31A 整式 $P(x)=2x^3+x^2-4x-3$ を，次の 1 次式で割ったときの余りを求めよ。
(1) $x-1$
(2) $x+2$

31B 整式 $P(x)=x^3+3x^2-4x+5$ を，次の 1 次式で割ったときの余りを求めよ。
(1) $x-2$
(2) $x+3$

例 29 整式 $P(x)=x^3-2x^2+7x+k$ を $x-1$ で割ったとき，余りが 4 となるような定数 k の値を求めよ。

解答 $P(x)$ を $x-1$ で割ったときの余りが 4 であるから，剰余の定理より　$P(1)=4$
ここで　$P(1)=1^3-2\times1^2+7\times1+k=k+6$　よって，$k+6=4$ より　　$k=-2$

32A 次の条件を満たすような定数 k の値を求めよ。
(1) 整式 $P(x)=x^3-3x^2-4x+k$ を $x-2$ で割ったとき，余りが -5 となる
(2) 整式 $P(x)=x^3-2x^2-kx-5$ が $x-1$ で割り切れる

32B 次の条件を満たすような定数 k の値を求めよ。
(1) 整式 $P(x)=x^3+kx^2-2x+3$ を $x+1$ で割ったとき，余りが 3 となる
(2) 整式 $P(x)=2x^3+4x^2-5x+k$ が $x+2$ で割り切れる

POINT 25 整式の除法の余り

$\boldsymbol{P(x)}$ を $\boldsymbol{A(x)}$ で割ったときの余りを $\boldsymbol{R(x)}$ とすると，$\boldsymbol{R(x)}$ の次数は $\boldsymbol{A(x)}$ の次数より低い。

例 30 整式 $P(x)$ は $x-3$ で割ると 5 余り，$x+4$ で割ると -9 余るという。$P(x)$ を $(x-3)(x+4)$ で割ったときの余りを求めよ。

解答　$P(x)$ を $(x-3)(x+4)$ で割ったときの商を $Q(x)$ とする。
$(x-3)(x+4)$ は 2 次式であるから，余りは 1 次以下の整式となる。
この余りを $ax+b$ とおくと，次の等式が成り立つ。

$$P(x)=(x-3)(x+4)Q(x)+ax+b \quad \cdots\cdots①$$

①に $x=3,\ -4$ をそれぞれ代入すると　$P(3)=3a+b,\quad P(-4)=-4a+b$
一方，与えられた条件から剰余の定理より　$P(3)=5,\quad P(-4)=-9$

よって　$\begin{cases} 3a+b=5 \\ -4a+b=-9 \end{cases}$

これを解くと　$a=2,\ b=-1$　　したがって，求める余りは　$2x-1$

ROUND 2

33A 整式 $P(x)$ は $x-2$ で割ると -1 余り，$x-3$ で割ると 2 余るという。$P(x)$ を $(x-2)(x-3)$ で割ったときの余りを求めよ。

33B 整式 $P(x)$ は $x+2$ で割ると 3 余り，$x+4$ で割ると 5 余るという。$P(x)$ を $(x+2)(x+4)$ で割ったときの余りを求めよ。

9 因数定理

▶数 p.37〜38

POINT 26 因数定理

整式 $P(x)$ が $x-\alpha$ を因数にもつ $\iff$ $P(\alpha)=0$

例 31 $x+1$, $x-2$, $x+3$ のうち，整式 $P(x)=x^3-x^2+5x-14$ が因数にもつものはどれか。

解答 $P(-1)=(-1)^3-(-1)^2+5\times(-1)-14=-21$,　$P(2)=2^3-2^2+5\times2-14=0$

$P(-3)=(-3)^3-(-3)^2+5\times(-3)-14=-65$

よって，整式 $P(x)$ は $x-2$ を因数にもつ。

34A $x+1$, $x-2$, $x+3$ のうち，整式 $P(x)=x^3-2x^2-5x+10$ が因数にもつものはどれか。

34B $x+1$, $x-2$, $x+3$ のうち，整式 $P(x)=2x^3+5x^2-6x-9$ が因数にもつものはどれか。

例 32 整式 $P(x)=x^3+2x^2+4x+m$ が $x+2$ を因数にもつとき，定数 m の値を求めよ。

解答 $P(-2)=(-2)^3+2\times(-2)^2+4\times(-2)+m=0$ となればよいから　$m=8$

35A 整式 $P(x)=x^3-3x^2+mx+6$ が次のような因数をもつとき，定数 m の値をそれぞれ求めよ。

(1) $x+1$

(2) $x-3$

35B 整式 $P(x)=x^3-mx^2+5x-6$ が次のような因数をもつとき，定数 m の値をそれぞれ求めよ。

(1) $x+2$

(2) $x-1$

例 33 因数定理を用いて，x^3+2x^2-5x-6 を因数分解せよ。

解答 $P(x)=x^3+2x^2-5x-6$ とおくと

$$P(-1)=(-1)^3+2\times(-1)^2-5\times(-1)-6=0$$

よって，$P(x)$ は $x+1$ を因数にもつ。

$P(x)$ を $x+1$ で割ると，右の計算より商が x^2+x-6 であるから

$$\begin{aligned} x^3+2x^2-5x-6 &= (x+1)(x^2+x-6) \\ &= (x+1)(x-2)(x+3) \end{aligned}$$

← -6 の約数 ±1，±2，±3，±6 から $P(\alpha)=0$ となる α をさがす

$$\begin{array}{r} x^2+\ x\ -6 \\ x+1\,\overline{)\,x^3+2x^2-5x-6} \\ \underline{x^3+\ x^2\qquad\qquad} \\ x^2-5x\qquad \\ \underline{x^2+\ x\qquad} \\ -6x-6 \\ \underline{-6x-6} \\ 0 \end{array}$$

36A 因数定理を用いて，次の式を因数分解せよ。

(1) x^3-4x^2+x+6

(2) $x^3-6x^2+12x-8$

36B 因数定理を用いて，次の式を因数分解せよ。

(1) $x^3+4x^2-3x-18$

(2) $2x^3-3x^2-11x+6$

検印

10 高次方程式

▶教 p.40〜42

POINT 27 高次方程式は，因数分解の公式を利用して解ける場合がある。

高次方程式 [1]

例 34 3 次方程式 $x^3 = -1$ を解け。

解答 $x^3 + 1 = 0$ として左辺を因数分解すると $(x+1)(x^2 - x + 1) = 0$

ゆえに $x + 1 = 0$ または $x^2 - x + 1 = 0$ よって $x = -1,\ \dfrac{1 \pm \sqrt{3}\,i}{2}$

37A 次の 3 次方程式を解け。

(1) $x^3 = 27$

(2) $8x^3 - 1 = 0$

37B 次の 3 次方程式を解け。

(1) $x^3 = -125$

(2) $27x^3 + 8 = 0$

例 35 4 次方程式 $x^4 + 7x^2 - 18 = 0$ を解け。

解答 左辺を因数分解すると $(x^2 - 2)(x^2 + 9) = 0$

ゆえに $x^2 - 2 = 0$ または $x^2 + 9 = 0$ よって $x = \pm\sqrt{2},\ \pm 3i$

38A 次の 4 次方程式を解け。

(1) $x^4 + 3x^2 - 4 = 0$

(2) $x^4 - 16 = 0$

38B 次の 4 次方程式を解け。

(1) $x^4 - x^2 - 30 = 0$

(2) $81x^4 - 1 = 0$

POINT 28 高次方程式 [2]

高次方程式は，因数定理を利用して解ける場合がある。

例 36 3次方程式 $x^3-4x+15=0$ を解け。

解答 $P(x)=x^3-4x+15$ とおくと $P(-3)=(-3)^3-4\times(-3)+15=0$

よって，$P(x)$ は $x+3$ を因数にもち $P(x)=(x+3)(x^2-3x+5)$

と因数分解できる。

ゆえに，$P(x)=0$ より $(x+3)(x^2-3x+5)=0$

よって $x+3=0$ または $x^2-3x+5=0$

したがって $x=-3,\ \dfrac{3\pm\sqrt{11}i}{2}$

$$
\begin{array}{r}
x^2-3x+5 \\
x+3\,\overline{)\,x^3\qquad -4x+15} \\
\underline{x^3+3x^2\qquad\qquad} \\
-3x^2-4x\qquad \\
\underline{-3x^2-9x\qquad} \\
5x+15 \\
\underline{5x+15} \\
0
\end{array}
$$

39A 次の3次方程式を解け。

(1) $x^3-7x^2+x+5=0$

(2) $x^3-2x^2+x+4=0$

39B 次の3次方程式を解け。

(1) $x^3+4x^2-8=0$

(2) $2x^3-3x^2-3x+2=0$

例 37　3 次方程式 $x^3+px^2+x+q=0$ の解の 1 つが $2+i$ のとき，実数 p，q の値を求めよ。また，他の解を求めよ。

解答　$x^3+px^2+x+q=0$ の解の 1 つが $x=2+i$ であるから

$$(2+i)^3+p(2+i)^2+(2+i)+q=0$$

これを展開して整理すると　$(3p+q+4)+(4p+12)i=0$

$3p+q+4$，$4p+12$ は実数であるから　$3p+q+4=0$，$4p+12=0$

これを解くと　$p=-3$，$q=5$

このとき，与えられた方程式は　$x^3-3x^2+x+5=0$

左辺を因数分解すると　$(x+1)(x^2-4x+5)=0$

より　$x=-1$，$2\pm i$　したがって　$p=-3$，$q=5$，　他の解は　$x=-1$，$2-i$

ROUND 2

40A　3 次方程式 $x^3+px^2+qx+20=0$ の解の 1 つが $1-3i$ のとき，実数 p，q の値を求めよ。また，他の解を求めよ。

40B　3 次方程式 $x^3-3x^2+px+q=0$ の解の 1 つが $2+3i$ のとき，実数 p，q の値を求めよ。また，他の解を求めよ。

検印

11　恒等式

▶教 p.44～45

POINT 29
恒等式

$ax^2+bx+c=a'x^2+b'x+c'$ が x についての恒等式 $\iff a=a',\ b=b',\ c=c'$

$ax^2+bx+c=0$ が x についての恒等式 $\iff a=b=c=0$

例 38　等式 $4x^2-5x+3=a(x-1)^2+b(x-1)+c$ が x についての恒等式であるとき，定数 a，b，c の値を求めよ。

解答　与えられた等式について，右辺を展開して整理すると

$$4x^2-5x+3=ax^2+(-2a+b)x+(a-b+c)$$

両辺の同じ次数の項の係数を比べて

$$4=a,\quad -5=-2a+b,\quad 3=a-b+c$$

これを解くと　$a=4$，$b=3$，$c=2$

41A　次の等式が x についての恒等式であるとき，定数 a，b，c の値を求めよ。

(1)　$2x+6=a(x+1)+b(x-3)$

(2)　$2x^2-3x+4=a(x-1)^2+b(x-1)+c$

41B　次の等式が x についての恒等式であるとき，定数 a，b，c の値を求めよ。

(1)　$x^2+4x+6=a(x+1)^2+b(x+1)+c$

(2)　$(2a+b)x^2+(c-3)x+(a+c)=0$

検印

12 等式の証明

▶教 p.46〜47

POINT 30
等式の証明

等式 $A=B$ の証明は，次のいずれかの方法で証明すればよい。
[1]　A を変形して B を導く。または，B を変形して A を導く。
[2]　A，B をそれぞれ変形して，同じ式を導く。
[3]　A，B の差をとって，$A-B=0$ を導く。

例 39　等式 $(a^2-b^2)(x^2-y^2)=(ax-by)^2-(ay-bx)^2$ を証明せよ。

証明　左辺と右辺を，それぞれ展開して整理すると

(左辺) $=a^2x^2-a^2y^2-b^2x^2+b^2y^2$

(右辺) $=a^2x^2-2abxy+b^2y^2-(a^2y^2-2abxy+b^2x^2)=a^2x^2-a^2y^2-b^2x^2+b^2y^2$

よって　$(a^2-b^2)(x^2-y^2)=(ax-by)^2-(ay-bx)^2$　終

42A　次の等式を証明せよ。

(1)　$(a+2b)^2-(a-2b)^2=8ab$

(2)　$(a^2+1)(b^2+1)=(ab-1)^2+(a+b)^2$

42B　次の等式を証明せよ。

(1)　$(a-b)^3+3ab(a-b)=a^3-b^3$

(2)　$(a^2+b^2)(x^2+1)=(ax+b)^2+(a-bx)^2$

POINT 31 条件つき等式の証明 [1]

条件式を利用して文字を減らす。

例 40 $a+b=3$ のとき，等式 $a^2+3b=b^2+3a$ を証明せよ。

証明　$a+b=3$ であるから，$b=3-a$

このとき　(左辺) $=a^2+3(3-a)=a^2-3a+9$

(右辺) $=(3-a)^2+3a=9-6a+a^2+3a=a^2-3a+9$

よって　$a^2+3b=b^2+3a$　終

43A $a+b=1$ のとき，次の等式を証明せよ。

(1) $a^2+b^2=1-2ab$

(2) $a^2+2b=b^2+1$

43B $a+b+3=0$ のとき，次の等式を証明せよ。

(1) $a^2-3b=b^2-3a$

(2) $(b+3)(a+3)(a+b)+3ab=0$

POINT 32
条件つき等式の証明 [2]

条件式が $\frac{x}{a}=\frac{y}{b}$ の形のとき，$\frac{x}{a}=\frac{y}{b}=k$ とおく。

例 41 $\frac{x}{a}=\frac{y}{b}$ のとき，等式 $\frac{x^2+y^2}{a^2+b^2}=\frac{xy}{ab}$ を証明せよ。

証明 $\frac{x}{a}=\frac{y}{b}=k$ とおくと，$x=ak$，$y=bk$

このとき　(左辺) $=\frac{x^2+y^2}{a^2+b^2}=\frac{(ak)^2+(bk)^2}{a^2+b^2}=\frac{k^2(a^2+b^2)}{a^2+b^2}=k^2$

(右辺) $=\frac{xy}{ab}=\frac{ak\times bk}{ab}=\frac{abk^2}{ab}=k^2$

よって　$\frac{x^2+y^2}{a^2+b^2}=\frac{xy}{ab}$　終

ROUND 2

44A $\frac{x}{a}=\frac{y}{b}$ のとき，次の等式を証明せよ。

(1) $(a^2+b^2)(x^2+y^2)=(ax+by)^2$

(2) $\frac{x^2}{a^2}+\frac{y^2}{b^2}=\frac{2(x+y)^2}{(a+b)^2}$

44B $\frac{a}{b}=\frac{c}{d}$ のとき，次の等式を証明せよ。

(1) $\frac{a+c}{b+d}=\frac{ad+bc}{2bd}$

(2) $\frac{ac}{a^2-c^2}=\frac{bd}{b^2-d^2}$

検印

13 不等式の証明

▶教 p.48〜53

POINT 33 不等式 $A > B$ の証明は，$A - B > 0$ を示せばよい。
不等式の証明

例 42 $a > b$ のとき，不等式 $\dfrac{a+2b}{3} > \dfrac{a+4b}{5}$ を証明せよ。

証明　(左辺) − (右辺) $= \dfrac{a+2b}{3} - \dfrac{a+4b}{5} = \dfrac{5(a+2b)-3(a+4b)}{15} = \dfrac{2(a-b)}{15}$

ここで，$a > b$ のとき，$a - b > 0$ であるから　$\dfrac{2(a-b)}{15} > 0$

ゆえに　$\dfrac{a+2b}{3} - \dfrac{a+4b}{5} > 0$　　よって　$\dfrac{a+2b}{3} > \dfrac{a+4b}{5}$　　終

45A $a > b$ のとき，次の不等式を証明せよ。

(1) $3a - b > a + b$

(2) $\dfrac{a+3b}{4} > \dfrac{a+4b}{5}$

45B $x > y > 0$ のとき，次の不等式を証明せよ。

(1) $x^2 + 2xy > 2y^2 + xy$

(2) $x > \dfrac{x+2y}{3} > y$

POINT 34
実数の性質

[1]　$a^2 \geqq 0$　　（等号が成り立つのは $a=0$ のとき）
[2]　$a^2+b^2 \geqq 0$　（等号が成り立つのは $a=b=0$ のとき）

例 43　不等式 $a^2+3b^2 \geqq 2ab$ を証明せよ。また，等号が成り立つのはどのようなときか。

証明　(左辺) − (右辺) $= a^2+3b^2-2ab = a^2-2ab+3b^2$
$= (a-b)^2-b^2+3b^2 = (a-b)^2+2b^2 \geqq 0$
よって　$a^2+3b^2 \geqq 2ab$
等号が成り立つのは，$a-b=0$，$b=0$ より，$a=b=0$ のときである。　終

46A　次の不等式を証明せよ。また，等号が成り立つのはどのようなときか。

(1)　$x^2+9 \geqq 6x$

(2)　$9x^2+4y^2 \geqq 12xy$

46B　次の不等式を証明せよ。また，等号が成り立つのはどのようなときか。

(1)　$x^2+1 \geqq 2x$

(2)　$(2x+3y)^2 \geqq 24xy$

POINT 35
平方の大小関係

$a>0,\ b>0$ のとき

$$a^2>b^2 \iff a>b, \qquad a^2 \geqq b^2 \iff a \geqq b$$

この関係は，$a \geqq 0,\ b \geqq 0$ のときにも成り立つ。

例 44 $x \geqq 0,\ y \geqq 0$ のとき，不等式 $\sqrt{x}+\sqrt{y} \geqq \sqrt{x+y}$ を証明せよ。また，等号が成り立つのはどのようなときか。

証明 両辺の平方の差を考えると

$$(\sqrt{x}+\sqrt{y})^2-(\sqrt{x+y})^2=x+2\sqrt{xy}+y-(x+y)=2\sqrt{xy} \geqq 0$$

よって $(\sqrt{x}+\sqrt{y})^2 \geqq (\sqrt{x+y})^2$

ここで，$\sqrt{x}+\sqrt{y} \geqq 0,\ \sqrt{x+y} \geqq 0$ であるから $\sqrt{x}+\sqrt{y} \geqq \sqrt{x+y}$

等号が成り立つのは $\sqrt{xy}=0$ より $xy=0$

すなわち $x=0$ または $y=0$ のときである。 終

47A $a \geqq 0,\ b \geqq 0$ のとき，次の不等式を証明せよ。また，等号が成り立つのはどのようなときか。

(1) $a+1 \geqq 2\sqrt{a}$

(2) $\sqrt{a}+2\sqrt{b} \geqq \sqrt{a+4b}$

47B $a \geqq 0,\ b \geqq 0$ のとき，次の不等式を証明せよ。また，等号が成り立つのはどのようなときか。

(1) $a+1 \geqq \sqrt{2a+1}$

(2) $\sqrt{2(a^2+4b^2)} \geqq a+2b$

POINT 36
相加平均と相乗平均の大小関係

$a>0,\ b>0$ のとき，$\dfrac{a+b}{2} \geqq \sqrt{ab}$ （等号が成り立つのは $a=b$ のとき）

例 45

$a>0$ のとき，不等式 $a+\dfrac{9}{a} \geqq 6$ を証明せよ。

また，等号が成り立つのはどのようなときか。

証明　$a>0,\ \dfrac{9}{a}>0$ であるから，相加平均と相乗平均の大小関係より

$$a+\frac{9}{a} \geqq 2\sqrt{a\times\frac{9}{a}}=6 \qquad ゆえに \qquad a+\frac{9}{a} \geqq 6$$

等号が成り立つのは $a=\dfrac{9}{a}$ すなわち，$a^2=9$ のときである。よって　$a=\pm 3$

ここで，$a>0$ であるから，$a=3$ のときである。　終

48A　$a>0,\ b>0$ のとき，次の不等式を証明せよ。また，等号が成り立つのはどのようなときか。

(1)　$2a+\dfrac{1}{a} \geqq 2\sqrt{2}$

(2)　$\dfrac{b}{2a}+\dfrac{a}{2b}-1 \geqq 0$

48B　$a>0,\ b>0$ のとき，次の不等式を証明せよ。また，等号が成り立つのはどのようなときか。

(1)　$a+b+\dfrac{1}{a+b} \geqq 2$

(2)　$a+b+\dfrac{1}{a}+\dfrac{1}{b} \geqq 4$

検印

例題 1　分母や分子に分数式を含む式の計算　▶教 p.19 思考力＋

次の式を簡単にせよ。

$$\frac{x+\dfrac{1}{x-2}}{1+\dfrac{1}{x-2}}$$

考え方　分母，分子をそれぞれ整理して式を簡単にする。

解答　(分子) $= x+\dfrac{1}{x-2}=\dfrac{x^2-2x+1}{x-2}$　　(分母) $=1+\dfrac{1}{x-2}=\dfrac{x-1}{x-2}$

よって　$\dfrac{x+\dfrac{1}{x-2}}{1+\dfrac{1}{x-2}}=\dfrac{x^2-2x+1}{x-2}\div\dfrac{x-1}{x-2}$　　← $\dfrac{(分子)}{(分母)}=(分子)\div(分母)$

$$=\frac{x^2-2x+1}{x-2}\times\frac{x-2}{x-1}=\frac{(x-1)^2}{x-2}\times\frac{x-2}{x-1}=x-1$$

別解　分母，分子に $x-2$ を掛けて

$$\frac{\left(x+\dfrac{1}{x-2}\right)\times(x-2)}{\left(1+\dfrac{1}{x-2}\right)\times(x-2)}=\frac{x(x-2)+1}{x-2+1}=\frac{x^2-2x+1}{x-1}=\frac{(x-1)^2}{x-1}=x-1$$

49A　次の式を簡単にせよ。

$$\frac{x-1}{x-\dfrac{3}{x+2}}$$

49B　次の式を簡単にせよ。

$$\frac{x-\dfrac{2}{x+1}}{1-\dfrac{2}{x+1}}$$

例題 2　解の符号と解と係数の関係

2 次方程式 $x^2-2mx-m+6=0$ が異なる 2 つの正の解をもつように，定数 m の値の範囲を定めよ。

考え方　2 次方程式 $ax^2+bx+c=0$ の 2 つの解を α，β，判別式を D とすると

α，β は異なる 2 つの正の解 $\iff$ $D>0$，$\alpha+\beta>0$，$\alpha\beta>0$

α，β は異なる 2 つの負の解 $\iff$ $D>0$，$\alpha+\beta<0$，$\alpha\beta>0$

α，β は異なる符号の解 $\iff$ $\alpha\beta<0$

解答　2 次方程式 $x^2-2mx-m+6=0$ の判別式を D とすると

$$D=(-2m)^2-4\times1\times(-m+6)=4(m-2)(m+3)$$

異なる 2 つの正の実数解を α，β とすると，解と係数の関係より

$$\alpha+\beta=2m,\quad \alpha\beta=-m+6$$

$D>0$，$\alpha+\beta>0$，$\alpha\beta>0$ であればよいから

$(m-2)(m+3)>0$ より　$m<-3$，$2<m$　……①

$2m>0$ より　$m>0$　……②

$-m+6>0$ より　$m<6$　……③

①，②，③より，求める定数 m の値の範囲は　$2<m<6$

50A　2 次方程式 $x^2+2mx-m+12=0$ が異なる 2 つの負の解をもつように，定数 m の値の範囲を定めよ。

50B　2 次方程式 $x^2+2(m-1)x-m+3=0$ が異なる符号の解をもつように，定数 m の値の範囲を定めよ。

例題 3 絶対値を含む不等式の証明

▶教 p.54 思考力＋

不等式 $|a|-|b| \leqq |a+b|$ を証明せよ。また，等号が成り立つのはどのようなときか。

考え方 $|a| \geqq 0$, $|a| \geqq a$, $|a| \geqq -a$, $|a|^2 = a^2$, $|ab| = |a||b|$ などを用いて，両辺の平方の大小を比較すればよい。

証明 (i) $|a| < |b|$ のとき

$|a|-|b| < 0$, $|a+b| > 0$ より $|a|-|b| < |a+b|$

(ii) $|a| \geqq |b|$ のとき

両辺の平方の差を考えると

$$|a+b|^2-(|a|-|b|)^2 = a^2+2ab+b^2-(|a|^2-2|a||b|+|b|^2)$$
$$= a^2+2ab+b^2-(a^2-2|ab|+b^2) = 2(|ab|+ab)$$

$|ab| \geqq -ab$ であるから $2(|ab|+ab) \geqq 0$

よって $|a+b|^2 \geqq (|a|-|b|)^2$

$|a|-|b| \geqq 0$, $|a+b| \geqq 0$ であるから $|a|-|b| \leqq |a+b|$

等号が成り立つのは，$|ab| = -ab$ より $ab \leqq 0$ のときである。

(i), (ii)より $|a|-|b| \leqq |a+b|$

$|a| \geqq |b|$ かつ $ab \leqq 0$ のとき等号は成り立つ。 終

51A $\sqrt{a^2+b^2} \leqq |a|+|b|$ を証明せよ。また，等号が成り立つのはどのようなときか。

51B $|a|+|b| \leqq \sqrt{2(a^2+b^2)}$ を証明せよ。また，等号が成り立つのはどのようなときか。

14 直線上の点

▶教 p.60〜62

POINT 37
数直線上の点

2点 $\mathrm{A}(a)$, $\mathrm{B}(b)$ 間の距離 AB は　$\mathrm{AB}=|b-a|$

例 46　2点 A(1), B(−5) 間の距離を求めよ。

解答　$\mathrm{AB}=|(-5)-1|=|-6|=6$

52A　2点 A(3), B(−2) 間の距離を求めよ。

52B　2点 A(−4), B(−1) 間の距離を求めよ。

POINT 38
内分点の座標

2点 $\mathrm{A}(a)$, $\mathrm{B}(b)$ に対して，線分 AB を

$m:n$ に内分する点の座標は　$\dfrac{na+mb}{m+n}$

とくに，線分 AB の中点の座標は　$\dfrac{a+b}{2}$

例 47　2点 A(−5), B(9) に対して，線分 AB を 3：4 に内分する点 P の座標 x を求めよ。

解答　$x=\dfrac{4\times(-5)+3\times9}{3+4}=1$

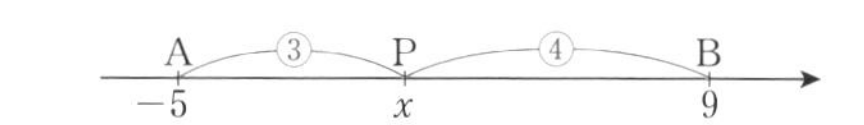

53A　2点 A(−6), B(4) に対して，次の点の座標を求めよ。

(1)　線分 AB を 3：2 に内分する点 C

(2)　線分 AB を 2：3 に内分する点 D

(3)　線分 AB の中点 E

53B　2点 A(−3), B(7) に対して，次の点の座標を求めよ。

(1)　線分 AB を 7：3 に内分する点 C

(2)　線分 AB を 3：7 に内分する点 D

(3)　線分 AB の中点 E

POINT 39 外分点の座標

2点 A(a), B(b) に対して，線分 AB を

$m:n$ に外分する点の座標は $\dfrac{-na+mb}{m-n}$

例 48 2点 A(-1), B(4) に対して，線分 AB を $3:2$ に外分する点Pの座標 x を求めよ。

解答 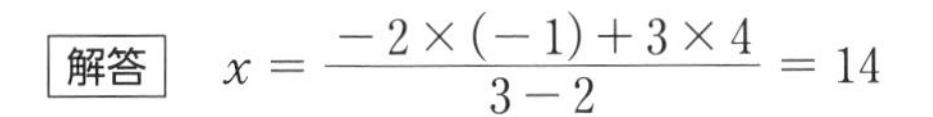

$x=\dfrac{-2\times(-1)+3\times4}{3-2}=14$

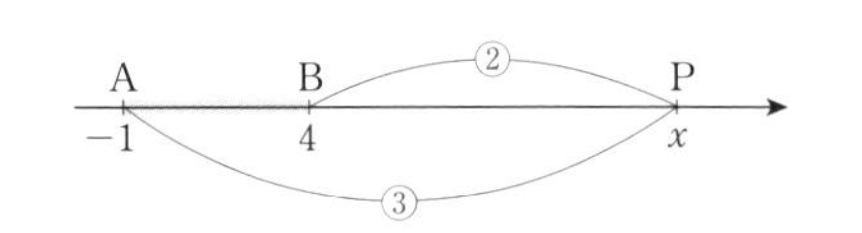

54A
2点 A(-2), B(6) に対して，次の点の座標を求めよ。

(1) 線分 AB を $2:1$ に外分する点C

(2) 線分 AB を $5:1$ に外分する点D

(3) 線分 AB を $1:5$ に外分する点E

54B
2点 A(2), B(5) に対して，次の点の座標を求めよ。

(1) 線分 AB を $1:2$ に外分する点C

(2) 線分 AB を $5:3$ に外分する点D

(3) 線分 AB を $3:5$ に外分する点E

15 平面上の点

▶教 p.63〜67

POINT 40
象限

座標平面は，x 軸，y 軸によって 4 つの象限に分けられる。
ただし，座標軸上の点は，どの象限にも属さない。

第 2 象限	第 1 象限
第 3 象限	第 4 象限

例 49 点 A$(-2,\ -3)$ はどの象限の点か。また，点 A と y 軸に関して対称な点 B の座標を求めよ。

解答　点 A$(-2,\ -3)$ は第 3 象限の点である。
また，点 A と y 軸に関して対称な点 B の座標は $(2,\ -3)$

55A 点 A$(3,\ -4)$ は，どの象限の点か。また，点Aと x 軸，y 軸，原点に関して対称な点をそれぞれ B，C，D とするとき，これらの点の座標を求めよ。

55B 点 A$(-2,\ -5)$ は，どの象限の点か。また，点Aと x 軸，y 軸，原点に関して対称な点をそれぞれ B，C，D とするとき，これらの点の座標を求めよ。

POINT 41
2点間の距離

2 点 A$(x_1,\ y_1)$，B$(x_2,\ y_2)$ 間の距離は　$\mathrm{AB}=\sqrt{(x_2-x_1)^2+(y_2-y_1)^2}$
とくに，原点 O と点 A$(x_1,\ y_1)$ の距離は　$\mathrm{OA}=\sqrt{x_1^2+y_1^2}$

例 50 次の 2 点間の距離を求めよ。
(1) A$(2,\ -3)$，B$(5,\ 1)$　　(2) O$(0,\ 0)$，A$(2,\ -3)$

解答　(1) $\mathrm{AB}=\sqrt{(5-2)^2+\{1-(-3)\}^2}=\sqrt{9+16}=\sqrt{25}=5$
(2) $\mathrm{OA}=\sqrt{2^2+(-3)^2}=\sqrt{4+9}=\sqrt{13}$

56A 次の 2 点間の距離を求めよ。
(1) A$(1,\ 2)$，B$(5,\ 5)$

(2) C$(3,\ 8)$，D$(-2,\ -4)$

56B 次の 2 点間の距離を求めよ。
(1) O$(0,\ 0)$，A$(3,\ -4)$

(2) B$(6,\ -3)$，C$(7,\ -3)$

例 51　2 点 A(1, -5), B(x, 7) 間の距離が 13 であるとき，x の値を求めよ。

解答　AB $= 13$ より　$\sqrt{(x-1)^2+\{7-(-5)\}^2} = 13$

ゆえに　$(x-1)^2+\{7-(-5)\}^2 = 13^2$

よって　$(x-1)^2 = 25$ より　$x-1 = \pm 5$

したがって　$x = 6,\ -4$

57A　2 点 A(0, -2), B(x, 1) 間の距離が 5 であるとき，x の値を求めよ。

57B　2 点 C(-1, -2), D(x, 4) 間の距離が 10 であるとき，x の値を求めよ。

例 52　△ABC の辺 BC を 2：1 に内分する点を D とするとき，
$\mathrm{AB}^2+2\mathrm{AC}^2=3(\mathrm{AD}^2+2\mathrm{CD}^2)$ が成り立つことを証明せよ。

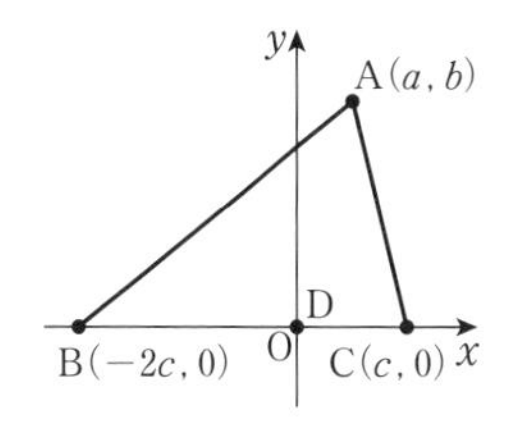

証明　右の図のように，D を原点，2 点 B，C を x 軸上にとり，
A(a, b), B($-2c$, 0), C(c, 0)　とする。

このとき，

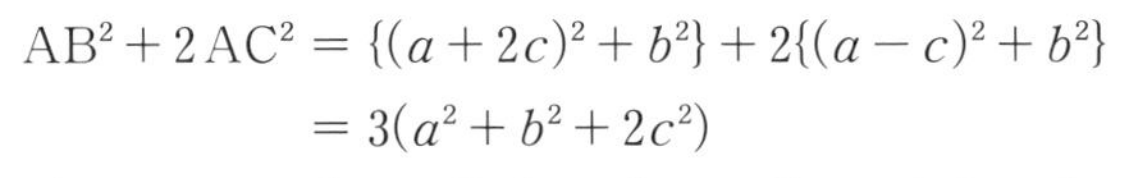

$$\mathrm{AB}^2+2\mathrm{AC}^2=\{(a+2c)^2+b^2\}+2\{(a-c)^2+b^2\}$$
$$=3(a^2+b^2+2c^2)$$

$$3(\mathrm{AD}^2+2\mathrm{CD}^2)=3\{(a^2+b^2)+2c^2\}=3(a^2+b^2+2c^2)$$

よって　$\mathrm{AB}^2+2\mathrm{AC}^2=3(\mathrm{AD}^2+2\mathrm{CD}^2)$

ROUND 2

58　△ABC において，辺 BC を 3 等分する 2 点を D，E とするとき，

$$\mathrm{AB}^2+\mathrm{AC}^2=\mathrm{AD}^2+\mathrm{AE}^2+4\mathrm{DE}^2$$

が成り立つことを証明せよ。

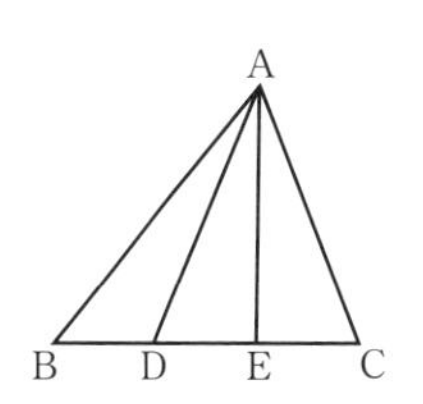

POINT 42

内分点・外分点の座標

2点 $A(x_1, y_1)$, $B(x_2, y_2)$ を結ぶ線分 AB を

・$m:n$ に内分する点の座標は $\left(\dfrac{nx_1+mx_2}{m+n}, \dfrac{ny_1+my_2}{m+n}\right)$

とくに，線分 AB の中点の座標は $\left(\dfrac{x_1+x_2}{2}, \dfrac{y_1+y_2}{2}\right)$

・$m:n$ に外分する点の座標は $\left(\dfrac{-nx_1+mx_2}{m-n}, \dfrac{-ny_1+my_2}{m-n}\right)$

例 53　2点 $A(-6, -1)$, $B(2, 3)$ に対して，次の点の座標を求めよ。

(1) 線分 AB を $3:1$ に内分する点　　(2) 線分 AB を $3:1$ に外分する点

解答　(1) $\left(\dfrac{1\times(-6)+3\times 2}{3+1}, \dfrac{1\times(-1)+3\times 3}{3+1}\right)$ より　$(0, 2)$

(2) $\left(\dfrac{-1\times(-6)+3\times 2}{3-1}, \dfrac{-1\times(-1)+3\times 3}{3-1}\right)$ より　$(6, 5)$

59A　2点 $A(-1, 4)$, $B(5, -2)$ に対して，次の点の座標を求めよ。

(1) 線分 AB を $2:1$ に内分する点

(2) 線分 AB を $1:5$ に内分する点

(3) 線分 AB の中点

(4) 線分 AB を $2:5$ に外分する点

59B　2点 $A(2, -3)$, $B(6, 5)$ に対して，次の点の座標を求めよ。

(1) 線分 AB を $2:3$ に内分する点

(2) 線分 AB を $4:1$ に内分する点

(3) 線分 AB の中点

(4) 線分 AB を $5:1$ に外分する点

POINT 43 重心の座標

3点 $A(x_1,\ y_1)$, $B(x_2,\ y_2)$, $C(x_3,\ y_3)$ を頂点とする
△ABC の重心 G の座標は $\left(\dfrac{x_1+x_2+x_3}{3},\ \dfrac{y_1+y_2+y_3}{3}\right)$

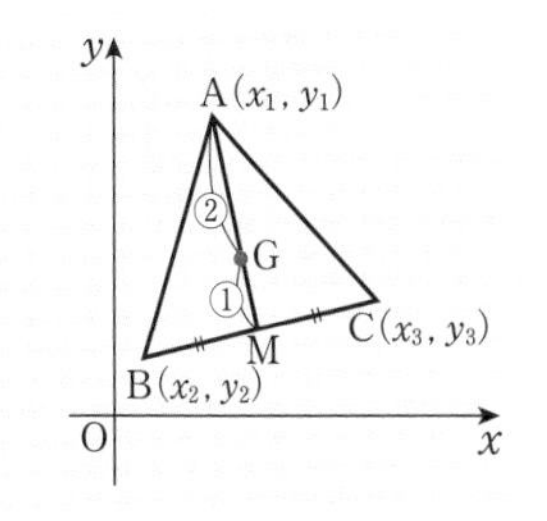

例 54 3点 A(−2, 5), B(4, −8), C(1, 6) を頂点とする △ABC の重心 G の座標を求めよ。

解答 $\left(\dfrac{-2+4+1}{3},\ \dfrac{5+(-8)+6}{3}\right)$ より G(1, 1)

60A 3点 A(0, 1), B(3, 4), C(6, −2) を頂点とする △ABC の重心 G の座標を求めよ。

60B 3点 A(5, −2), B(−2, 1), C(3, −5) を頂点とする △ABC の重心 G の座標を求めよ。

ROUND 2

61A 3点 A(5, −2), B(2, 6), C を頂点とする △ABC の重心 G の座標は (1, 2) である。このとき，点 C の座標を求めよ。

61B 3点 A(2, 5), B(−3, −4), C を頂点とする △ABC の重心 G の座標は (2, 0) である。このとき，点 C の座標を求めよ。

検印

16 直線の方程式

▶教 p.68〜73

POINT 44
直線の方程式

[1] 点 $(x_1,\ y_1)$ を通り，傾きが m の直線の方程式

$$y-y_1=m(x-x_1)$$

[2] 異なる 2 点 $(x_1,\ y_1)$，$(x_2,\ y_2)$ を通る直線の方程式

$x_1 \neq x_2$ のとき　$y-y_1=\dfrac{y_2-y_1}{x_2-x_1}(x-x_1)$

$x_1=x_2$ のとき　$x=x_1$

例 55　1 次方程式 $y=\dfrac{3}{2}x+1$ で表される直線を図示せよ。

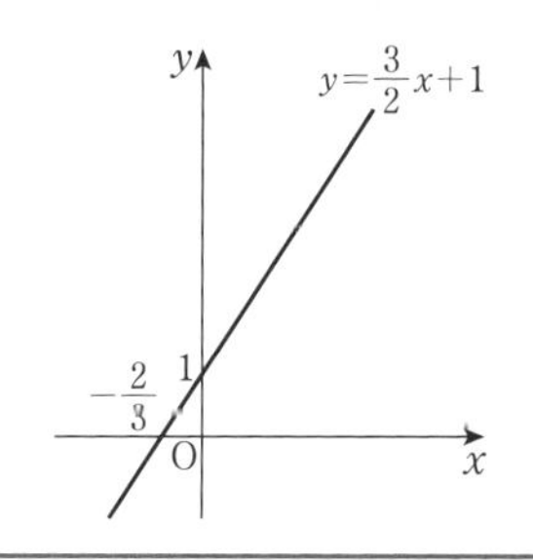

解答　傾きが $\dfrac{3}{2}$，y 切片が 1

の直線であり，右の図のようになる。

62A　1 次方程式 $y=3x-2$ で表される直線を図示せよ。

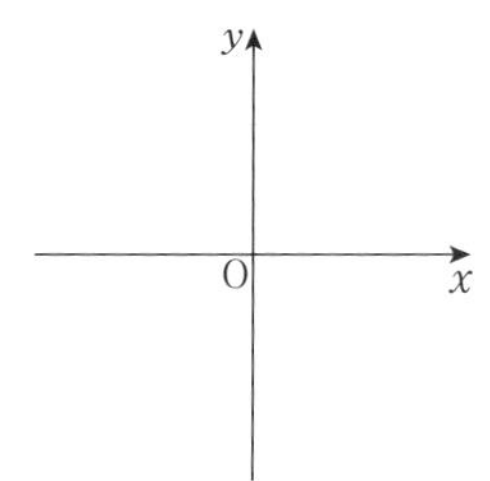

62B　1 次方程式 $y=-x+2$ で表される直線を図示せよ。

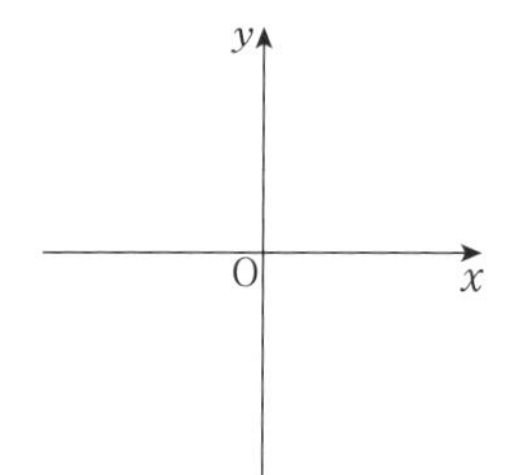

例 56　点 $(1,\ 3)$ を通り，傾きが 2 の直線の方程式を求めよ。

解答　$y-3=2(x-1)$　すなわち　$y=2x+1$

63A　次の直線の方程式を求めよ。

(1)　点 $(4,\ 3)$ を通り，傾きが 2 の直線

(2)　点 $(-2,\ 1)$ を通り，傾きが -4 の直線

63B　次の直線の方程式を求めよ。

(1)　点 $(-3,\ -2)$ を通り，傾きが 3 の直線

(2)　点 $(-1,\ 5)$ を通り，傾きが -3 の直線

例 57 次の 2 点を通る直線の方程式を求めよ。

(1) $(-4,\ 9)$, $(3,\ -5)$　　(2) $(-3,\ -2)$, $(-3,\ 1)$

解答 (1) $y-9=\dfrac{-5-9}{3-(-4)}\{x-(-4)\}$

すなわち　$y=-2x+1$

(2) 2 点の x 座標が一致しているから　$x=-3$

64A 次の 2 点を通る直線の方程式を求めよ。

(1) $(4,\ 2)$, $(5,\ 6)$

(2) $(-1,\ 4)$, $(1,\ -4)$

(3) $(-3,\ -1)$, $(3,\ -1)$

64B 次の 2 点を通る直線の方程式を求めよ。

(1) $(2,\ 3)$, $(3,\ -5)$

(2) $(-2,\ 0)$, $(0,\ 6)$

(3) $(2,\ -5)$, $(2,\ 4)$

例 58 方程式 $2x-3y+6=0$ の表す直線の傾きと y 切片を求めよ。

解答 $2x-3y+6=0$ を変形すると　$y=\dfrac{2}{3}x+2$

よって，この方程式は，傾き $\dfrac{2}{3}$，y 切片 2 の直線を表す。

65A 方程式 $x-3y+6=0$ の表す直線の傾きと y 切片を求めよ。

65B 方程式 $4x+2y+5=0$ の表す直線の傾きと y 切片を求めよ。

例 59　2 直線 $2x-3y+7=0$，$x-2y+4=0$ の交点と，点 $(1,\ -1)$ を通る直線の方程式を求めよ。

解答　連立方程式 $\begin{cases} 2x-3y+7=0 \\ x-2y+4=0 \end{cases}$

を解くと　$x=-2$，$y=1$

よって，2 直線の交点の座標は　$(-2,\ 1)$

したがって，求める直線は 2 点 $(1,\ -1)$，$(-2,\ 1)$ を通るから，その方程式は

$$y-(-1)=\frac{1-(-1)}{-2-1}(x-1)$$

より　$y+1=-\frac{2}{3}(x-1)$

すなわち　$2x+3y+1=0$

66A　2 直線 $x-y-4=0$，$x+2y-1=0$ の交点と点 $(-1,\ 2)$ を通る直線の方程式を求めよ。

66B　2 直線 $4x-y-10=0$，$x-3y+3=0$ の交点と点 $(-1,\ -2)$ を通る直線の方程式を求めよ。

検印

▶教 p.74〜81

17 2直線の関係

POINT 45 直線の平行と垂直

2直線 $y = mx + n$, $y = m'x + n'$ について

2直線が平行 $\iff$ $m = m'$　　2直線が垂直 $\iff$ $mm' = -1$

例 60 次の直線のうち，互いに平行であるもの，互いに垂直であるものはどれとどれか。

① $3x - y + 2 = 0$　　② $6x - 2y + 1 = 0$

③ $5x - 3y = 0$　　④ $3x + 5y - 5 = 0$

解答 ①〜④の直線は，それぞれ次のように変形できる。

① $y = 3x + 2$　② $y = 3x + \frac{1}{2}$　③ $y = \frac{5}{3}x$　④ $y = -\frac{3}{5}x + 1$

2直線①，②はともに傾きが3で等しいから平行である。

2直線③，④の傾きの積は $\frac{5}{3} \times \left(-\frac{3}{5}\right) = -1$

よって，この2直線は垂直である。

ゆえに，互いに平行であるものは①と②

垂直であるものは③と④

67A 次の直線のうち，互いに平行であるもの，互いに垂直であるものはどれとどれか。

① $y = 3x - 2$

② $y = -x + 4$

③ $3x + y - 5 = 0$

④ $4x - 4y - 3 = 0$

⑤ $12x - 4y + 5 = 0$

67B 次の直線のうち，互いに平行であるもの，互いに垂直であるものはどれとどれか。

① $y = 2x + 3$

② $y = -4x + 1$

③ $2x + y - 3 = 0$

④ $4x + y + 3 = 0$

⑤ $3x + 6y - 2 = 0$

例 61 点 $(5,\ -3)$ を通り，直線 $2x-5y+1=0$ に平行な直線および垂直な直線の方程式を求めよ。

解答 直線 $2x-5y+1=0$ を l とする。$2x-5y+1=0$ を変形すると $y=\frac{2}{5}x+\frac{1}{5}$

であるから，直線 l の傾きは $\frac{2}{5}$ である。

よって，点 $(5,\ -3)$ を通り，直線 l に平行な直線の方程式は

$$y-(-3)=\frac{2}{5}(x-5) \quad \text{すなわち} \quad 2x-5y-25=0$$

また，直線 l に垂直な直線の傾きを m とすると $\frac{2}{5}\times m=-1$ より $m=-\frac{5}{2}$

したがって，点 $(5,\ -3)$ を通り，直線 l に垂直な直線の方程式は

$$y-(-3)=-\frac{5}{2}(x-5) \quad \text{すなわち} \quad 5x+2y-19=0$$

68A 点 $(1,\ 2)$ を通り，直線 $2x+y+1=0$ に平行な直線および垂直な直線の方程式を求めよ。

68B 点 $(-2,\ 3)$ を通り，直線 $3x+2y+4=0$ に平行な直線および垂直な直線の方程式を求めよ。

POINT 46 直線に関して対称な点

2点 A，B が，ある直線 l に関して対称である条件は
(i) 直線 AB が直線 l に垂直である
(ii) 線分 AB の中点が直線 l 上にある

例 62 直線 $2x+y-4=0$ を l とする。直線 l に関して，点 A(2, 5) と対称な点 B の座標を求めよ。

解答 直線 l に関して点 A と対称な点 B の座標を $(a,\ b)$ とする。

直線 l の傾きは -2，　直線 AB の傾きは $\dfrac{b-5}{a-2}$

直線 l と直線 AB は垂直であるから $-2\times\dfrac{b-5}{a-2}=-1$

より $a-2b=-8$ ……①

また，線分 AB の中点 $\left(\dfrac{a+2}{2},\ \dfrac{b+5}{2}\right)$ は，直線 l 上の点であるから

$$2\times\frac{a+2}{2}+\frac{b+5}{2}-4=0 \text{ より } 2a+b+1=0 \quad \cdots\cdots ②$$

①，②より $\begin{cases} a-2b=-8 \\ 2a+b=-1 \end{cases}$

これを解いて $a=-2,\ b=3$ 　したがって，点 B の座標は $(-2,\ 3)$

ROUND 2

69A 直線 $x+y+1=0$ に関して，点 A(3, 2) と対称な点 B の座標を求めよ。

69B 直線 $4x-2y-3=0$ に関して，点 A(4, -1) と対称な点 B の座標を求めよ。

POINT 47
点と直線の距離

原点 O(0, 0) と直線 $ax+by+c=0$ の距離 d は　$d=\dfrac{|c|}{\sqrt{a^2+b^2}}$

点 $(x_1,\ y_1)$ と直線 $ax+by+c=0$ の距離 d は　$d=\dfrac{|ax_1+by_1+c|}{\sqrt{a^2+b^2}}$

例 63　次の点と直線の距離を求めよ。

(1)　原点 O，$y=3x+10$　　　(2)　点 $(-2,\ 1)$，$4x-3y+1=0$

解答　(1)　$y=3x+10$ を変形すると $3x-y+10=0$ であるから

$$\frac{|10|}{\sqrt{3^2+(-1)^2}}=\frac{10}{\sqrt{10}}=\sqrt{10}$$

(2)　$\dfrac{|4\times(-2)-3\times1+1|}{\sqrt{4^2+(-3)^2}}=\dfrac{10}{\sqrt{25}}=\dfrac{10}{5}=2$

70A　原点 O と次の直線の距離を求めよ。

(1)　$4x+3y-1=0$

(2)　$y=3x+5$

70B　原点 O と次の直線の距離を求めよ。

(1)　$x-y+2=0$

(2)　$x=-2$

71A　点 (3, 2) と次の直線の距離を求めよ。

(1)　$x-y+3=0$

(2)　$y=2x+1$

71B　点 (3, 2) と次の直線の距離を求めよ。

(1)　$5x-12y-4=0$

(2)　$y=6$

POINT 48

2直線の交点を通る直線

平行でない2直線 $\boldsymbol{ax+by+c=0}$ と $\boldsymbol{a'x+b'y+c'=0}$ の交点を通る直線の方程式は，$\boldsymbol{k}$ を定数として $\boldsymbol{ax+by+c+k(a'x+b'y+c')=0}$ と表される。

例 64 2直線 $x-3y+1=0$，$2x-y-3=0$ の交点と，点 $(-2,\ 3)$ を通る直線の方程式を求めよ。

解答 2直線の交点を通る直線の方程式は，次のように表される。

$$x-3y+1+k(2x-y-3)=0 \quad \cdots\cdots ①$$

この直線が点 $(-2,\ 3)$ を通るから

$$-2-3\times3+1+k\{2\times(-2)-3-3\}=0 \text{ より } \quad k=-1$$

これを①に代入して整理すると　$x+2y-4=0$

ROUND 2

72A 2直線 $2x+5y-3=0$，$3x-2y+8=0$ の交点と，点 $(-2,\ 3)$ を通る直線の方程式を求めよ。

72B 2直線 $2x+y-1=0$，$x+3y-2=0$ の交点と，点 $(2,\ 3)$ を通る直線の方程式を求めよ。

18 円の方程式

▶教 p.82〜85

POINT 49
円の方程式

点 $(a,\ b)$ を中心とする半径 r の円の方程式は　$(x-a)^2+(y-b)^2=r^2$
とくに，原点を中心とする半径 r の円の方程式は　$x^2+y^2=r^2$

例 65 中心が点 $(1,\ -3)$ で，半径 3 の円の方程式を求めよ。

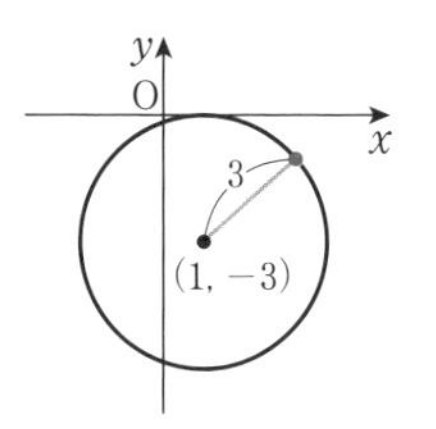

解答　この円の方程式は　$(x-1)^2+\{y-(-3)\}^2=3^2$
すなわち　$(x-1)^2+(y+3)^2=9$

73A 次の円の方程式を求めよ。

(1) 中心が点 $(-2,\ 1)$ で，半径 4 の円

(2) 中心が原点で，半径 1 の円

73B 次の円の方程式を求めよ。

(1) 中心が点 $(-3,\ 4)$ で，半径 $\sqrt{5}$ の円

(2) 中心が原点で，半径 4 の円

例 66 中心が点 $(-2,\ 1)$ で，点 $(1,\ 3)$ を通る円の方程式を求めよ。

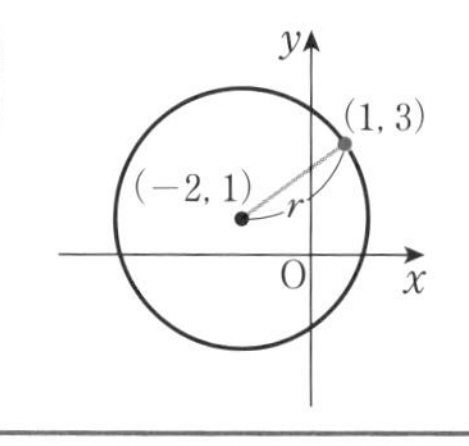

解答　この円の半径を r とすると　$r=\sqrt{\{1-(-2)\}^2+(3-1)^2}=\sqrt{13}$
よって，この円の方程式は　$\{x-(-2)\}^2+(y-1)^2=(\sqrt{13})^2$
すなわち　$(x+2)^2+(y-1)^2=13$

74A 次の円の方程式を求めよ。

(1) 中心が点 $(2,\ 1)$ で，原点を通る円

(2) 中心が点 $(3,\ 2)$ で，x 軸に接する円

74B 次の円の方程式を求めよ。

(1) 中心が点 $(1,\ -3)$ で，点 $(-2,\ 1)$ を通る円

(2) 中心が点 $(-4,\ 5)$ で，y 軸に接する円

例 67　2 点 A$(-1,\ 4)$，B$(5,\ -2)$ を直径の両端とする円の方程式を求めよ。

解答　求める円の中心を C$(a,\ b)$，半径を r とする。中心 C は線分 AB の中点であるから

$$a=\frac{-1+5}{2}=2,\ b=\frac{4+(-2)}{2}=1$$

より，C$(2,\ 1)$ である。

また，$r=\mathrm{CA}$ より　$r=\sqrt{(-1-2)^2+(4-1)^2}=3\sqrt{2}$

よって，求める円の方程式は　$(x-2)^2+(y-1)^2=(3\sqrt{2})^2$

すなわち　$(x-2)^2+(y-1)^2=18$

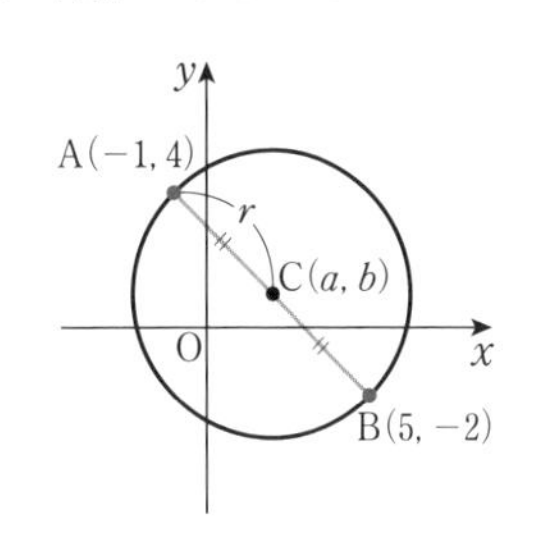

75A　2 点 A$(3,\ 7)$，B$(-5,\ 1)$ を直径の両端とする円の方程式を求めよ。

75B　2 点 A$(-1,\ 2)$，B$(3,\ 4)$ を直径の両端とする円の方程式を求めよ。

POINT 50
円の方程式の一般形

$x^2+y^2+lx+my+n=0$ （ただし，$l^2+m^2-4n>0$）は
$(x-a)^2+(y-b)^2=r^2$ の形に変形し，中心と半径を求める。

例 68　方程式 $x^2+y^2+8x-2y-8=0$ は，どのような図形を表すか。

解答　与えられた方程式を変形すると

$$x^2+8x+y^2-2y-8=0$$

$$(x+4)^2-4^2+(y-1)^2-1^2-8=0$$

すなわち　$(x+4)^2+(y-1)^2=5^2$

これは，中心が点 $(-4,\ 1)$ で，半径 5 の円　を表す。

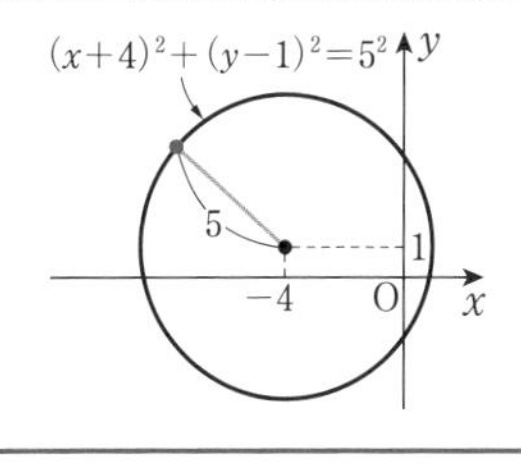

76A　次の方程式は，どのような図形を表すか。

(1)　$x^2+y^2-6x+10y+16=0$

(2)　$x^2+y^2=2y$

76B　次の方程式は，どのような図形を表すか。

(1)　$x^2+y^2-4x-6y+4=0$

(2)　$x^2+y^2+8x-9=0$

POINT 51 3点を通る円

$x^2+y^2+lx+my+n=0$ とおいて，3点の座標を代入し，l，m，n の連立方程式を解く。

例 69 3点 A$(-5,\ 6)$，B$(-1,\ 8)$，C$(2,\ -1)$ を通る円の方程式を求めよ。

解答 求める円の方程式を $x^2+y^2+lx+my+n=0$ とおく。

この円が，点 A$(-5,\ 6)$ を通るから　$25+36-5l+6m+n=0$

点 B$(-1,\ 8)$ を通るから　$1+64-l+8m+n=0$

点 C$(2,\ -1)$ を通るから　$4+1+2l-m+n=0$

これらを整理すると

$$\begin{cases} 5l-6m-n=61 & \cdots\cdots① \\ l-8m-n=65 & \cdots\cdots② \\ 2l-m+n=-5 & \cdots\cdots③ \end{cases}$$

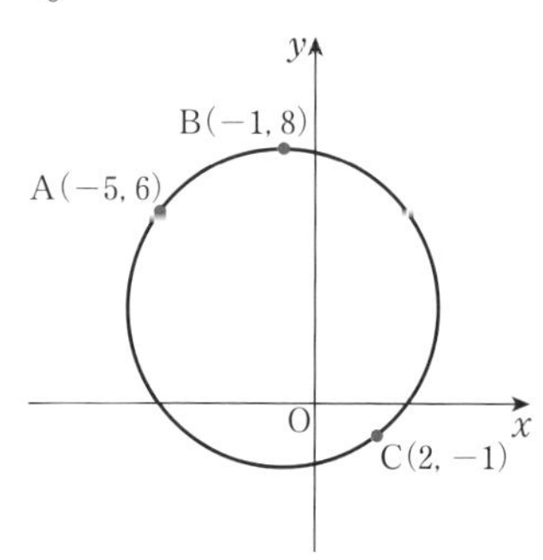

①＋③ より　$7l-7m=56$　……④

②＋③ より　$3l-9m=60$　……⑤

④，⑤を解いて　$l=2$，$m=-6$

また，$l=2$，$m=-6$ を③に代入して　$n=-15$

よって，求める円の方程式は　$x^2+y^2+2x-6y-15=0$

77A 3点 O$(0,\ 0)$，A$(1,\ 3)$，B$(-1,\ -1)$ を通る円の方程式を求めよ。

77B 3点 A$(1,\ 2)$，B$(5,\ 2)$，C$(3,\ 0)$ を通る円の方程式を求めよ。

検印

19 円と直線

▶教 p.86～89

POINT 52
円と直線の共有点

円と直線の共有点の座標は，それらの図形の方程式による連立方程式の解として求められる。

例 70 円 $x^2+y^2=5$ と直線 $y=x-3$ の共有点の座標を求めよ。

解答 共有点の座標は，次の連立方程式の解である。

$$\begin{cases} x^2+y^2=5 & \cdots\cdots① \\ y=x-3 & \cdots\cdots② \end{cases}$$

②を①に代入して　$x^2+(x-3)^2=5$

これを整理して　$x^2-3x+2=0$

より　$(x-1)(x-2)=0$

よって　$x=1,\ 2$

②より　$x=1$ のとき　$y=-2$

$x=2$ のとき　$y=-1$

したがって，共有点の座標は　$(1,\ -2)$，$(2,\ -1)$

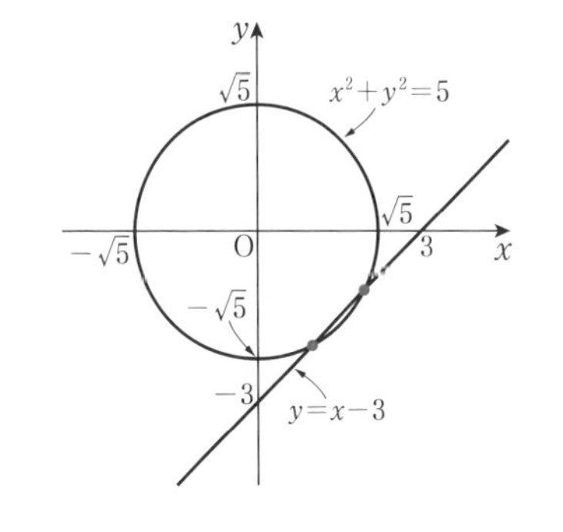

78A 円 $x^2+y^2=25$ と直線 $y=x+1$ の共有点の座標を求めよ。

78B 円 $(x-1)^2+y^2=5$ と直線 $2x-y+3=0$ の共有点の座標を求めよ。

POINT 53

円と直線の位置関係 [1]

円と直線の方程式を連立して得られる2次方程式 $\boldsymbol{ax^2+bx+c=0}$ の判別式を $\boldsymbol{D=b^2-4ac}$ とすると，次のことが成り立つ。

D の符号	$D>0$	$D=0$	$D<0$
$ax^2+bx+c=0$ の実数解	異なる 2つの実数解	重解	なし
円と直線の位置関係	異なる2点で交わる	接する	共有点がない
共有点の個数	2個	1個	0個

例 71 円 $x^2+y^2=8$ と直線 $y=-x+m$ が共有点をもつとき，定数 m の値の範囲を求めよ。

解答 $y=-x+m$ を $x^2+y^2=8$ に代入して整理すると

$$2x^2-2mx+m^2-8=0$$

この2次方程式の判別式を D とすると

$$D=(-2m)^2-4\times2\times(m^2-8)$$
$$=-4m^2+64$$

円と直線が共有点をもつためには，$D \geqq 0$ であればよい。

よって，$-4m^2+64 \geqq 0$ より $(m+4)(m-4) \leqq 0$

したがって，求める m の値の範囲は $-4 \leqq m \leqq 4$

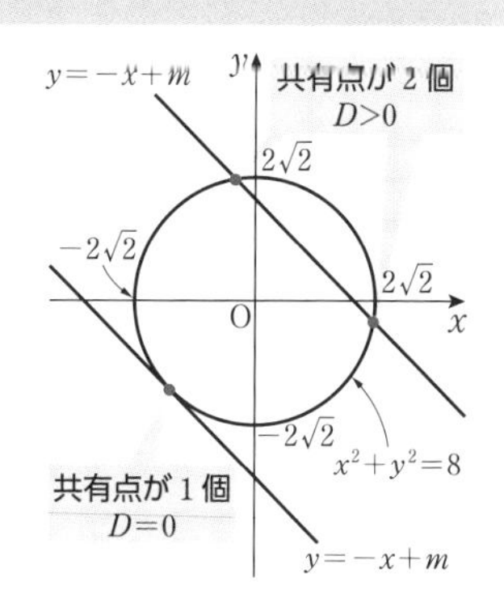

79A 円 $x^2+y^2=5$ と直線 $y=2x+m$ が共有点をもつとき，定数 m の値の範囲を求めよ。

79B 円 $x^2+y^2=10$ と直線 $3x+y=m$ が共有点をもつとき，定数 m の値の範囲を求めよ。

POINT 54

円と直線の位置関係 [2]

円の半径を r，円の中心と直線との距離を d とすると，次のことが成り立つ。

d と r の大小	$d < r$	$d = r$	$d > r$
円と直線の位置関係	異なる 2 点で交わる	接する	共有点がない
共有点の個数	2 個	1 個	0 個

例 72 円 $x^2+y^2=r^2$ と直線 $2x+4y-5=0$ が接するとき，円の半径 r の値を求めよ。

解答　円 $x^2+y^2=r^2$ の中心は原点であり，原点と直線 $2x+4y-5=0$ の距離 d は

$$d=\frac{|-5|}{\sqrt{2^2+4^2}}=\frac{5}{2\sqrt{5}}=\frac{\sqrt{5}}{2}$$

ここで，円と直線が接するのは，$d=r$ のときであるから　$r=\dfrac{\sqrt{5}}{2}$

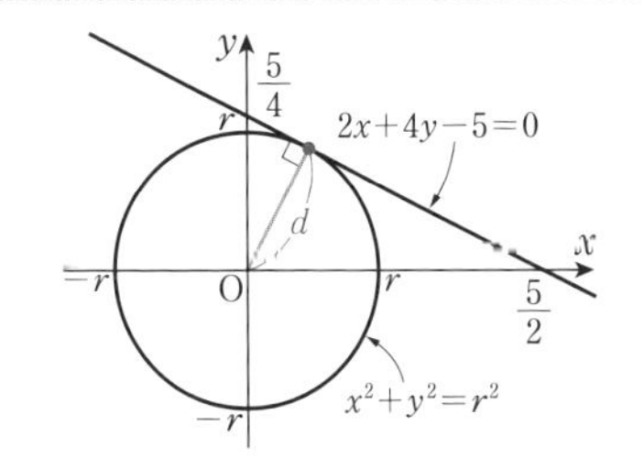

80A 円 $x^2+y^2=r^2$ と直線 $y=x+2$ が接するとき，円の半径 r の値を求めよ。

80B 円 $x^2+y^2=r^2$ と直線 $3x-4y-15=0$ が接するとき，円の半径 r の値を求めよ。

20 円の接線

▶教 p.90〜91

POINT 55 円 $x^2+y^2=r^2$ 上の点 $\mathrm{P}(x_1,\ y_1)$ における接線の方程式は　$x_1x+y_1y=r^2$

円の接線

例 73 円 $x^2+y^2=10$ 上の点 $(3,\ -1)$ における接線の方程式を求めよ。

解答　$3x-y=10$

81A 次の円上の点Pにおける接線の方程式を求めよ。

(1)　$x^2+y^2=25$，$\mathrm{P}(-3,\ 4)$

(2)　$x^2+y^2=20$，$\mathrm{P}(2,\ 4)$

(3)　$x^2+y^2=9$，$\mathrm{P}(0,\ 3)$

(4)　$x^2+y^2=16$，$\mathrm{P}(-3,\ \sqrt{7})$

81B 次の円上の点Pにおける接線の方程式を求めよ。

(1)　$x^2+y^2=5$，$\mathrm{P}(2,\ -1)$

(2)　$x^2+y^2=16$，$\mathrm{P}(0,\ -4)$

(3)　$x^2+y^2=13$，$\mathrm{P}(2,\ -3)$

(4)　$x^2+y^2=5$，$\mathrm{P}(\sqrt{5},\ 0)$

例 74　点 A$(4,\ -2)$ から円 $x^2+y^2=10$ に引いた接線の方程式を求めよ。

解答　接点を $\mathrm{P}(x_1,\ y_1)$ とすると，

点 P における接線の方程式は　$x_1x+y_1y=10$　……①

これが点 A$(4,\ -2)$ を通るから　$4x_1-2y_1=10$　……②

また，点 $\mathrm{P}(x_1,\ y_1)$ は円 $x^2+y^2=10$ 上の点であるから

$x_1{}^2+y_1{}^2=10$　……③

②より　$y_1=2x_1-5$　……④

④を③に代入すると　$x_1{}^2+(2x_1-5)^2=10$

整理すると　$x_1{}^2-4x_1+3=0$

$(x_1-1)(x_1-3)=0$

ゆえに　$x_1=1,\ 3$

④より　$x_1=1$ のとき $y_1=-3$

$x_1=3$ のとき $y_1=1$

よって，接点 P の座標は $(1,\ -3)$ または $(3,\ 1)$ である。

したがって，求める接線は 2 本あり，①よりその方程式は

$x-3y=10,\ 3x+y=10$

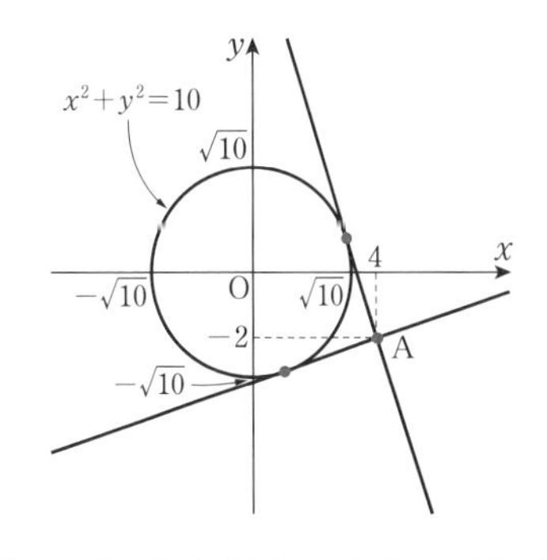

82A　点 A$(2,\ 1)$ から円 $x^2+y^2=1$ に引いた接線の方程式を求めよ。

82B　点 A$(-6,\ 2)$ から円 $x^2+y^2=20$ に引いた接線の方程式を求めよ。

検印

21 2つの円の位置関係

▶教 p.92

POINT 56
2つの円の位置関係

2つの円の半径を r, r' $(r > r')$, 中心間の距離を d とするとき, 次のことが成り立つ。

① 互いに外部にある

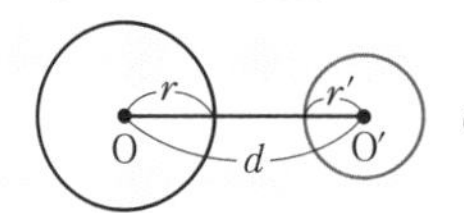

$d>r+r'$

② 外接する

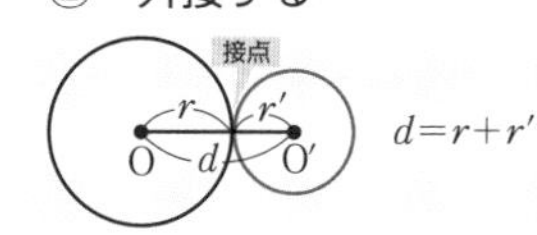

③ 2点で交わる

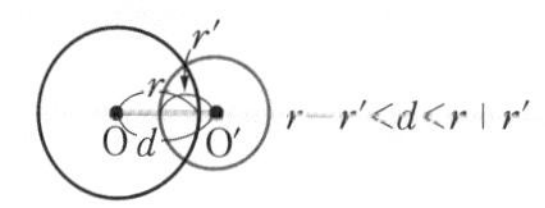

④ 内接する

接点 $d=r-r'$

⑤ 一方が他方の内部にある

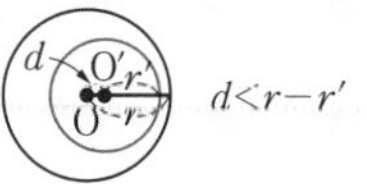

例 75 2つの円 $x^2+y^2=9$, $(x-3)^2+(y-2)^2=1$ の位置関係を調べよ。

解答 円 $x^2+y^2=9$ の中心は $(0,\ 0)$, 半径は 3

円 $(x-3)^2+(y-2)^2=1$ の中心は $(3,\ 2)$, 半径は 1

ここで, 中心間の距離 d は $d=\sqrt{3^2+2^2}=\sqrt{13}$

よって, $3-1<\sqrt{13}<3+1$ が成り立つ。

したがって, 2つの円は2点で交わる。

83A 2つの円 $x^2+y^2=8$, $(x+1)^2+(y-1)^2=2$ の位置関係を調べよ。

83B 2つの円 $x^2+y^2=4$, $(x+4)^2+(y-3)^2=4$ の位置関係を調べよ。

例 76　2つの円

$$(x-3)^2+(y-4)^2=r^2 \quad \cdots\cdots ①, \qquad x^2+y^2=4 \quad \cdots\cdots ②$$

が外接しているとき，r の値を求めよ。

解答　2つの円の中心の座標は $(3,\ 4)$，$(0,\ 0)$ であるから

中心間の距離 d は

$$d=\sqrt{3^2+4^2}=5$$

ここで，円①の半径は r，円②の半径は 2 であるから，

2つの円が外接しているときの r の値は，

$$d=r+2$$

すなわち $5=r+2$ より　$r=3$

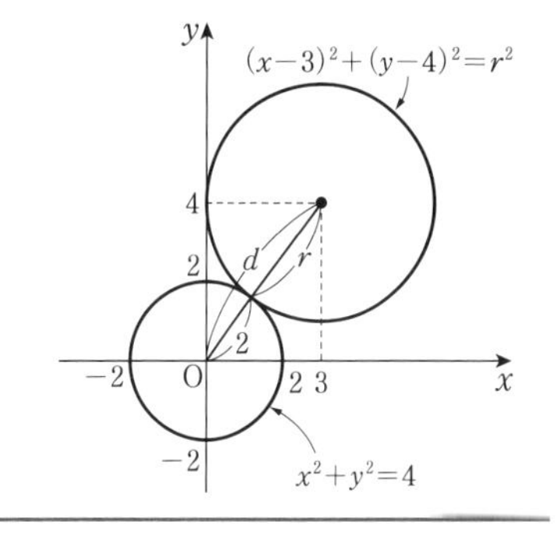

84A　2つの円

$(x-1)^2+y^2=4$ 　　　$\cdots\cdots ①$

$(x-4)^2+(y+4)^2=r^2$ 　$\cdots\cdots ②$

が外接しているとき，r の値を求めよ。

84B　円 $(x-1)^2+y^2=4$ 　$\cdots\cdots ①$ が

円 $(x-4)^2+(y+4)^2=r^2$ 　$\cdots\cdots ②$ に

内接しているとき，r の値を求めよ。

22 軌跡と方程式

▶教 p.94〜96

POINT 57
軌跡の求め方

[1]　点 P の座標を $(x,\ y)$ とおいて，与えられた条件を x，y の方程式で表し，この方程式の表す図形 F を求める。

[2]　[1] で求めた図形 F 上の任意の点 P が，与えられた条件を満たすかどうか調べる（ただし，[2] が明らかな場合は，省略することが多い）。

例 77　2 点 A$(4,\ 0)$，B$(0,\ -2)$ に対して，$\mathrm{AP}=\mathrm{BP}$ を満たす点 P の軌跡を求めよ。

解答　点 P の座標を $(x,\ y)$ とすると，

$\mathrm{AP}=\mathrm{BP}$ より　$\sqrt{(x-4)^2+y^2}=\sqrt{x^2+(y+2)^2}$

この両辺を 2 乗すると

$$x^2-8x+16+y^2=x^2+y^2+4y+4$$

ゆえに　$y=-2x+3$　……①

よって，点 P は①の直線 $y=-2x+3$ 上にある。

逆に，直線 $y=-2x+3$ 上の任意の点を P$(x,\ y)$ とすると，上の計算を逆にたどることによって，$\mathrm{AP}=\mathrm{BP}$ が成り立つ。

したがって，点 P の軌跡は，直線 $y=-2x+3$ である。

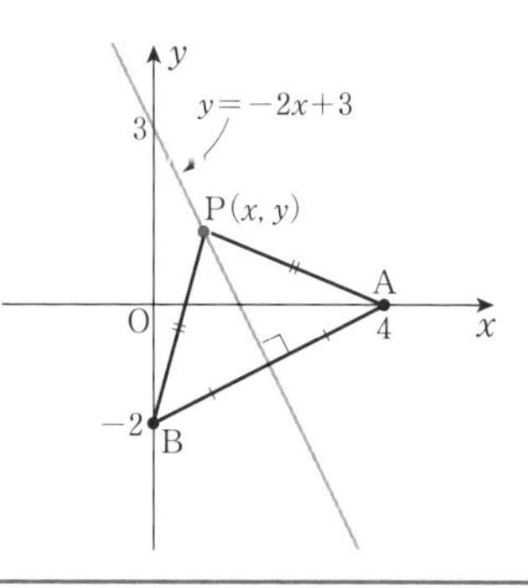

85A　2 点 A$(4,\ 0)$，B$(0,\ 2)$ に対して，$\mathrm{AP}=\mathrm{BP}$ を満たす点 P の軌跡を求めよ。

85B　2 点 A$(-1,\ 2)$，B$(-2,\ -5)$ に対して，$\mathrm{AP}=\mathrm{BP}$ を満たす点 P の軌跡を求めよ。

例 78 2点 A(2, 0), B(0, 1) に対して, $AP^2-BP^2=1$ を満たす点Pの軌跡を求めよ。

解答 点Pの座標を $(x,\ y)$ とする。

$AP^2-BP^2=1$ より $(x-2)^2+(y-0)^2-\{(x-0)^2+(y-1)^2\}=1$

整理すると $2x-y-1=0$

よって, 点Pの軌跡は, 直線 $2x-y-1=0$ である。

86

2点 A(−3, 0), B(3, 0) に対して, $AP^2+BP^2=20$ を満たす点Pの軌跡を求めよ。

例 79 2点 A(−4, 0), B(4, 0) に対して, AP : BP = 3 : 1 を満たす点Pの軌跡を求めよ。

解答 点Pの座標を $(x,\ y)$ とする。

AP : BP = 3 : 1 より 3BP = AP

ゆえに $3\sqrt{(x-4)^2+y^2}=\sqrt{(x+4)^2+y^2}$

この両辺を2乗して整理すると

$x^2-10x+y^2+16=0$ より $(x-5)^2+y^2=3^2$

よって, 点Pの軌跡は, 点(5, 0)を中心とする半径3の円である。

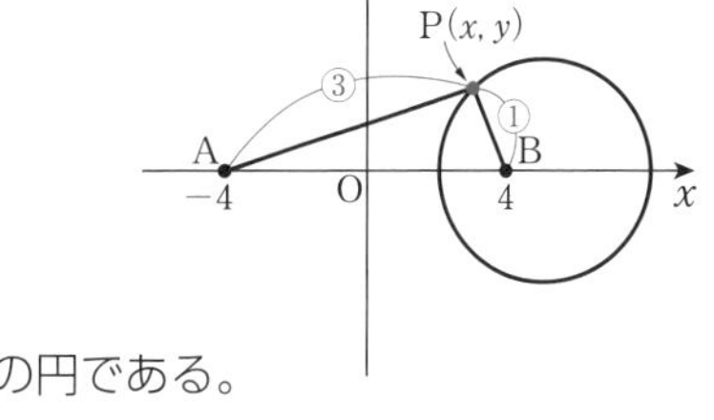

87

2点 A(−2, 0), B(6, 0) に対して, AP : BP = 1 : 3 を満たす点Pの軌跡を求めよ。

例 80 点Qが円 $x^2+y^2=25$ の周上を動くとき，点A(10, 0)と点Qを結ぶ線分AQを 1：4 に内分する点Pの軌跡を求めよ。

解答 2点P，Qの座標をそれぞれ $(x,\ y)$，$(s,\ t)$ とすると，
点Qは円 $x^2+y^2=25$ 上の点であるから

$s^2+t^2=25$ ……①

一方，点Pは線分AQを 1：4 に内分する点であるから

$$x=\frac{4\times10+1\times s}{1+4}=\frac{40+s}{5}$$

$$y=\frac{4\times0+1\times t}{1+4}=\frac{t}{5}$$

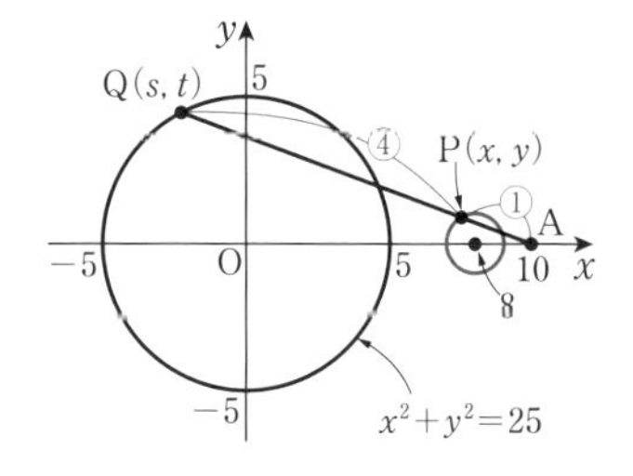

よって $\begin{cases} s=5x-40 & \cdots\cdots② \\ t=5y & \cdots\cdots③ \end{cases}$

②，③を①に代入すると $(5x-40)^2+(5y)^2=25$

すなわち $25(x-8)^2+25y^2=25$

ゆえに $(x-8)^2+y^2=1$

したがって，求める点Pの軌跡は，点(8, 0)を中心とする半径1の円である。

ROUND 2

88A 点Qが円 $x^2+y^2=16$ の周上を動くとき，点A(8, 0)と点Qを結ぶ線分AQの中点Mの軌跡を求めよ。

88B 点Qが円 $x^2+y^2=16$ の周上を動くとき，点A(8, 0)と点Qを結ぶ線分AQを 3：1 に内分する点Pの軌跡を求めよ。

検印

23 不等式の表す領域

▶教 p.97～99

POINT 58
直線で分けられた領域 [1]

不等式 $y > mx + n$ の表す領域は　直線 $y = mx + n$ の上側
不等式 $y < mx + n$ の表す領域は　直線 $y = mx + n$ の下側

例 81　不等式 $y > -2x + 4$ の表す領域を図示せよ。

解答　直線 $y = -2x + 4$ の上側である。
すなわち，右の図の斜線部分である。
ただし，境界線を含まない。

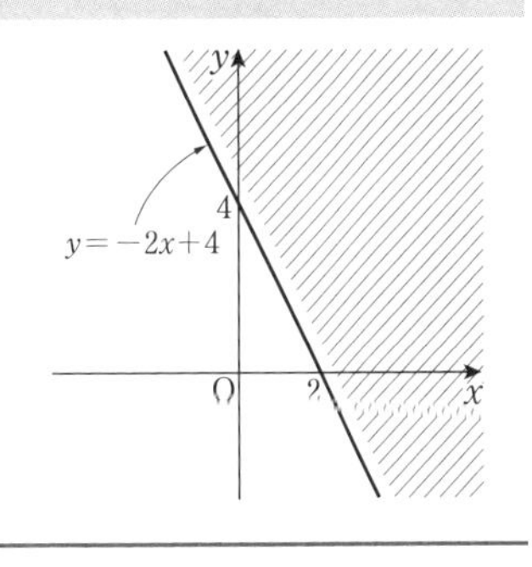

89A　次の不等式の表す領域を図示せよ。

(1)　$y > 2x - 5$

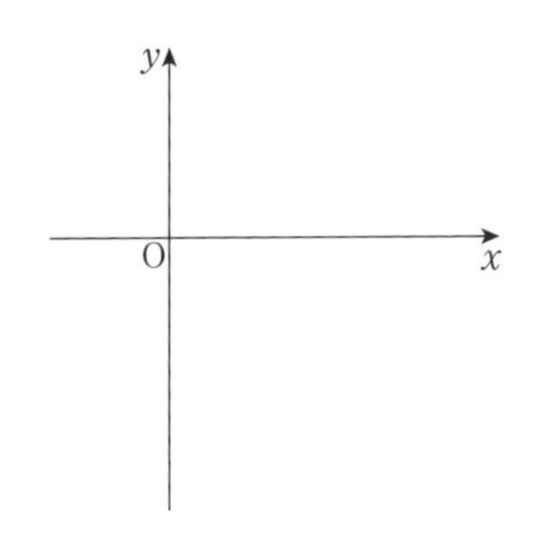

(2)　$y \geqq x + 1$

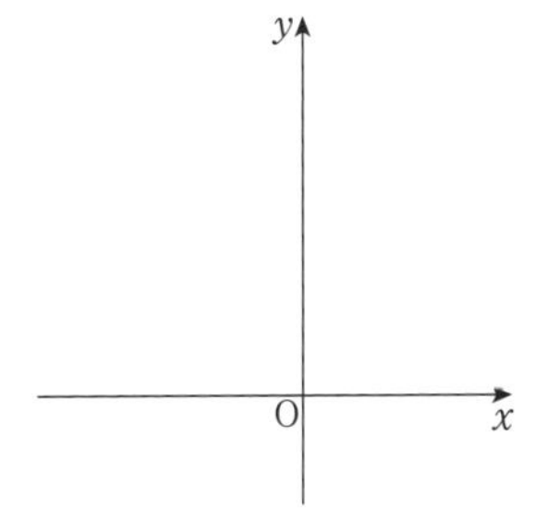

89B　次の不等式の表す領域を図示せよ。

(1)　$y < -x - 2$

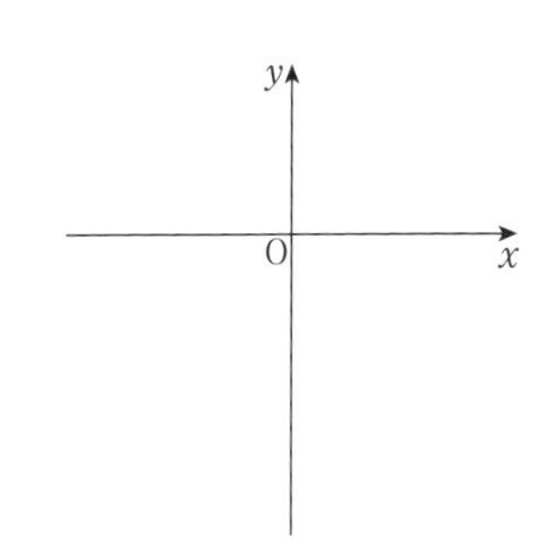

(2)　$y \leqq -3x + 6$

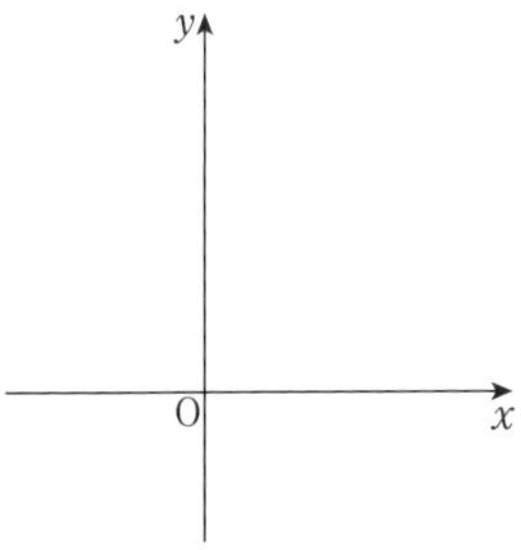

例 82 不等式 $2x+y-4>0$ の表す領域を図示せよ。

解答 不等式 $2x+y-4>0$ は，
$y>-2x+4$ と変形できる。
よって，不等式 $2x+y-4>0$ の表す領域は
直線 $y=-2x+4$ の上側である。
すなわち，右の図の斜線部分である。
ただし，境界線を含まない。

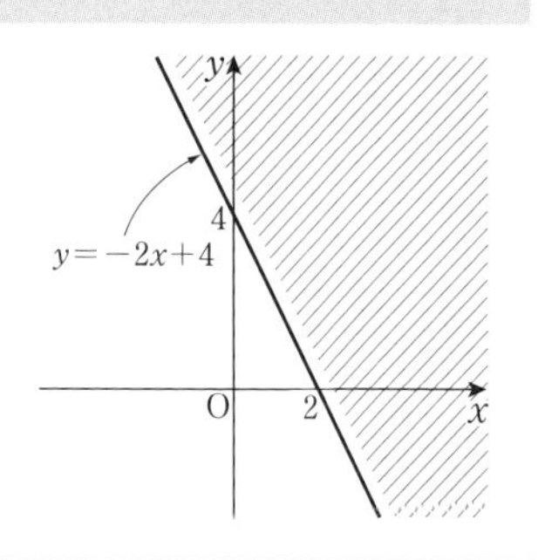

90A 次の不等式の表す領域を図示せよ。

(1) $3x+y-2<0$

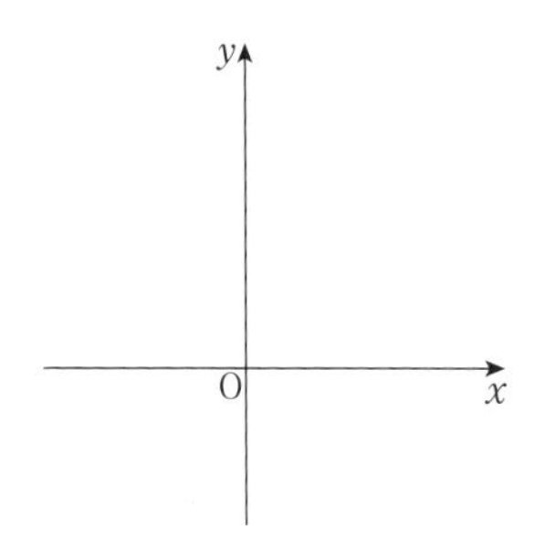

(2) $2x-3y-6>0$

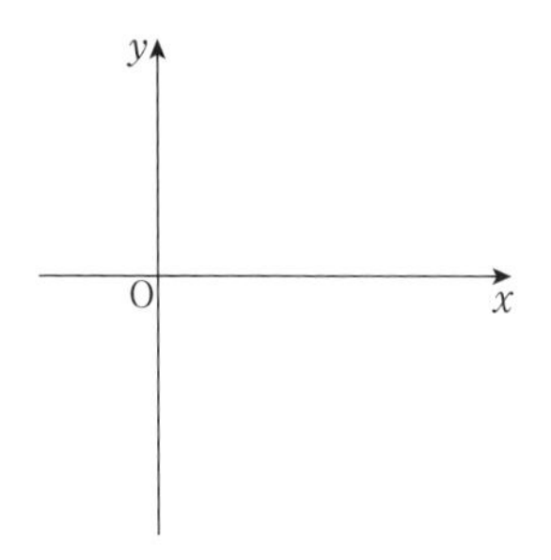

90B 次の不等式の表す領域を図示せよ。

(1) $4x-2y+1\leqq 0$

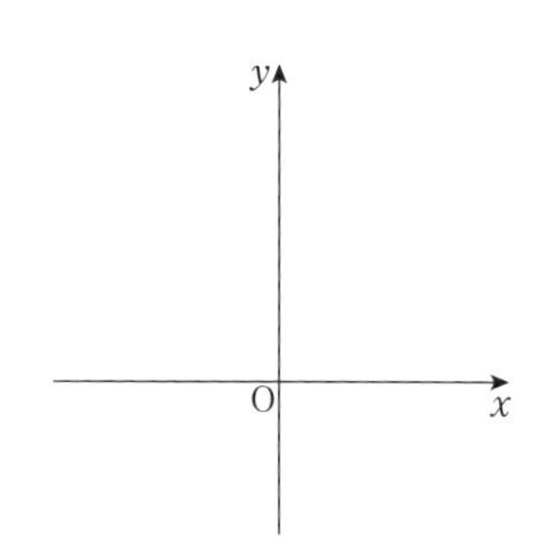

(2) $x-2y+4\geqq 0$

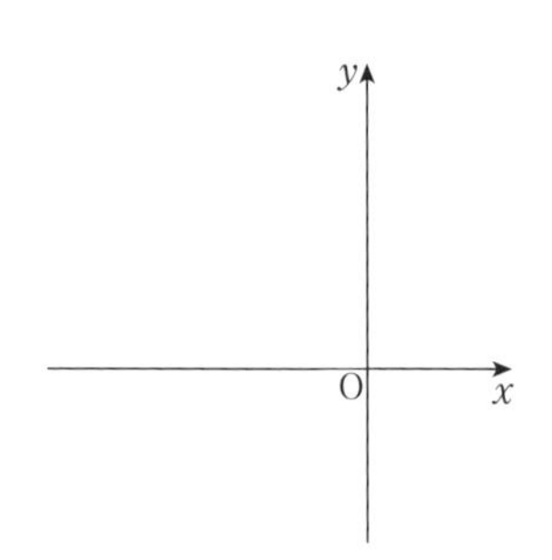

POINT 59

直線で分けられた領域 [2]

不等式 $x > a$ の表す領域は直線 $x = a$ の右側
不等式 $x < a$ の表す領域は直線 $x = a$ の左側
不等式 $y > b$ の表す領域は直線 $y = b$ の上側
不等式 $y < b$ の表す領域は直線 $y = b$ の下側

例 83 不等式 $x \leqq 3$ の表す領域を図示せよ。

解答 不等式 $x \leqq 3$ の表す領域は，y の値に関係なく，
x 座標が 3 以下の点の集合であるから，
直線 $x = 3$ およびその左側である。
すなわち，右の図の斜線部分である。
ただし，境界線を含む。

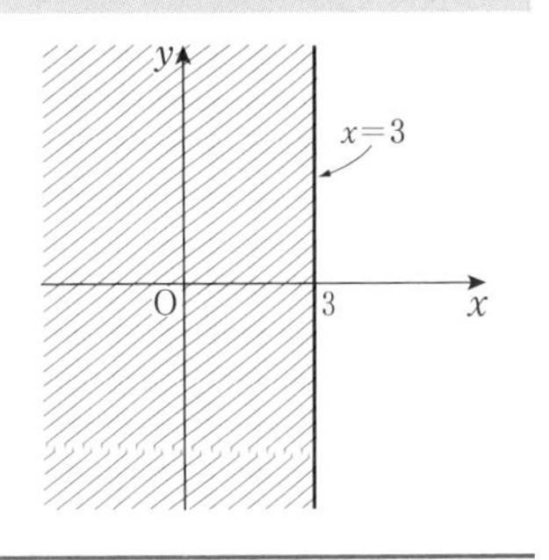

91A 次の不等式の表す領域を図示せよ。

(1) $x < 2$

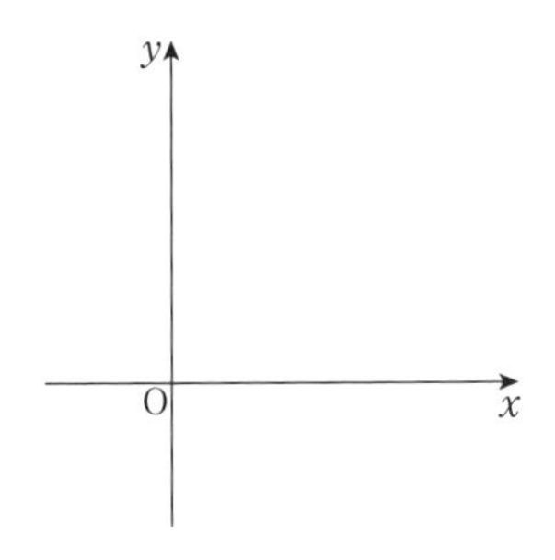

(2) $y > -3$

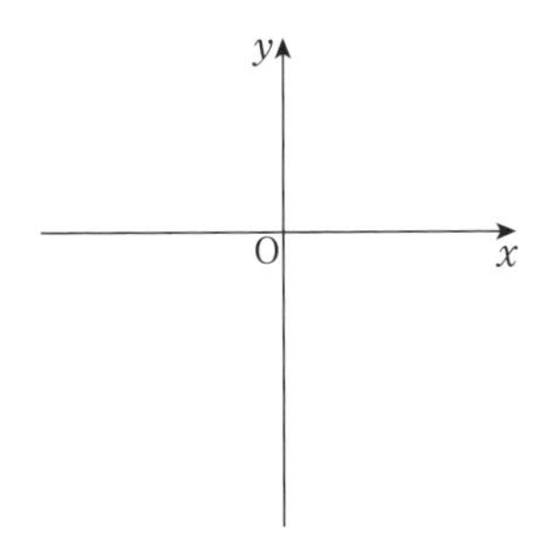

91B 次の不等式の表す領域を図示せよ。

(1) $x + 4 \geqq 0$

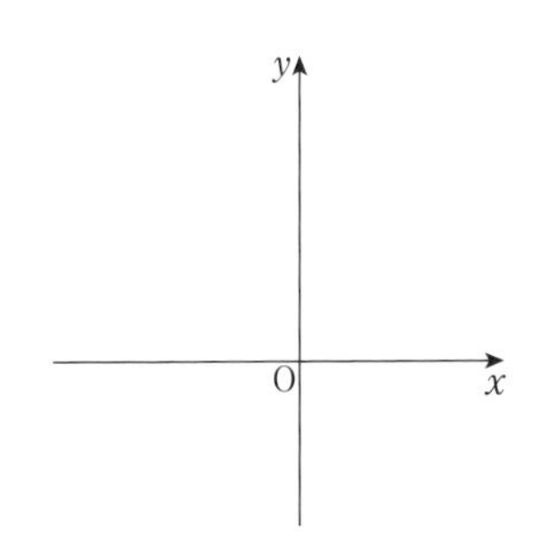

(2) $2y - 3 \leqq 0$

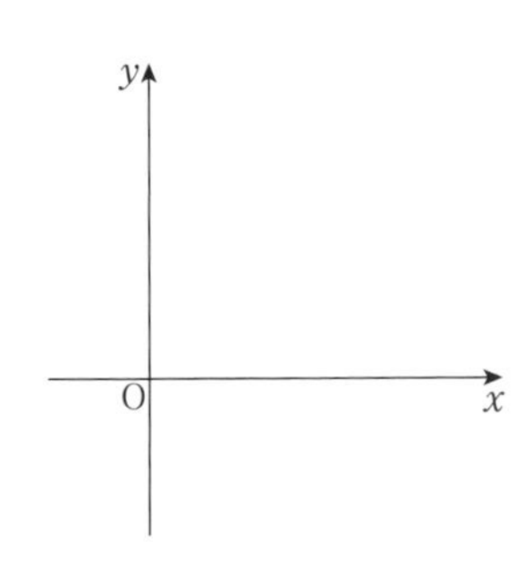

POINT 60 円で分けられた領域

不等式 $(x-a)^2+(y-b)^2<r^2$ の表す領域は　円 $(x-a)^2+(y-b)^2=r^2$ の 内部
不等式 $(x-a)^2+(y-b)^2>r^2$ の表す領域は　円 $(x-a)^2+(y-b)^2=r^2$ の 外部

例 84 不等式 $(x-2)^2+(y-3)^2>16$ の表す領域を図示せよ。

解答　この不等式の表す領域は，
円 $(x-2)^2+(y-3)^2=16$ の外部である。
すなわち，右の図の斜線部分である。
ただし，境界線を含まない。

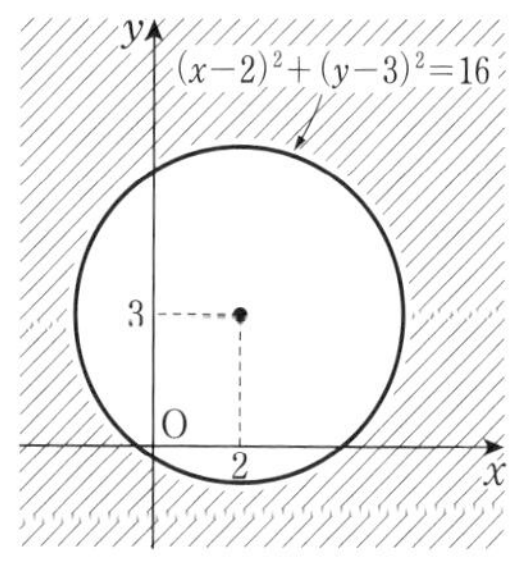

92A 次の不等式の表す領域を図示せよ。

(1) $(x-1)^2+(y+3)^2 \leqq 9$

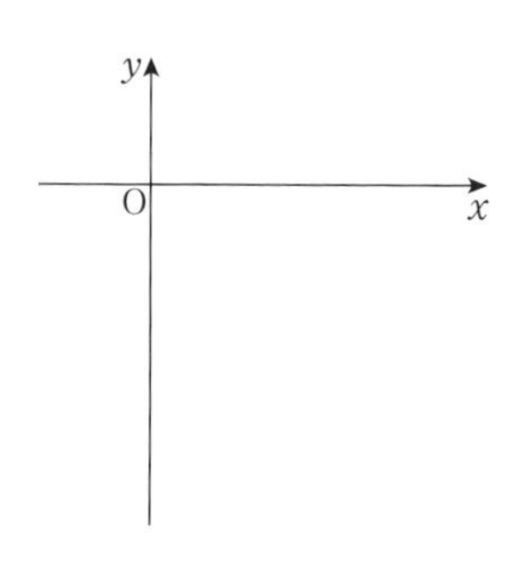

(2) $x^2+y^2>1$

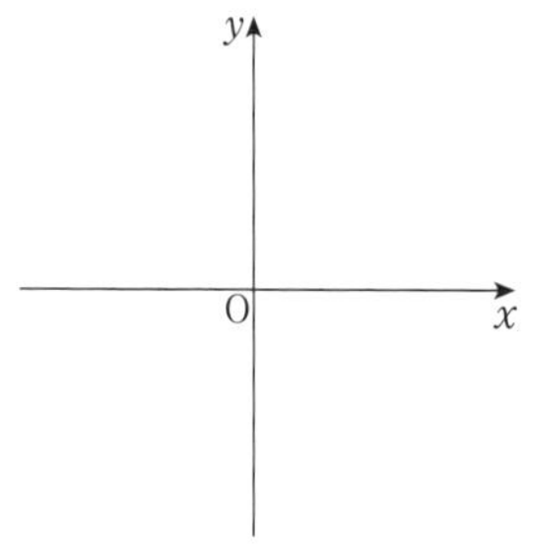

(3) $x^2+y^2-2y<0$

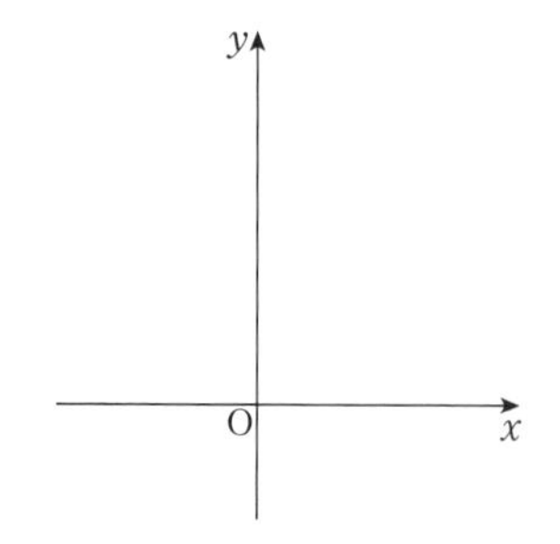

92B 次の不等式の表す領域を図示せよ。

(1) $x^2+(y-1)^2<4$

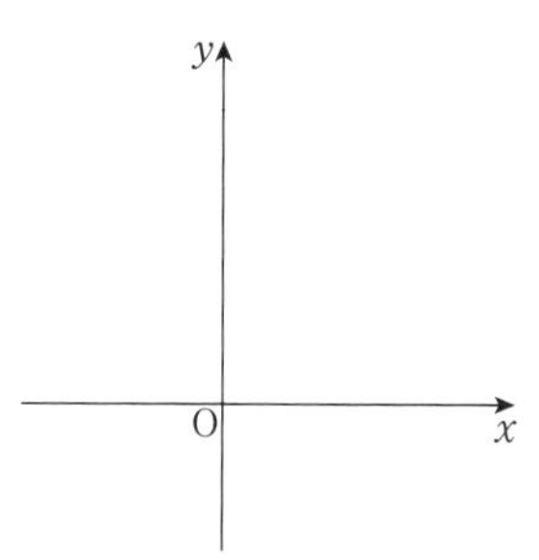

(2) $x^2+y^2+4x-2y>0$

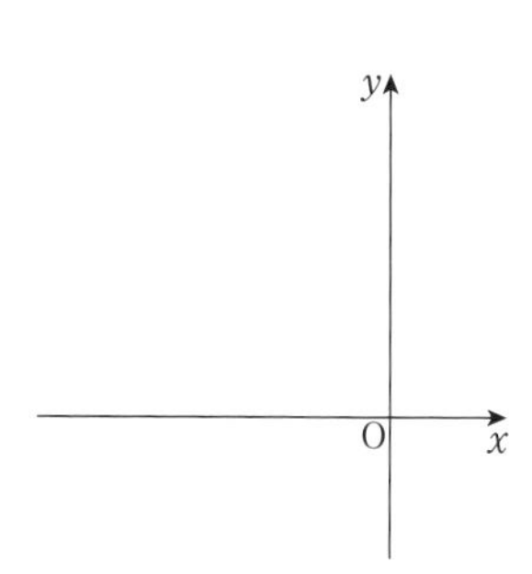

(3) $x^2+y^2-6x-2y+1 \leqq 0$

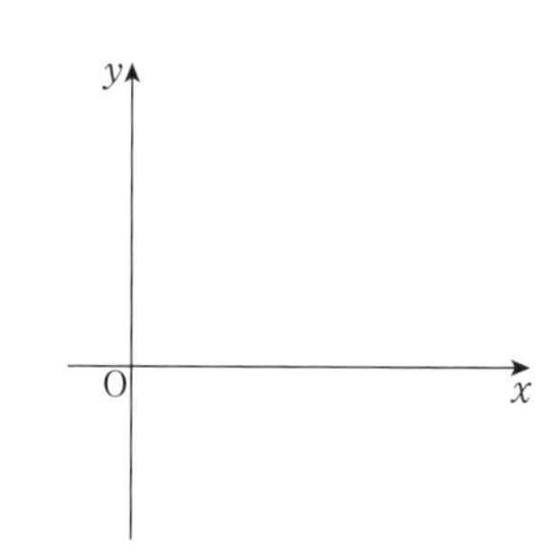

検印

24 連立不等式の表す領域

▶教 p.100～102

POINT 61 連立不等式の表す領域は，それぞれの不等式の表す領域の共通部分を調べればよい。

連立不等式の表す領域 [1]

例 85 連立不等式 $\begin{cases} y < -x-3 & \cdots\cdots ① \\ y > 2x+4 & \cdots\cdots ② \end{cases}$ の表す領域を図示せよ。

解答 ①の表す領域は，直線 $y=-x-3$ の下側である。
②の表す領域は，直線 $y=2x+4$ の上側である。
よって，求める領域は，右の図の斜線部分である。
ただし，境界線を含まない。

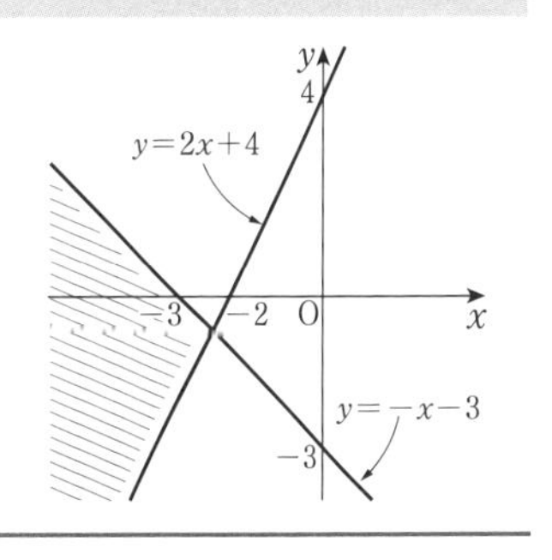

93A 次の連立不等式の表す領域を図示せよ。

(1) $\begin{cases} y > x+1 \\ y < -2x+3 \end{cases}$

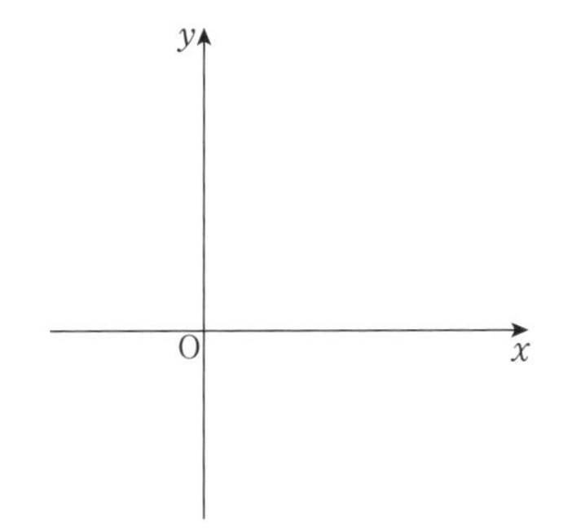

(2) $\begin{cases} x-y-4 < 0 \\ 2x+y-8 < 0 \end{cases}$

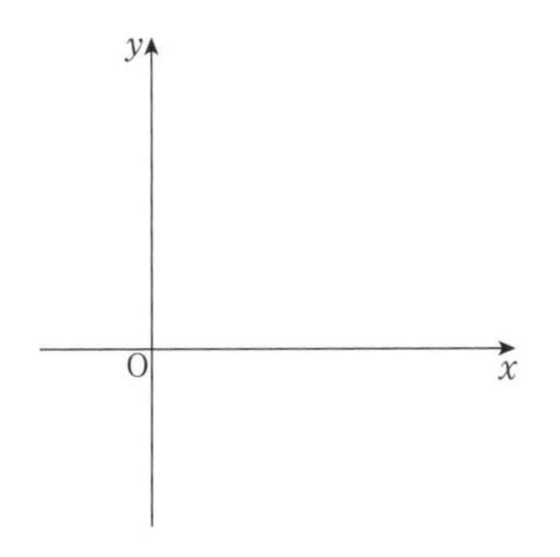

93B 次の連立不等式の表す領域を図示せよ。

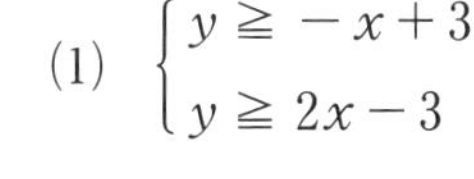

(1) $\begin{cases} y \geqq -x+3 \\ y \geqq 2x-3 \end{cases}$

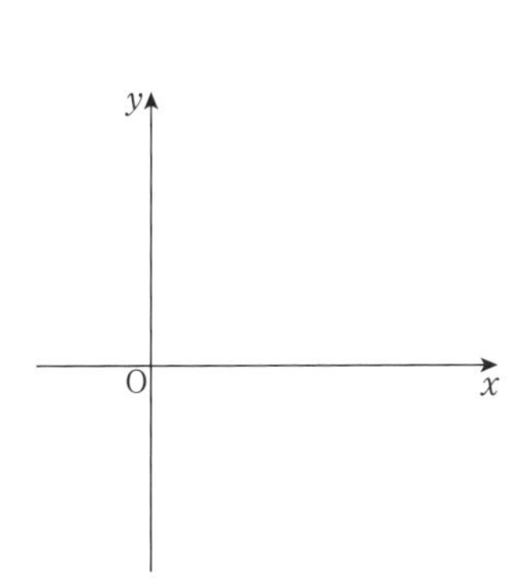

(2) $\begin{cases} x-y+2 \geqq 0 \\ 3x-y+6 \leqq 0 \end{cases}$

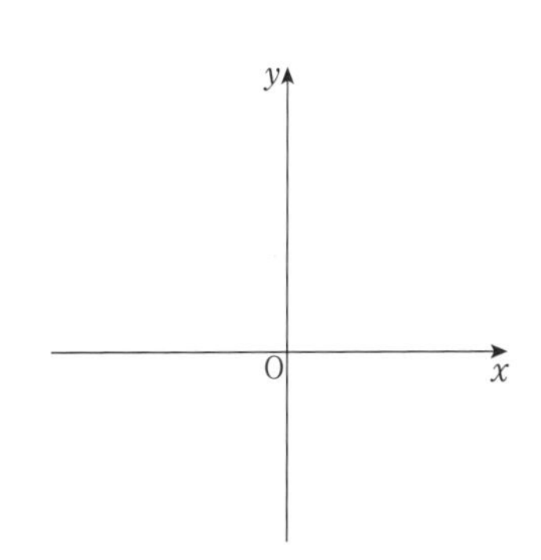

例 86 連立不等式 $\begin{cases} x^2+y^2 \geqq 9 & \cdots\cdots ① \\ y \leqq 2x-2 & \cdots\cdots ② \end{cases}$ の表す領域を図示せよ。

解答 ①の表す領域は，円 $x^2+y^2=9$ の周および外部である。
②の表す領域は，直線 $y=2x-2$ およびその下側である。
よって，求める領域は，右の図の斜線部分である。
ただし，境界線を含む。

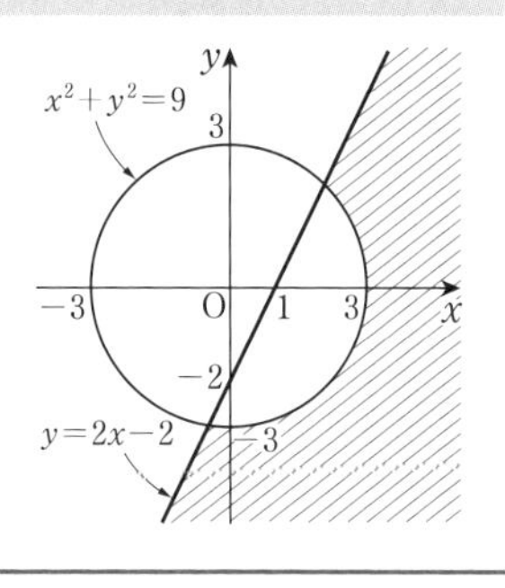

94A 次の連立不等式の表す領域を図示せよ。

(1) $\begin{cases} x^2+y^2>4 \\ y>x-1 \end{cases}$

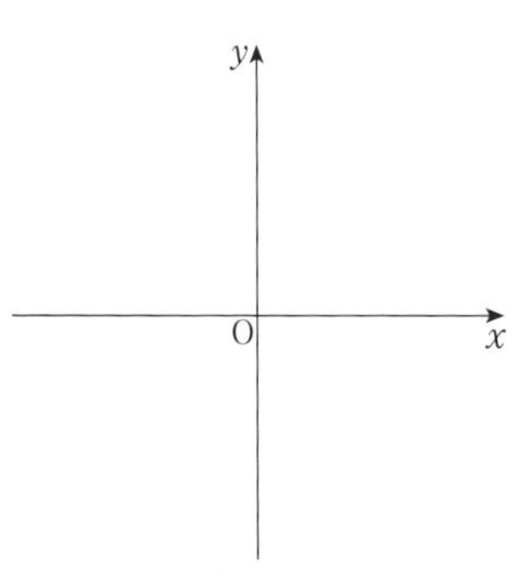

(2) $\begin{cases} x^2+(y-1)^2>4 \\ x-y+1>0 \end{cases}$

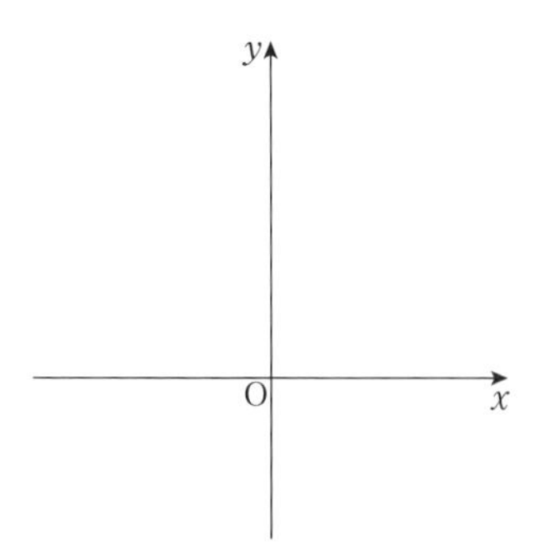

94B 次の連立不等式の表す領域を図示せよ。

(1) $\begin{cases} x^2+y^2 \leqq 9 \\ x+y \geqq 2 \end{cases}$

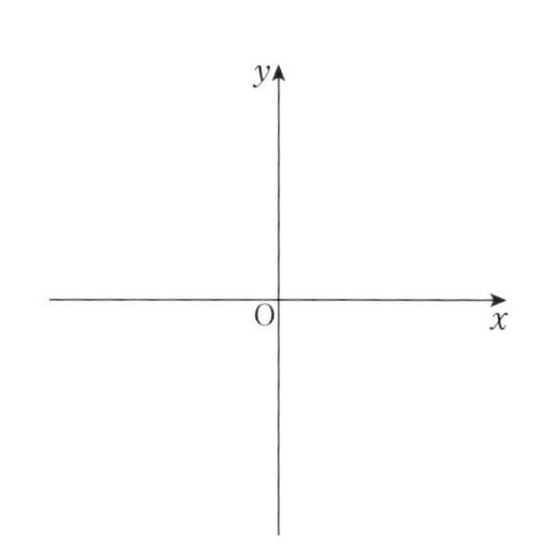

(2) $\begin{cases} (x-1)^2+y^2 \leqq 1 \\ 2x-y-1 \leqq 0 \end{cases}$

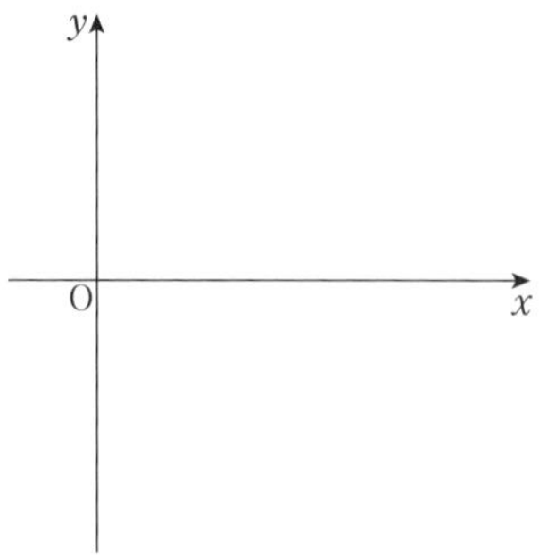

POINT 62
連立不等式の表す領域 [2]

整式 A，B の積の不等式 $AB>0$ や $AB \leqq 0$ などで表された領域は，次のような不等式の性質を利用して図示する。

$$AB>0 \iff \begin{cases} A>0 \\ B>0 \end{cases} \text{または} \begin{cases} A<0 \\ B<0 \end{cases}$$

$$AB<0 \iff \begin{cases} A>0 \\ B<0 \end{cases} \text{または} \begin{cases} A<0 \\ B>0 \end{cases}$$

例 87 不等式 $(x+y+3)(2x-y+3)>0$ の表す領域を図示せよ。

解答 与えられた不等式が成り立つことは，連立不等式

$\begin{cases} x+y+3>0 \\ 2x-y+3>0 \end{cases}$ ……① または $\begin{cases} x+y+3<0 \\ 2x-y+3<0 \end{cases}$ ……②

が成り立つことと同じである。

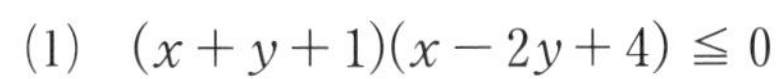

よって，求める領域は，①の表す領域 A と②の表す領域 B の和集合 $A \cup B$ であり，右の図の斜線部分である。
ただし，境界線を含まない。

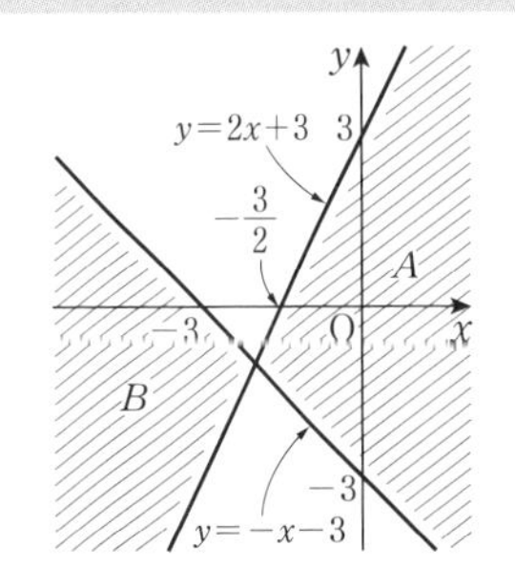

ROUND 2

95A 次の不等式の表す領域を図示せよ。

(1) $(x-y)(x+y)>0$

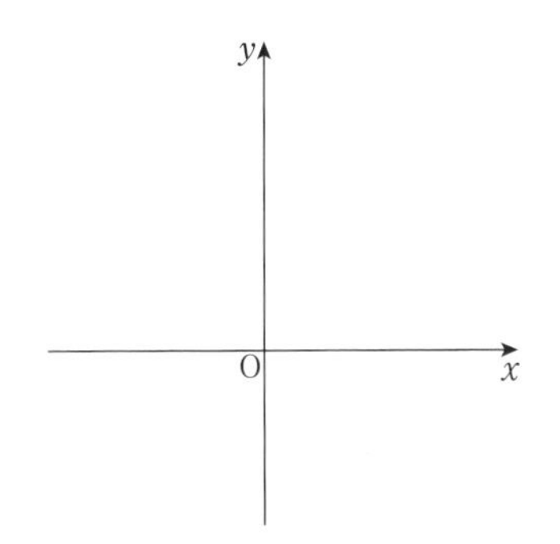

(2) $x(y-2) \geqq 0$

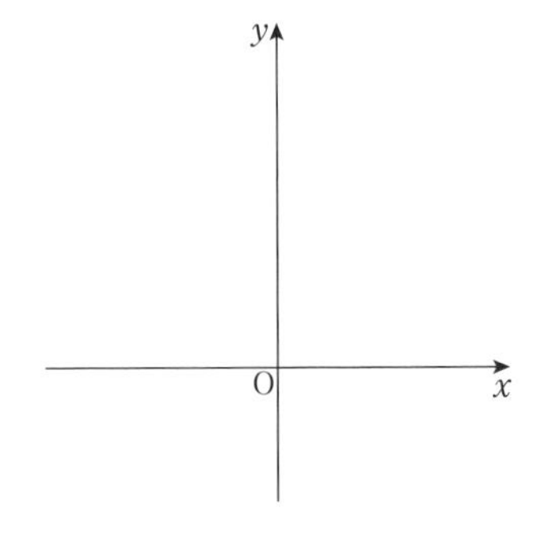

95B 次の不等式の表す領域を図示せよ。

(1) $(x+y+1)(x-2y+4) \leqq 0$

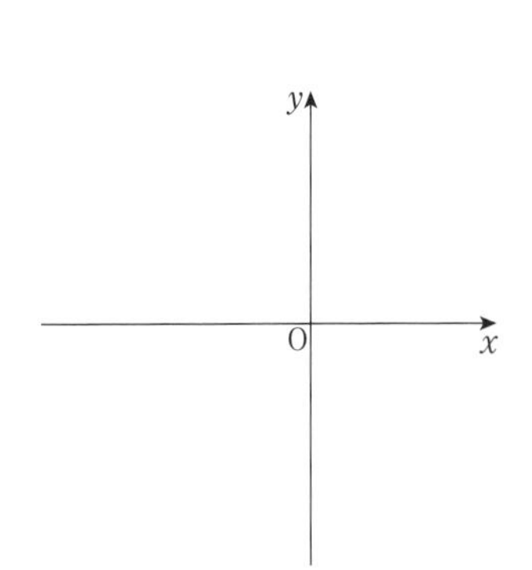

(2) $(x-y)(x^2+y^2-4)<0$

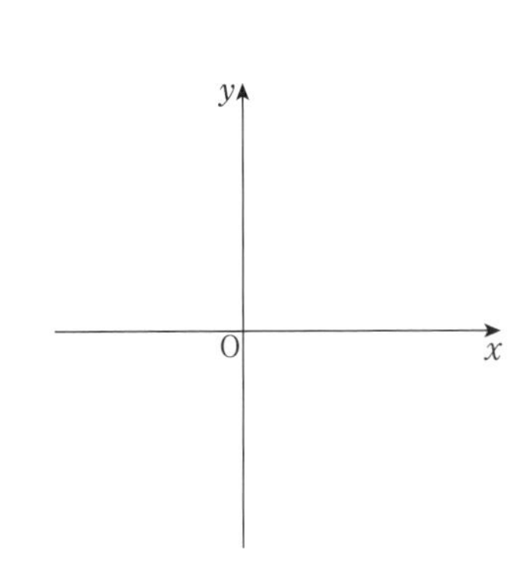

例 88 x, y が 4 つの不等式　$x \geqq 0$, $y \geqq 0$, $y \leqq 2x+3$, $y \leqq -x+9$
を同時に満たすとき，$x+2y$ の最大値と最小値を求めよ。

解答　与えられた連立不等式の表す領域 D は，4 点
$\mathrm{O}(0,\ 0)$, $\mathrm{A}(9,\ 0)$, $\mathrm{B}(2,\ 7)$, $\mathrm{C}(0,\ 3)$
を頂点とする四角形 OABC の周および内部である。

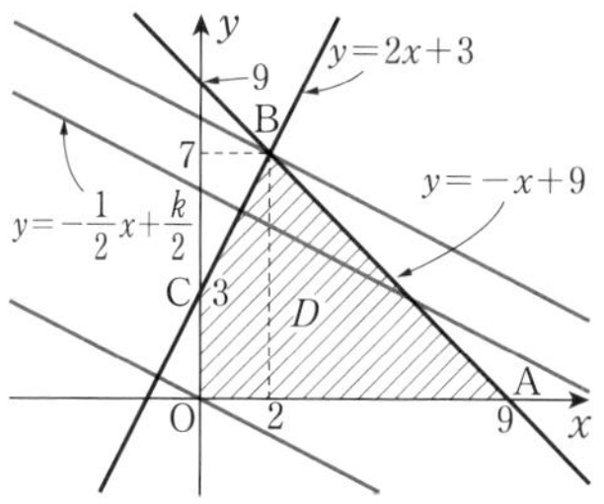

$x+2y=k$　……①　とおくと，①は $y=-\dfrac{1}{2}x+\dfrac{k}{2}$
と変形できるから，傾き $-\dfrac{1}{2}$，y 切片 $\dfrac{k}{2}$ の直線を表す。
この直線①が領域 D 内の点を通るときの y 切片 $\dfrac{k}{2}$ の最大値
と最小値を調べればよい。

①が 点 $(2,\ 7)$ を通るとき $\dfrac{k}{2}$ は最大となる。このとき k も最大となるから　$k=16$

点 $(0,\ 0)$ を通るとき $\dfrac{k}{2}$ は最小となる。このとき k も最小となるから　$k=0$

したがって，$x+2y$ は
$x=2$, $y=7$ のとき 最大値 16 をとり，$x=0$, $y=0$ のとき 最小値 0 をとる。

ROUND 2

96 x, y が 4 つの不等式 $x \geqq 0$, $y \geqq 0$, $2x+y \leqq 6$, $x+2y \leqq 6$ を同時に満たすとき，
$2x+3y$ の最大値と最小値を求めよ。

検印

例題 4 放物線の頂点の軌跡 ▶教 p.105 章末 10

a がすべての実数値をとって変化するとき，放物線 $y=x^2-2ax+1$ の頂点 P の軌跡を求めよ。

解答 $y=x^2-2ax+1=(x-a)^2-a^2+1$ より

放物線の頂点 P の座標は　$\mathrm{P}(a,\ -a^2+1)$

ここで，$\mathrm{P}(x,\ y)$ とすると

$$\begin{cases} x=a & \cdots\cdots① \\ y=-a^2+1 & \cdots\cdots② \end{cases}$$

①を②に代入すると

$$y=-x^2+1$$

よって，求める軌跡は　放物線 $y=-x^2+1$ である。

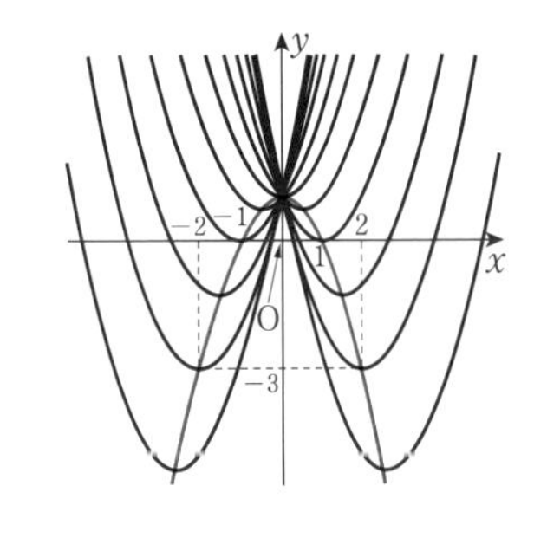

97 a がすべての実数値をとって変化するとき，放物線 $y=x^2+2ax+2a^2+5a-4$ の頂点 P の軌跡を求めよ。

検印

25　一般角

▶教 p.108～111

POINT 63
一般角

360° より大きい角や，負の向きの角まで考えた角を**一般角**という。

動径の表す角　動径 OP の位置を表す角の 1 つを α とするとき，
動径 OP の表す角は　$\alpha+360^\circ\times n$　（n は整数）

例 89　400°，-120° の動径の位置をそれぞれ図示せよ。

解答

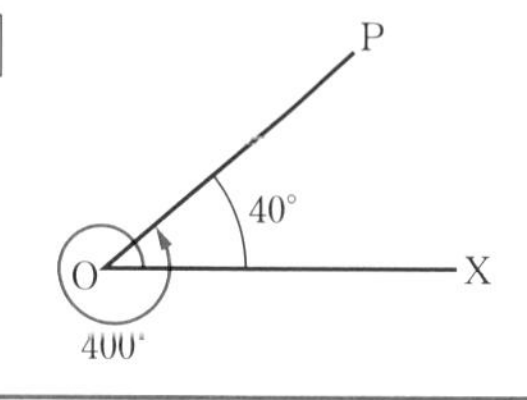

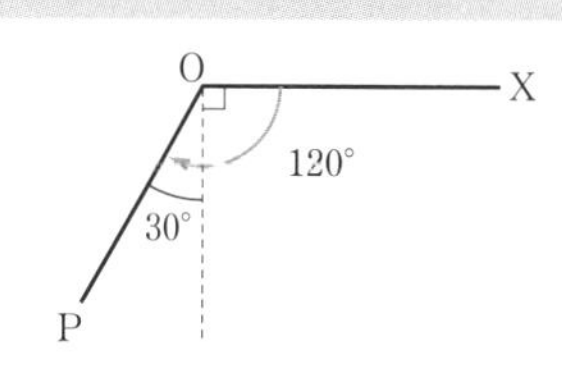

98A　210°，-300° の動径の位置を図示せよ。

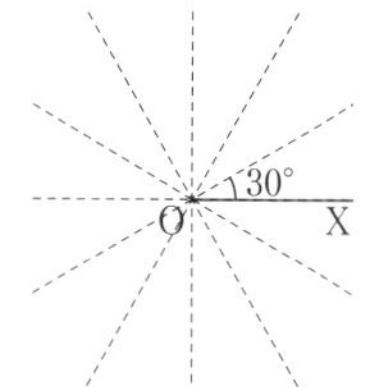

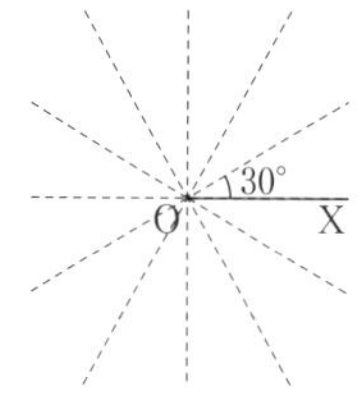

98B　405°，-450° の動径の位置を図示せよ。

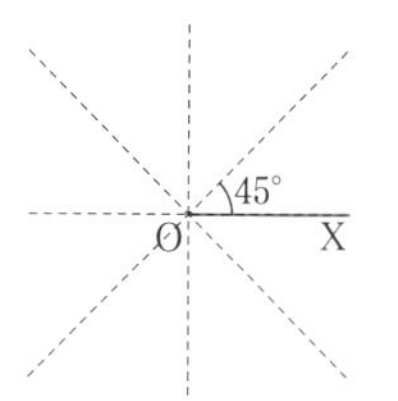

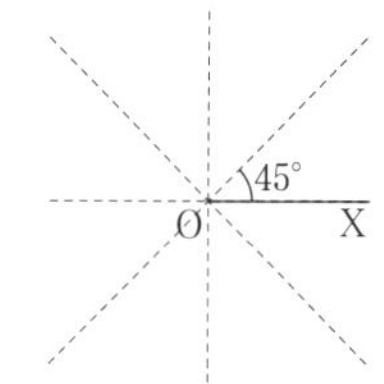

例 90　次の角のうち，その動径の位置が 80° の動径と同じ位置にある角はどれか。
440°，660°，-120°，-300°，-640°

解答　$440^\circ=80^\circ+360^\circ$，　$660^\circ=300^\circ+360^\circ$，　$-120^\circ=240^\circ+360^\circ\times(-1)$，
$-300^\circ=60^\circ+360^\circ\times(-1)$，　$-640^\circ=80^\circ+360^\circ\times(-2)$
よって　440° と -640°

99A　次の角のうち，その動径が 60° の動径と同じ位置にある角をすべて求めよ。
420°，660°，-120°，-300°，-720°

99B　次の角のうち，その動径が 210° の動径と同じ位置にある角をすべて求めよ。
510°，570°，-120°，-150°，-240°

POINT 64 弧度法

$1^\circ = \dfrac{\pi}{180}$ ラジアン　　1 ラジアン $= \dfrac{180^\circ}{\pi}$

例 91　15° を弧度法で，$-\dfrac{3}{2}\pi$ を度数法で表せ。

解答　15° を弧度法で表すと　$15^\circ \times \dfrac{\pi}{180^\circ} = \dfrac{\pi}{12}$

$-\dfrac{3}{2}\pi$ を度数法で表すと　$-\dfrac{3}{2}\pi \times \dfrac{180^\circ}{\pi} = -270^\circ$

100A　次の角のうち(1)，(2)は弧度法で，(3)，(4)は度数法で表せ。

(1)　-45°　　(2)　210°

(3)　$\dfrac{5}{3}\pi$　　(4)　$-\dfrac{7}{6}\pi$

100B　次の角のうち(1)，(2)は弧度法で，(3)，(4)は度数法で表せ。

(1)　75°　　(2)　-315°

(3)　$\dfrac{11}{3}\pi$　　(4)　$-\dfrac{5}{4}\pi$

POINT 65 扇形の弧の長さと面積

半径 r，中心角 θ の扇形の弧の長さを l，面積を S とすると

$$l = r\theta, \qquad S = \frac{1}{2}r^2\theta = \frac{1}{2}lr$$

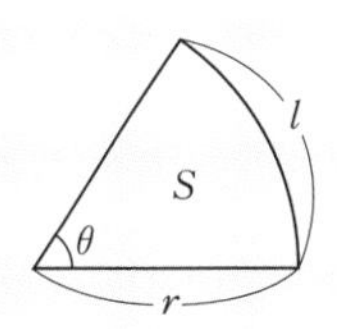

例 92　半径 12，中心角 $\dfrac{\pi}{3}$ の扇形の弧の長さ l と面積 S を求めよ。

解答　$l = 12 \times \dfrac{\pi}{3} = 4\pi$，　$S = \dfrac{1}{2} \times 4\pi \times 12 = 24\pi$

101A　半径 4，中心角 $\dfrac{3}{4}\pi$ の扇形の弧の長さ l と面積 S を求めよ。

101B　半径 6，中心角 $\dfrac{5}{6}\pi$ の扇形の弧の長さ l と面積 S を求めよ。

検印

26 三角関数

▶教 p.112〜116

POINT 66

三角関数

x 軸の正の部分を始線とし，角 θ の動径と原点Oを中心とする半径 r の円との交点を $\mathrm{P}(x,\ y)$ とすると

$$\sin\theta=\frac{y}{r},\quad \cos\theta=\frac{x}{r},\quad \tan\theta=\frac{y}{x}$$

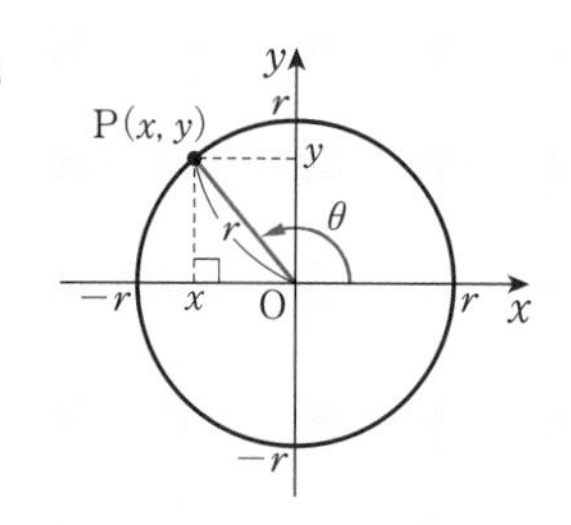

例 93 θ が $\frac{7}{6}\pi$ のとき，$\sin\theta$，$\cos\theta$，$\tan\theta$ の値を求めよ。

解答 $\frac{7}{6}\pi$ の動径と，原点Oを中心とする半径2の円との交点Pの座標は $(-\sqrt{3},\ -1)$ であるから

$$\sin\frac{7}{6}\pi=\frac{-1}{2}=-\frac{1}{2}$$

$$\cos\frac{7}{6}\pi=\frac{-\sqrt{3}}{2}=-\frac{\sqrt{3}}{2}$$

$$\tan\frac{7}{6}\pi=\frac{-1}{-\sqrt{3}}=\frac{1}{\sqrt{3}}$$

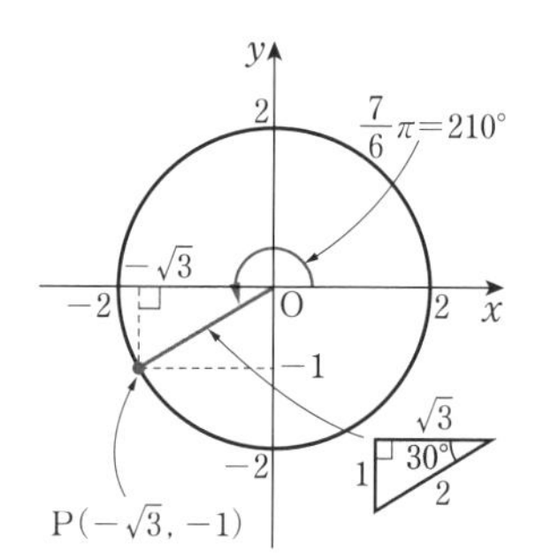

102A θ が次の値のとき，$\sin\theta$，$\cos\theta$，$\tan\theta$ の値を求めよ。

(1) $\frac{5}{4}\pi$

(2) $-\frac{\pi}{6}$

102B θ が次の値のとき，$\sin\theta$，$\cos\theta$，$\tan\theta$ の値を求めよ。

(1) $\frac{11}{3}\pi$

(2) -3π

POINT 67
三角関数の相互関係 [1]

$\sin^2\theta+\cos^2\theta=1,\quad \tan\theta=\dfrac{\sin\theta}{\cos\theta}$

例 94 θ が第 3 象限の角で，$\cos\theta=-\dfrac{3}{5}$ のとき，$\sin\theta$，$\tan\theta$ の値を求めよ。

解答 $\sin^2\theta+\cos^2\theta=1$ より　$\sin^2\theta=1-\cos^2\theta=1-\left(-\dfrac{3}{5}\right)^2=\dfrac{16}{25}$

ここで，θ は第 3 象限の角であるから　$\sin\theta<0$

よって　$\sin\theta=-\sqrt{\dfrac{16}{25}}=-\dfrac{4}{5}$

$\tan\theta=\dfrac{\sin\theta}{\cos\theta}=\left(-\dfrac{4}{5}\right)\div\left(-\dfrac{3}{5}\right)=\left(-\dfrac{4}{5}\right)\times\left(-\dfrac{5}{3}\right)=\dfrac{4}{3}$

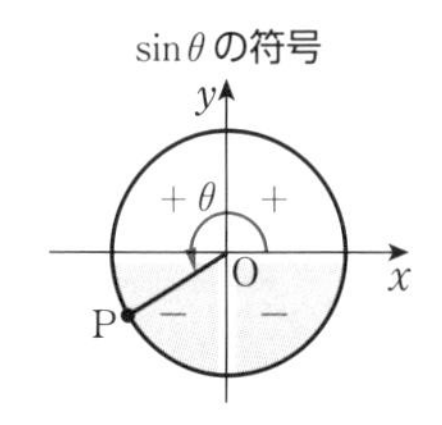

第3章 三角関数

103A 次の問いに答えよ。

(1) θ が第 3 象限の角で，$\sin\theta=-\dfrac{3}{5}$ のとき，$\cos\theta$，$\tan\theta$ の値を求めよ。

(2) θ が第 2 象限の角で，$\cos\theta=-\dfrac{2}{3}$ のとき，$\sin\theta$，$\tan\theta$ の値を求めよ。

103B 次の問いに答えよ。

(1) θ が第 4 象限の角で，$\cos\theta=\dfrac{3}{4}$ のとき，$\sin\theta$，$\tan\theta$ の値を求めよ。

(2) θ が第 3 象限の角で，$\sin\theta=-\dfrac{1}{4}$ のとき，$\cos\theta$，$\tan\theta$ の値を求めよ。

POINT 68

三角関数の相互関係 [2]

$$1+\tan^2\theta=\frac{1}{\cos^2\theta}$$

例 95 θ が第 2 象限の角で，$\tan\theta=-3$ のとき，$\sin\theta$，$\cos\theta$ の値を求めよ。

解答 $1+\tan^2\theta=\dfrac{1}{\cos^2\theta}$ より $\dfrac{1}{\cos^2\theta}=10$

ゆえに　$\cos^2\theta=\dfrac{1}{10}$

ここで，θ は第 2 象限の角であるから　$\cos\theta<0$

よって　$\cos\theta=-\sqrt{\dfrac{1}{10}}=-\dfrac{\sqrt{10}}{10}$

$$\sin\theta=\tan\theta\cos\theta=(-3)\times\left(-\frac{\sqrt{10}}{10}\right)=\frac{3\sqrt{10}}{10}$$

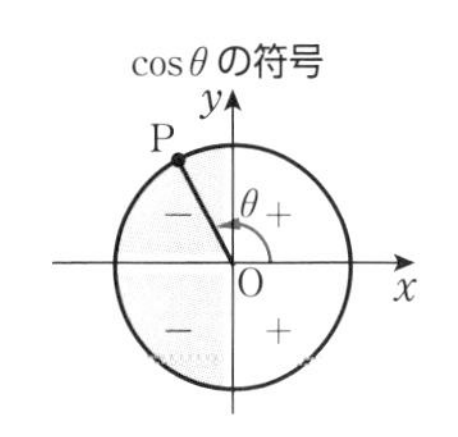

104A θ が第 3 象限の角で，$\tan\theta=\sqrt{2}$ のとき，$\sin\theta$，$\cos\theta$ の値を求めよ。

104B θ が第 4 象限の角で，$\tan\theta=-\dfrac{3}{4}$ のとき，$\sin\theta$，$\cos\theta$ の値を求めよ。

POINT 69

三角関数を含む式の値

$\sin\theta$ と $\cos\theta$ の和や差の値から積の値を求めるには，両辺を 2 乗して $\sin^2\theta+\cos^2\theta=1$ を利用する。

例 96 $\sin\theta+\cos\theta=\dfrac{2}{3}$ のとき，$\sin\theta\cos\theta$ の値を求めよ。

解答 $\sin\theta+\cos\theta=\dfrac{2}{3}$ の両辺を 2 乗すると

$$\sin^2\theta+2\sin\theta\cos\theta+\cos^2\theta=\frac{4}{9}$$

ここで，$\sin^2\theta+\cos^2\theta=1$ であるから

$$2\sin\theta\cos\theta=\frac{4}{9}-1=-\frac{5}{9}$$

よって　$\sin\theta\cos\theta=-\dfrac{5}{18}$

ROUND 2

105A $\sin\theta+\cos\theta=\dfrac{1}{5}$ のとき，

$\sin\theta\cos\theta$ の値を求めよ。

105B $\sin\theta-\cos\theta=-\dfrac{1}{3}$ のとき，

$\sin\theta\cos\theta$ の値を求めよ。

POINT 70 三角関数を含む等式の証明

$\sin^2\theta+\cos^2\theta=1,\ \tan\theta=\dfrac{\sin\theta}{\cos\theta}$ を利用する。

例 97 等式 $\dfrac{\cos\theta}{1-\sin\theta}-\tan\theta=\dfrac{1}{\cos\theta}$ を証明せよ。

証明 $(\text{左辺})=\dfrac{\cos\theta}{1-\sin\theta}-\dfrac{\sin\theta}{\cos\theta}=\dfrac{\cos^2\theta-\sin\theta(1-\sin\theta)}{(1-\sin\theta)\cos\theta}$

$=\dfrac{\sin^2\theta+\cos^2\theta-\sin\theta}{(1-\sin\theta)\cos\theta}=\dfrac{1-\sin\theta}{(1-\sin\theta)\cos\theta}=\dfrac{1}{\cos\theta}=(\text{右辺})$

よって $\dfrac{\cos\theta}{1-\sin\theta}+\tan\theta=\dfrac{1}{\cos\theta}$ 終

106A 等式

$\dfrac{\cos\theta}{1+\sin\theta}+\dfrac{1+\sin\theta}{\cos\theta}=\dfrac{2}{\cos\theta}$ を証明せよ。

106B 等式

$\tan\theta+\dfrac{1}{\tan\theta}=\dfrac{1}{\sin\theta\cos\theta}$ を証明せよ。

27 三角関数の性質

▶教 p.117〜119

POINT 71
三角関数の性質

$\theta+2n\pi$ の三角関数（n は整数）

$\sin(\theta+2n\pi)=\sin\theta$　　$\cos(\theta+2n\pi)=\cos\theta$　　$\tan(\theta+2n\pi)=\tan\theta$

$-\theta$ の三角関数

$\sin(-\theta)=-\sin\theta$　　$\cos(-\theta)=\cos\theta$　　$\tan(-\theta)=-\tan\theta$

$\theta+\pi$, $\pi-\theta$ の三角関数

$\sin(\theta+\pi)=-\sin\theta$　　$\cos(\theta+\pi)=-\cos\theta$　　$\tan(\theta+\pi)=\tan\theta$

$\sin(\pi-\theta)=\sin\theta$　　$\cos(\pi-\theta)=-\cos\theta$　　$\tan(\pi-\theta)=-\tan\theta$

$\theta+\frac{\pi}{2}$, $\frac{\pi}{2}-\theta$ の三角関数

$\sin\left(\theta+\frac{\pi}{2}\right)=\cos\theta$　　$\cos\left(\theta+\frac{\pi}{2}\right)=-\sin\theta$　　$\tan\left(\theta+\frac{\pi}{2}\right)=-\frac{1}{\tan\theta}$

$\sin\left(\frac{\pi}{2}-\theta\right)=\cos\theta$　　$\cos\left(\frac{\pi}{2}-\theta\right)=\sin\theta$　　$\tan\left(\frac{\pi}{2}-\theta\right)=\frac{1}{\tan\theta}$

例 98　次の値を求めよ。

(1)　$\cos\left(-\frac{10}{3}\pi\right)$　　(2)　$\sin\left(-\frac{\pi}{6}\right)$　　(3)　$\tan\frac{5}{4}\pi$

解答　(1)　$\cos\left(-\frac{10}{3}\pi\right)=\cos\frac{10}{3}\pi=\cos\left(\frac{4}{3}\pi+2\pi\right)=\cos\frac{4}{3}\pi=-\frac{1}{2}$

(2)　$\sin\left(-\frac{\pi}{6}\right)=-\sin\frac{\pi}{6}=-\frac{1}{2}$　　(3)　$\tan\frac{5}{4}\pi=\tan\left(\frac{\pi}{4}+\pi\right)=\tan\frac{\pi}{4}=1$

107A　次の値を求めよ。

(1)　$\cos\frac{13}{6}\pi$

(2)　$\sin\left(-\frac{15}{4}\pi\right)$

(3)　$\tan\frac{15}{4}\pi$

107B　次の値を求めよ。

(1)　$\sin\frac{7}{3}\pi$

(2)　$\cos\left(-\frac{9}{4}\pi\right)$

(3)　$\tan\left(-\frac{13}{6}\pi\right)$

検印

28 三角関数のグラフ

▶教 p.120〜125

POINT 72
三角関数のグラフ

	$y = \sin\theta$	$y = \cos\theta$	$y = \tan\theta$
周期	2π	2π	π
値域	$-1 \leqq y \leqq 1$	$-1 \leqq y \leqq 1$	実数全体
グラフの対称性	原点に関して対称	y 軸に関して対称	原点に関して対称

例 99 次の図は関数 $y=\sin\theta$ のグラフである。図中の y の値 a 〜 c と θ の値 θ_1〜θ_3 を求めよ。

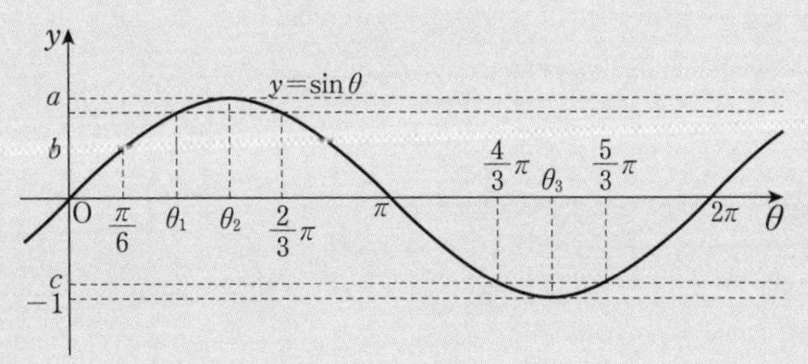

解答　$-1 \leqq \sin\theta \leqq 1$ より　$a=1$,　$\sin\dfrac{\pi}{6}=\dfrac{1}{2}$ より　$b=\dfrac{1}{2}$

$\sin\dfrac{4}{3}\pi=-\dfrac{\sqrt{3}}{2}$ より　　$c=-\dfrac{\sqrt{3}}{2}$

$\sin\theta_1=\sin\dfrac{2}{3}\pi=\dfrac{\sqrt{3}}{2}$,　$\dfrac{\pi}{6}<\theta_1<\dfrac{2}{3}\pi$ より　　$\theta_1=\dfrac{\pi}{3}$

$\sin\theta_2=a=1$,　$\dfrac{\pi}{6}<\theta_2<\dfrac{2}{3}\pi$ より　　$\theta_2=\dfrac{\pi}{2}$

$\sin\theta_3=-1$,　$\dfrac{4}{3}\pi<\theta_3<\dfrac{5}{3}\pi$ より　　$\theta_3=\dfrac{3}{2}\pi$

108A 次の図は関数 $y=\cos\theta$ のグラフである。図中の y の値 a, b と θ の値 θ_1〜θ_4 を求めよ。

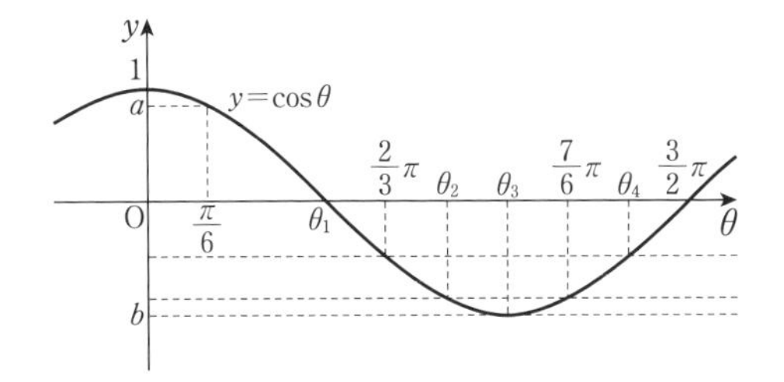

108B 次の図は関数 $y=\tan\theta$ のグラフである。図中の y の値 a, b と θ の値 θ_1〜θ_3 を求めよ。

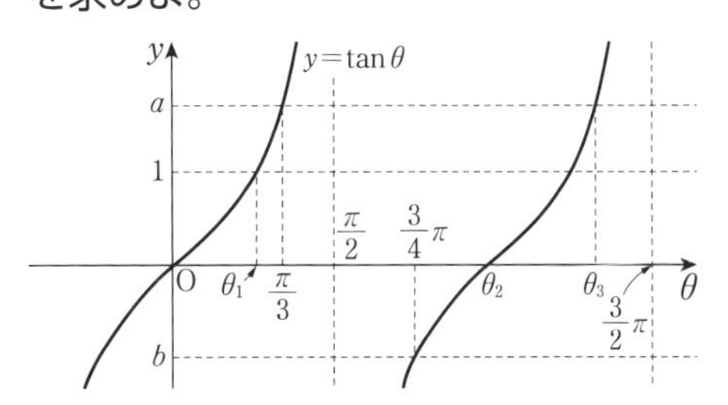

POINT 73 $y = a\sin\theta$ のグラフ

$y = a\sin\theta$ のグラフは，$y = \sin\theta$ のグラフを，θ 軸をもとにして y 軸方向に a 倍したもの

例 100 $y = 2\cos\theta$ のグラフをかけ。また，その周期をいえ。

解答 $y = 2\cos\theta$ のグラフは，$y = \cos\theta$ のグラフを，θ 軸をもとにして y 軸方向に 2 倍に拡大したグラフとなる。周期は 2π である。

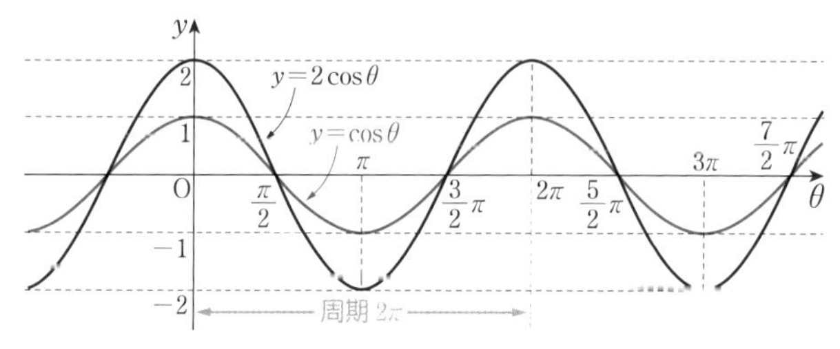

109 $y = 3\sin\theta$ のグラフをかけ。また，その周期をいえ。

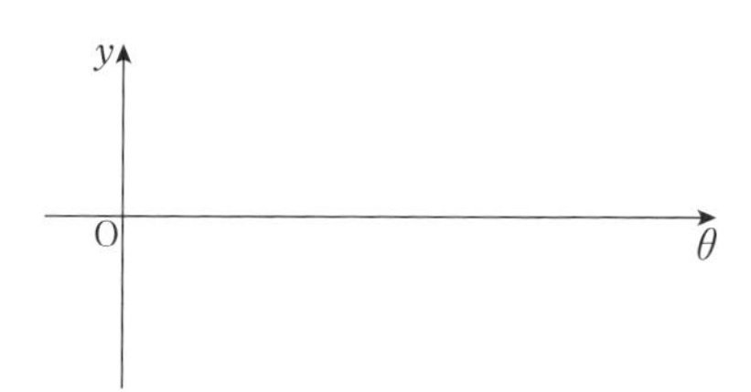

POINT 74 $y = \sin k\theta$ のグラフ

$y = \sin k\theta$ のグラフは，$y = \sin\theta$ のグラフを，y 軸をもとにして θ 軸方向に $\frac{1}{k}$ 倍したもの

例 101 $y = \sin 3\theta$ のグラフをかけ。また，その周期をいえ。

解答 $y = \sin 3\theta$ のグラフは，$y = \sin\theta$ のグラフを y 軸をもとにして θ 軸方向に $\frac{1}{3}$ 倍に縮小したグラフとなる。周期は $y = \sin\theta$ の周期 2π の $\frac{1}{3}$ 倍，すなわち $\frac{2}{3}\pi$ である。

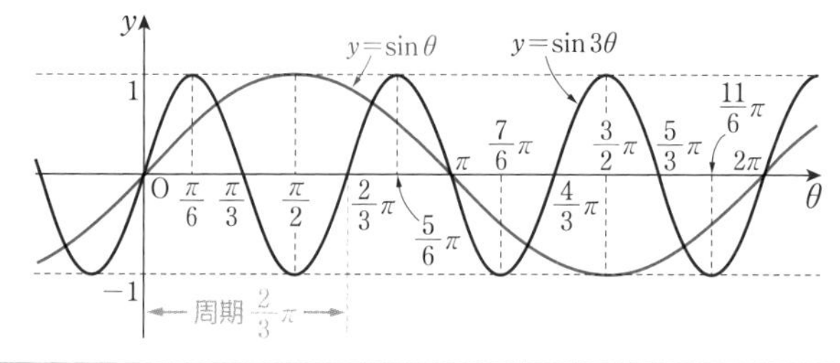

110 $y = \cos\frac{\theta}{2}$ のグラフをかけ。また，その周期をいえ。

POINT 75 $y=\sin(\theta-\alpha)$ のグラフ

$y=\sin(\theta-\alpha)$ のグラフは，$y=\sin\theta$ のグラフを，θ 軸方向に α だけ平行移動したもの

例 102 $y=\cos\left(\theta-\dfrac{\pi}{4}\right)$ のグラフをかけ。またその周期をいえ。

解答　$y=\cos\left(\theta-\dfrac{\pi}{4}\right)$ のグラフは，$y=\cos\theta$ のグラフを θ 軸方向に $\dfrac{\pi}{4}$ だけ平行移動したグラフとなる。周期は 2π である。

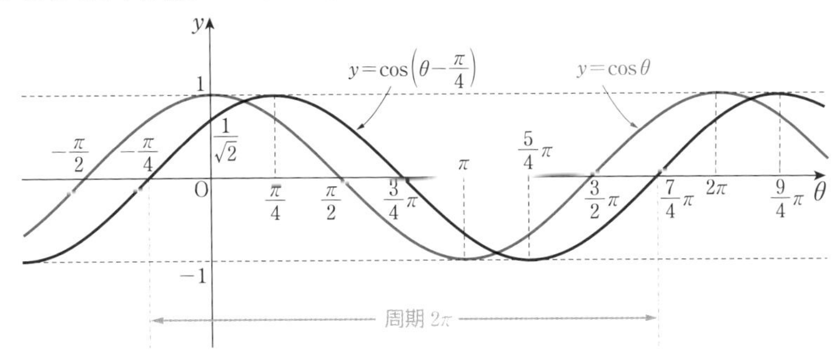

111A $y=\sin\left(\theta+\dfrac{\pi}{4}\right)$ のグラフをかけ。また，その周期をいえ。

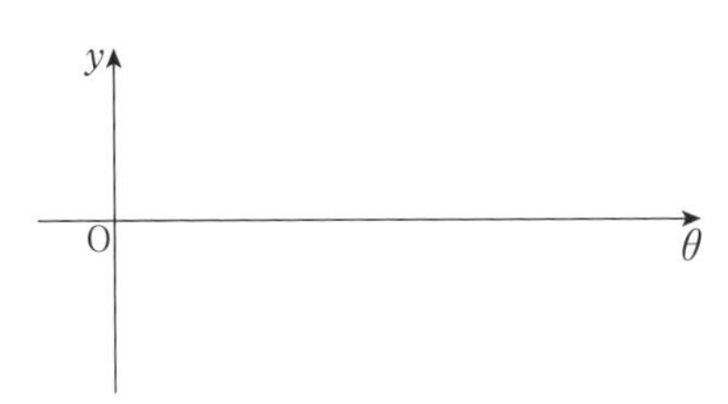

111B $y=\cos\left(\theta-\dfrac{\pi}{6}\right)$ のグラフをかけ。また，その周期をいえ。

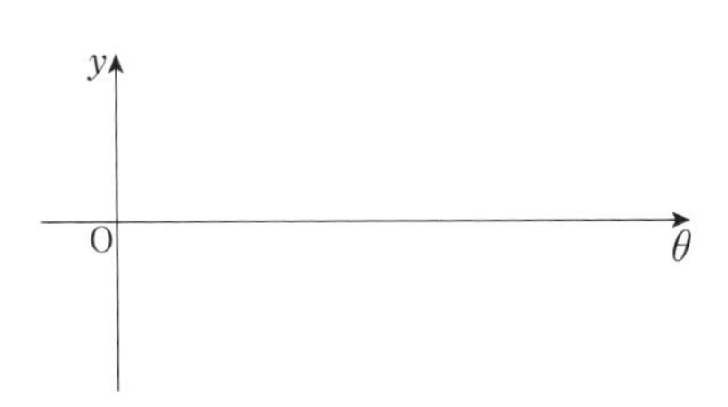

検印

29 三角関数を含む方程式・不等式

▶教 p.126〜128

POINT 76

三角関数を含む方程式

(1) **$\sin\theta = k$ の解**
単位円と直線 $y = k$ との交点を P，Q としたときの動径 OP，OQ の表す角を求める。

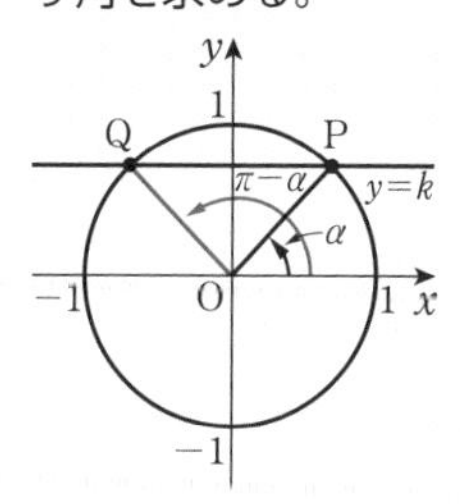

(2) **$\cos\theta = k$ の解**
単位円と直線 $x = k$ との交点を P，Q としたときの動径 OP，OQ の表す角を求める。

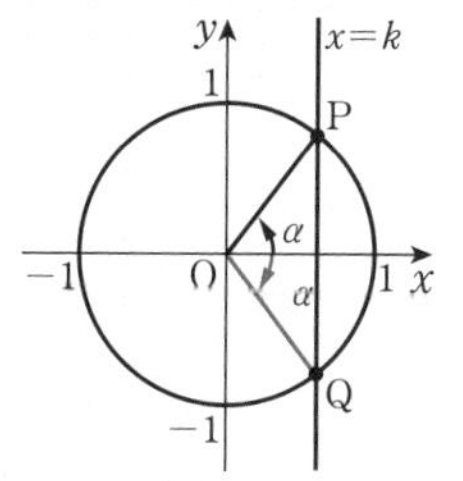

(3) **$\tan\theta = k$ の解**
点 T(1, k) をとり，単位円と直線 OT との交点を P，Q としたときの動径 OP，OQ の表す角を求める。

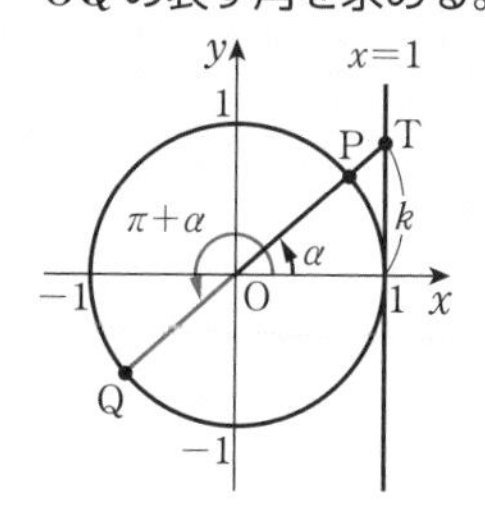

例 103 $0 \leqq \theta < 2\pi$ のとき，次の方程式を解け。

(1) $\sin\theta = \dfrac{\sqrt{3}}{2}$　　(2) $\cos\theta = -\dfrac{1}{\sqrt{2}}$　　(3) $\tan\theta = -1$

解答 (1) 右の図のように，単位円と直線 $y = \dfrac{\sqrt{3}}{2}$ との交点を P，Q とすると，動径 OP，OQ の表す角が求める θ である。

よって，$0 \leqq \theta < 2\pi$ の範囲において，求める θ の値は

$\theta = \dfrac{\pi}{3},\ \dfrac{2}{3}\pi$

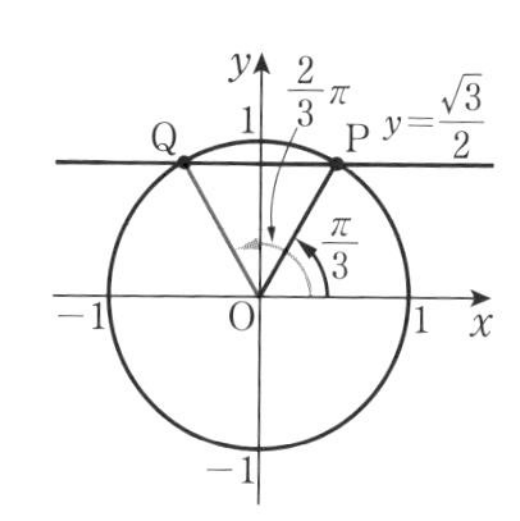

(2) 右の図のように，単位円と直線 $x = -\dfrac{1}{\sqrt{2}}$ との交点を P，Q とすると，動径 OP，OQ の表す角が求める θ である。
よって，$0 \leqq \theta < 2\pi$ の範囲において，求める θ の値は

$\theta = \dfrac{3}{4}\pi,\ \theta = \dfrac{5}{4}\pi$

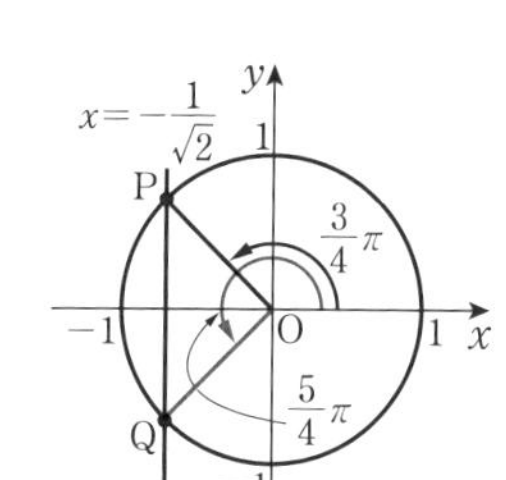

(3) 右の図のように，T(1, −1) をとり，単位円と直線 OT との交点を P，Q とすると，動径 OP，OQ の表す角が求める θ である。
よって，$0 \leqq \theta < 2\pi$ の範囲において，求める θ の値は

$\theta = \dfrac{3}{4}\pi,\ \dfrac{7}{4}\pi$

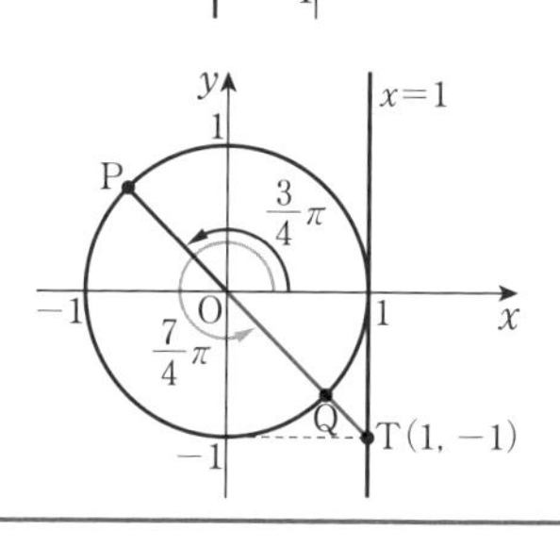

112A $0 \leqq \theta < 2\pi$ のとき，次の方程式を解け。

(1) $\sin\theta = -\dfrac{1}{2}$

(2) $2\cos\theta - \sqrt{3} = 0$

(3) $\sqrt{3}\tan\theta - 1 = 0$

112B $0 \leqq \theta < 2\pi$ のとき，次の方程式を解け。

(1) $2\sin\theta = -\sqrt{3}$

(2) $\sqrt{2}\cos\theta + 1 = 0$

(3) $\sqrt{3}\tan\theta + 3 = 0$

例 104 $0 \leqq \theta < 2\pi$ のとき，方程式 $2\sin^2\theta + 5\cos\theta + 1 = 0$ を解け。

解答 $\sin^2\theta = 1 - \cos^2\theta$ より，与えられた方程式を変形すると

$$2(1-\cos^2\theta) + 5\cos\theta + 1 = 0$$

$$2\cos^2\theta - 5\cos\theta - 3 = 0$$

因数分解すると $(2\cos\theta + 1)(\cos\theta - 3) = 0$

ここで，$0 \leqq \theta < 2\pi$ のとき，$-1 \leqq \cos\theta \leqq 1$ より $\cos\theta - 3 \neq 0$

ゆえに $2\cos\theta + 1 = 0$

よって $\cos\theta = -\dfrac{1}{2}$

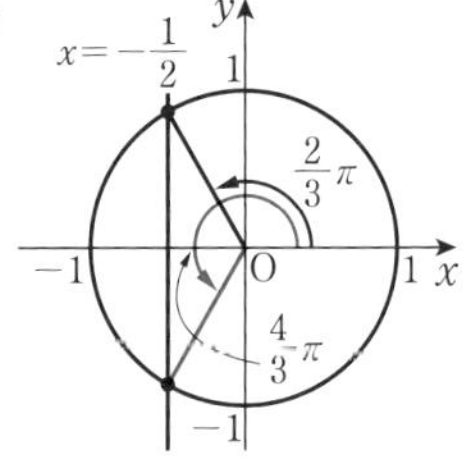

したがって，$0 \leqq \theta < 2\pi$ の範囲において，求める θ の値は

$$\theta = \frac{2}{3}\pi,\ \frac{4}{3}\pi$$

ROUND 2

113A $0 \leqq \theta < 2\pi$ のとき，次の方程式を解け。

(1) $2\cos^2\theta - \sin\theta - 1 = 0$

(2) $2\sin^2\theta - 5\cos\theta + 5 = 0$

113B $0 \leqq \theta < 2\pi$ のとき，次の方程式を解け。

(1) $2\sin^2\theta - \cos\theta - 2 = 0$

(2) $4\cos^2\theta - 4\sin\theta - 5 = 0$

例 105　$0 \leqq \theta < 2\pi$ のとき，不等式 $\sin\theta \leqq \dfrac{1}{\sqrt{2}}$ を解け。

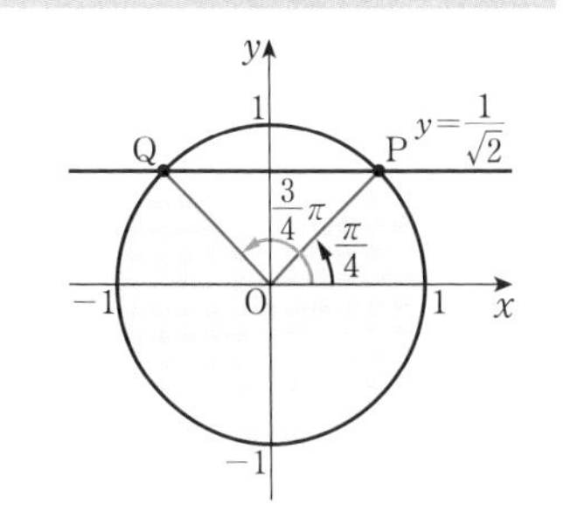

解答　求める θ の値の範囲は，単位円と角 θ の動径との交点の y 座標が $\dfrac{1}{\sqrt{2}}$ 以下であるような範囲である。

ここで，単位円と直線 $y=\dfrac{1}{\sqrt{2}}$ との交点をP，Qとすると，動径OP，OQの表す角は　$0 \leqq \theta < 2\pi$ の範囲において，$\dfrac{\pi}{4}$，$\dfrac{3}{4}\pi$ である。

よって，求める θ の値の範囲は　$0 \leqq \theta \leqq \dfrac{\pi}{4}$，$\dfrac{3}{4}\pi \leqq \theta < 2\pi$

ROUND 2

114A　$0 \leqq \theta < 2\pi$ のとき，次の不等式を解け。

(1)　$\sin\theta > \dfrac{1}{2}$

(2)　$2\sin\theta \leqq -\sqrt{3}$

114B　$0 \leqq \theta < 2\pi$ のとき，次の不等式を解け。

(1)　$\cos\theta < \dfrac{\sqrt{3}}{2}$

(2)　$2\cos\theta - \sqrt{2} \geqq 0$

第3章 三角関数

検印

30 加法定理

▶教 p.130〜134

POINT 77
サインとコサインの加法定理

$\sin(\alpha+\beta)=\sin\alpha\cos\beta+\cos\alpha\sin\beta$　　$\sin(\alpha-\beta)=\sin\alpha\cos\beta-\cos\alpha\sin\beta$

$\cos(\alpha+\beta)=\cos\alpha\cos\beta-\sin\alpha\sin\beta$　　$\cos(\alpha-\beta)=\cos\alpha\cos\beta+\sin\alpha\sin\beta$

例 106 次の値を求めよ。

(1)　$\sin 195^\circ$　　　(2)　$\cos 285^\circ$

解答　(1)　$\sin 195^\circ=\sin(150^\circ+45^\circ)=\sin 150^\circ\cos 45^\circ+\cos 150^\circ\sin 45^\circ$

$$=\frac{1}{2}\times\frac{1}{\sqrt{2}}+\left(-\frac{\sqrt{3}}{2}\right)\times\frac{1}{\sqrt{2}}=\frac{1-\sqrt{3}}{2\sqrt{2}}=\frac{\sqrt{2}-\sqrt{6}}{4}$$

(2)　$\cos 285^\circ=\cos(240^\circ+45^\circ)=\cos 240^\circ\cos 45^\circ-\sin 240^\circ\sin 45^\circ$

$$=-\frac{1}{2}\times\frac{1}{\sqrt{2}}-\left(-\frac{\sqrt{3}}{2}\right)\times\frac{1}{\sqrt{2}}=\frac{-1+\sqrt{3}}{2\sqrt{2}}=\frac{-\sqrt{2}+\sqrt{6}}{4}$$

115A 次の値を求めよ。

(1)　$\cos 105^\circ$

(2)　$\sin 285^\circ$

115B 次の値を求めよ。

(1)　$\sin 165^\circ$

(2)　$\cos 195^\circ$

例 107 $\sin\alpha=\dfrac{3}{5}$，$\sin\beta=-\dfrac{12}{13}$ のとき，$\sin(\alpha+\beta)$ の値を求めよ。

ただし，α は第 2 象限の角，β は第 3 象限の角とする。

解答　$\sin^2\alpha+\cos^2\alpha=1$ より　$\cos^2\alpha=1-\left(\dfrac{3}{5}\right)^2=\dfrac{16}{25}$

α は第 2 象限の角であるから，$\cos\alpha<0$　よって $\cos\alpha=-\sqrt{\dfrac{16}{25}}=-\dfrac{4}{5}$

また，$\sin^2\beta+\cos^2\beta=1$ より　$\cos^2\beta=1-\left(-\dfrac{12}{13}\right)^2=\dfrac{25}{169}$

β は第 3 象限の角であるから，$\cos\beta<0$　よって $\cos\beta=-\sqrt{\dfrac{25}{169}}=-\dfrac{5}{13}$

$$\sin(\alpha+\beta)=\sin\alpha\cos\beta+\cos\alpha\sin\beta=\frac{3}{5}\times\left(-\frac{5}{13}\right)+\left(-\frac{4}{5}\right)\times\left(-\frac{12}{13}\right)=\frac{33}{65}$$

116A $\cos\alpha=\dfrac{1}{3}$，$\cos\beta=-\dfrac{7}{9}$ のとき，次の値を求めよ。ただし，α は第 1 象限の角，β は第 3 象限の角とする。

(1) $\sin\alpha$

(2) $\sin\beta$

(3) $\sin(\alpha+\beta)$

(4) $\cos(\alpha+\beta)$

116B $\sin\alpha=\dfrac{2}{3}$，$\cos\beta=\dfrac{\sqrt{30}}{6}$ のとき，次の値を求めよ。ただし，α は第 2 象限の角，β は第 4 象限の角とする。

(1) $\cos\alpha$

(2) $\sin\beta$

(3) $\sin(\alpha-\beta)$

(4) $\cos(\alpha-\beta)$

POINT 78 タンジェントの加法定理

$\tan(\alpha+\beta)=\dfrac{\tan\alpha+\tan\beta}{1-\tan\alpha\tan\beta}$　　$\tan(\alpha-\beta)=\dfrac{\tan\alpha-\tan\beta}{1+\tan\alpha\tan\beta}$

例 108 $\tan 105^\circ$ の値を求めよ。

解答　$\tan 105^\circ=\tan(60^\circ+45^\circ)=\dfrac{\tan 60^\circ+\tan 45^\circ}{1-\tan 60^\circ\tan 45^\circ}$

$=\dfrac{\sqrt{3}+1}{1-\sqrt{3}\times 1}=\dfrac{(1+\sqrt{3})^2}{(1-\sqrt{3})(1+\sqrt{3})}=-2-\sqrt{3}$

117 $\tan 165^\circ$ の値を求めよ。

POINT 79 2直線のなす角

直線 $y=mx$ と x 軸の正の部分のなす角を α とすると　$m=\tan\alpha$

例 109 2直線 $y=-3x$, $y=2x$ のなす角 θ を求めよ。ただし, $0<\theta<\dfrac{\pi}{2}$ とする。

解答　2直線 $y=-3x$, $y=2x$ と x 軸の正の部分のなす角を, それぞれ α, β とすると

$\tan\alpha=-3$, $\tan\beta=2$

右の図より2直線のなす角 θ は　$\theta=\alpha-\beta$

よって　$\tan\theta=\tan(\alpha-\beta)=\dfrac{\tan\alpha-\tan\beta}{1+\tan\alpha\tan\beta}$

$=\dfrac{-3-2}{1+(-3)\times 2}=1$

$0<\theta<\dfrac{\pi}{2}$ であるから　$\theta=\dfrac{\pi}{4}$

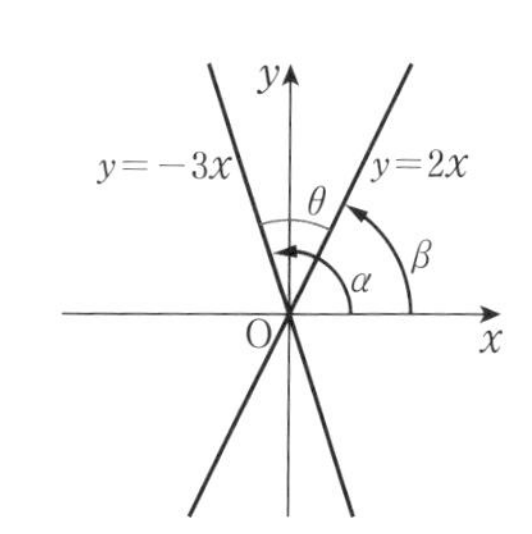

118 2直線 $y=3x$, $y=\dfrac{1}{2}x$ のなす角 θ を求めよ。ただし, $0<\theta<\dfrac{\pi}{2}$ とする。

31 加法定理の応用

▶教 p.135〜136

POINT 80
2倍角の公式

[1] $\sin 2\alpha = 2\sin\alpha\cos\alpha$

[2] $\cos 2\alpha = \cos^2\alpha - \sin^2\alpha = 2\cos^2\alpha - 1 = 1 - 2\sin^2\alpha$

[3] $\tan 2\alpha = \dfrac{2\tan\alpha}{1-\tan^2\alpha}$

例 110 αが第1象限の角で，$\sin\alpha = \dfrac{4}{5}$ のとき，$\sin 2\alpha$ の値を求めよ。

解答 αが第1象限の角のとき，$\cos\alpha > 0$ であるから

$$\cos\alpha = \sqrt{1-\sin^2\alpha} = \sqrt{1-\left(\frac{4}{5}\right)^2} = \sqrt{\frac{9}{25}} = \frac{3}{5}$$

よって　$\sin 2\alpha = 2\sin\alpha\cos\alpha = 2\times\dfrac{4}{5}\times\dfrac{3}{5} = \dfrac{24}{25}$

119A αが第1象限の角で，$\sin\alpha = \dfrac{2}{3}$ のとき，$\sin 2\alpha$，$\cos 2\alpha$，$\tan 2\alpha$ の値を求めよ。

119B αが第2象限の角で，$\cos\alpha = -\dfrac{1}{3}$ のとき，$\sin 2\alpha$，$\cos 2\alpha$，$\tan 2\alpha$ の値を求めよ。

例 111　$0 \leqq \theta < 2\pi$ のとき，方程式 $\cos 2\theta - \sqrt{3}\sin\theta = 1$ を解け。

解答　$\cos 2\theta = 1 - 2\sin^2\theta$ より　$1 - 2\sin^2\theta - \sqrt{3}\sin\theta = 1$

ゆえに　　$\sin\theta(2\sin\theta + \sqrt{3}) = 0$

よって　　$\sin\theta = 0,\ -\dfrac{\sqrt{3}}{2}$

$0 \leqq \theta < 2\pi$ の範囲において

$\sin\theta = 0$ 　　　のとき　$\theta = 0,\ \pi$

$\sin\theta = -\dfrac{\sqrt{3}}{2}$　のとき　$\theta = \dfrac{4}{3}\pi,\ \dfrac{5}{3}\pi$

したがって　　$\theta = 0,\ \dfrac{4}{3}\pi,\ \dfrac{5}{3}\pi,\ \pi$

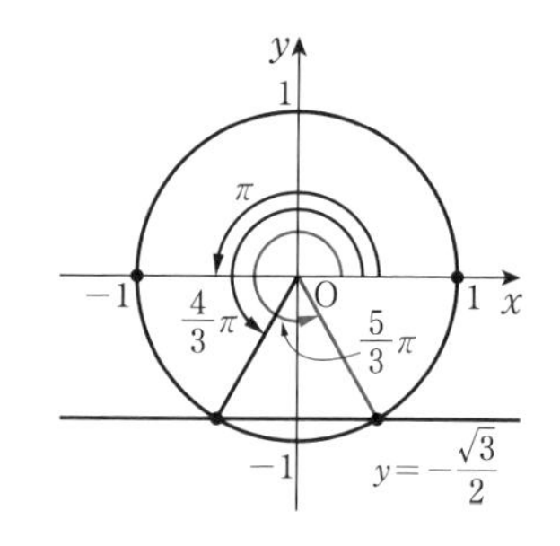

ROUND 2

120A　$0 \leqq \theta < 2\pi$ のとき，次の方程式を解け。

(1)　$\cos 2\theta - \cos\theta = -1$

(2)　$\sin 2\theta = \sqrt{3}\sin\theta$

120B　$0 \leqq \theta < 2\pi$ のとき，次の方程式を解け。

(1)　$\cos 2\theta - 5\cos\theta + 3 = 0$

(2)　$\cos 2\theta = \sin\theta$

POINT 81
半角の公式

$$\sin^2\frac{\alpha}{2}=\frac{1-\cos\alpha}{2},\quad \cos^2\frac{\alpha}{2}=\frac{1+\cos\alpha}{2},\quad \tan^2\frac{\alpha}{2}=\frac{1-\cos\alpha}{1+\cos\alpha}$$

例 112 半角の公式を用いて，$\cos 22.5^\circ$ の値を求めよ。

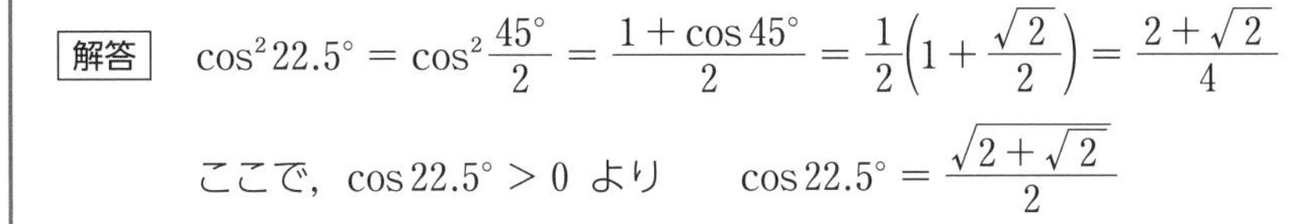

解答 $\cos^2 22.5^\circ=\cos^2\frac{45^\circ}{2}=\frac{1+\cos 45^\circ}{2}=\frac{1}{2}\left(1+\frac{\sqrt{2}}{2}\right)=\frac{2+\sqrt{2}}{4}$

ここで，$\cos 22.5^\circ>0$ より　$\cos 22.5^\circ=\frac{\sqrt{2+\sqrt{2}}}{2}$

121A 半角の公式を用いて，次の三角関数の値を求めよ。

(1) $\sin 67.5^\circ$

(2) $\cos 112.5^\circ$

121B 半角の公式を用いて，次の三角関数の値を求めよ。

(1) $\sin\frac{3}{8}\pi$

(2) $\cos\frac{5}{12}\pi$

32 三角関数の合成

▶教 p.138〜140

POINT 82
三角関数の合成

$a\sin\theta + b\cos\theta = \sqrt{a^2+b^2}\sin(\theta+\alpha)$

ただし，$\cos\alpha = \dfrac{a}{\sqrt{a^2+b^2}}$，$\sin\alpha = \dfrac{b}{\sqrt{a^2+b^2}}$

例 113 $\sin\theta + \sqrt{3}\cos\theta$ を $r\sin(\theta+\alpha)$ の形に変形せよ。ただし，$r>0$ とする。

解答 $\sin\theta + \sqrt{3}\cos\theta = 2\left(\sin\theta \times \dfrac{1}{2} + \cos\theta \times \dfrac{\sqrt{3}}{2}\right)$ ⬅ $\sqrt{1^2+(\sqrt{3})^2}=2$

$= 2\left(\sin\theta\cos\dfrac{\pi}{3} + \cos\theta\sin\dfrac{\pi}{3}\right)$

$= 2\sin\left(\theta + \dfrac{\pi}{3}\right)$

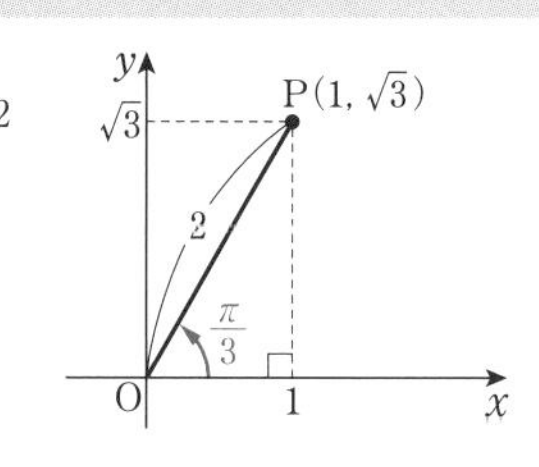

122A 次の式を $r\sin(\theta+\alpha)$ の形に変形せよ。ただし，$r>0$ とする。

(1) $3\sin\theta + \sqrt{3}\cos\theta$

(2) $-\sin\theta + \cos\theta$

122B 次の式を $r\sin(\theta+\alpha)$ の形に変形せよ。ただし，$r>0$ とする。

(1) $3\sin\theta - \sqrt{3}\cos\theta$

(2) $-\sin\theta - \sqrt{3}\cos\theta$

例 114 関数 $y=\sin\theta+2\cos\theta$ の最大値と最小値を求めよ。

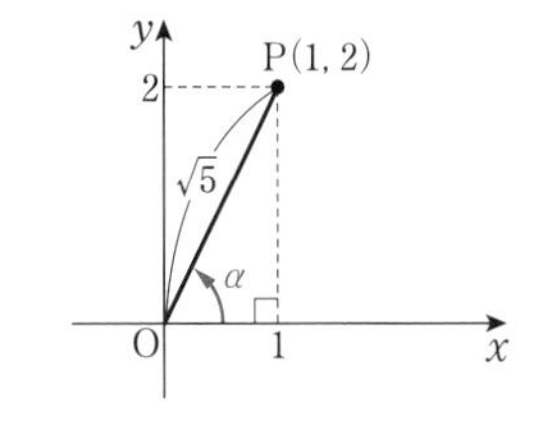

解答 $y=\sin\theta+2\cos\theta=\sqrt{1^2+2^2}\sin(\theta+\alpha)=\sqrt{5}\sin(\theta+\alpha)$

ただし　$\cos\alpha=\dfrac{1}{\sqrt{5}}$，$\sin\alpha=\dfrac{2}{\sqrt{5}}$

ここで，$-1\leqq\sin(\theta+\alpha)\leqq1$ であるから

$-\sqrt{5}\leqq\sqrt{5}\sin(\theta+\alpha)\leqq\sqrt{5}$

すなわち　$-\sqrt{5}\leqq y\leqq\sqrt{5}$

よって，この関数 y の最大値は $\sqrt{5}$，最小値は $-\sqrt{5}$

123A 関数 $y=2\sin\theta+\cos\theta$ の最大値と最小値を求めよ。

123B 関数 $y=2\sin\theta-\sqrt{5}\cos\theta$ の最大値と最小値を求めよ。

POINT 83 三角関数の合成と方程式

方程式 $a\sin\theta+b\cos\theta=c$ を解くには，三角関数の合成を用いて，左辺を $r\sin(\theta+\alpha)$ の形に変形する。

例 115 $0 \leqq \theta < 2\pi$ のとき，次の方程式を解け。

$$\sin\theta+\sqrt{3}\cos\theta=1$$

解答　左辺を変形すると　$\sin\theta+\sqrt{3}\cos\theta=2\sin\left(\theta+\frac{\pi}{3}\right)$

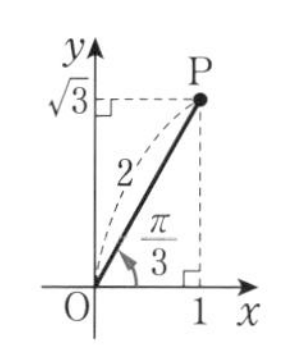

よって，$2\sin\left(\theta+\frac{\pi}{3}\right)=1$　より　$\sin\left(\theta+\frac{\pi}{3}\right)=\frac{1}{2}$

ここで，$0 \leqq \theta < 2\pi$ のとき　$\frac{\pi}{3} \leqq \theta+\frac{\pi}{3} < \frac{7}{3}\pi$

であるから

$$\theta+\frac{\pi}{3}=\frac{5}{6}\pi \quad \text{または} \quad \theta+\frac{\pi}{3}=\frac{13}{6}\pi$$

したがって　　$\theta=\frac{\pi}{2},\ \frac{11}{6}\pi$

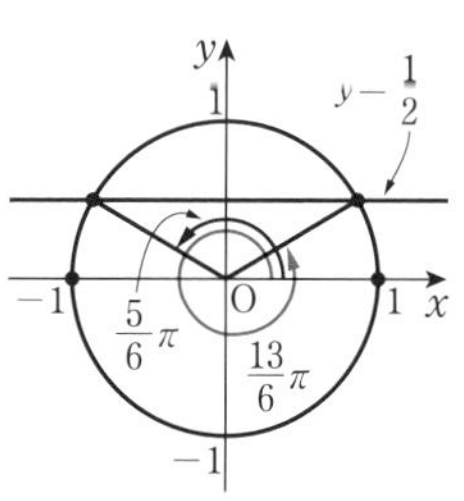

ROUND 2

124A $0 \leqq \theta < 2\pi$ のとき，次の方程式を解け。

$$\sin\theta+\cos\theta=-1$$

124B $0 \leqq \theta < 2\pi$ のとき，次の方程式を解け。

$$\sqrt{3}\sin\theta-\cos\theta-\sqrt{2}=0$$

検印

例題 5　三角関数を含む関数の最大値・最小値

$0 \leqq \theta < 2\pi$ のとき，次の関数の最大値，最小値およびそのときの θ の値を求めよ。

$$y=\sin^2\theta-2\sin\theta-2$$

考え方 $\sin\theta=x$ とおいて，x の値の範囲に注意して最大値と最小値を求める。

解答 $\sin\theta=x$ とおくと，$0 \leqq \theta < 2\pi$ より　$-1 \leqq x \leqq 1$

また　$y=\sin^2\theta-2\sin\theta-2=x^2-2x-2=(x-1)^2-3$

ゆえに，$-1 \leqq x \leqq 1$ において，y は

$x=-1$ のとき，最大値 1

$x=1$　のとき，最小値 -3

をとる。

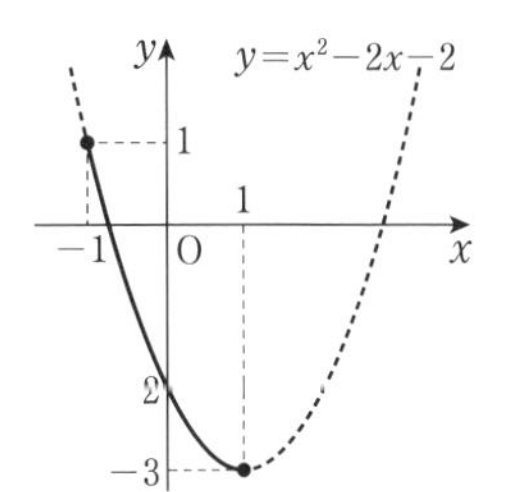

$x=-1$ のとき，$\sin\theta=-1$ より　$\theta=\frac{3}{2}\pi$

$x=1$　のとき，$\sin\theta=1$　より　$\theta=\frac{\pi}{2}$

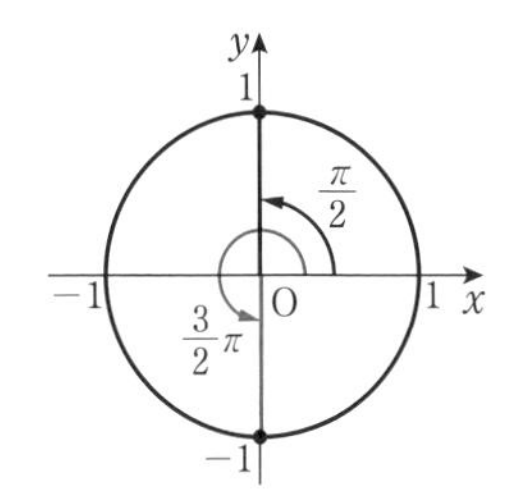

よって，y は

$\theta=\frac{3}{2}\pi$ のとき最大値 1，$\theta=\frac{\pi}{2}$ のとき最小値 -3 をとる。

125　$0 \leqq \theta < 2\pi$ のとき，次の関数の最大値，最小値およびそのときの θ の値を求めよ。

(1)　$y=\cos^2\theta-4\cos\theta-2$

(2)　$y=\sin^2\theta-\sin\theta+1$

例題 6　三角関数を含む不等式

$0 \leqq \theta < 2\pi$ のとき，次の不等式を解け。

(1) $\cos 2\theta - \sin\theta \geqq 0$　　　(2) $\sin 2\theta + \cos\theta \geqq 0$

解答 (1) $\cos 2\theta = 1 - 2\sin^2\theta$ より

$$1 - 2\sin^2\theta - \sin\theta \geqq 0$$

ゆえに　$(\sin\theta + 1)(2\sin\theta - 1) \leqq 0$　……①

$0 \leqq \theta < 2\pi$ のとき　$-1 \leqq \sin\theta \leqq 1$

よって，①を満たす $\sin\theta$ の値の範囲は

$$-1 \leqq \sin\theta \leqq \frac{1}{2}$$

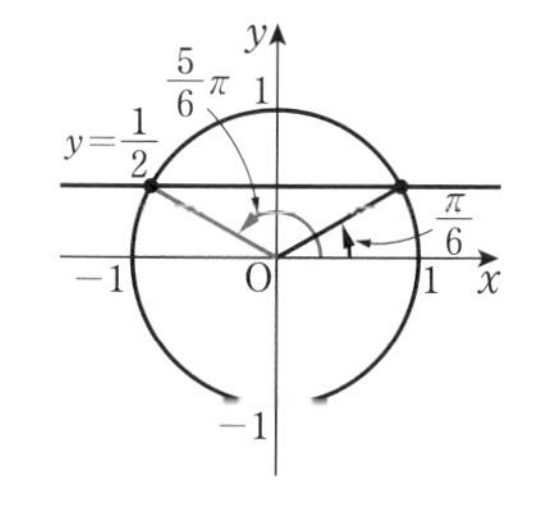

したがって

$$0 \leqq \theta \leqq \frac{\pi}{6},\ \frac{5}{6}\pi \leqq \theta < 2\pi$$

(2) $\sin 2\theta = 2\sin\theta\cos\theta$ より

$$2\sin\theta\cos\theta + \cos\theta \geqq 0$$

ゆえに　$\cos\theta(2\sin\theta + 1) \geqq 0$

よって

$$\begin{cases} \cos\theta \geqq 0 \\ 2\sin\theta + 1 \geqq 0 \end{cases} \quad \cdots\cdots ① \qquad \text{または} \qquad \begin{cases} \cos\theta \leqq 0 \\ 2\sin\theta + 1 \leqq 0 \end{cases} \quad \cdots\cdots ②$$

$0 \leqq \theta < 2\pi$ の範囲において，①は，$\cos\theta \geqq 0$ を満たす θ の範囲と

$\sin\theta \geqq -\dfrac{1}{2}$ を満たす θ の範囲の共通部分であるから

$$0 \leqq \theta \leqq \frac{\pi}{2},\ \frac{11}{6}\pi \leqq \theta < 2\pi$$

②は，$\cos\theta \leqq 0$ を満たす θ の範囲と

$\sin\theta \leqq -\dfrac{1}{2}$ を満たす θ の範囲の共通部分であるから

$$\frac{7}{6}\pi \leqq \theta \leqq \frac{3}{2}\pi$$

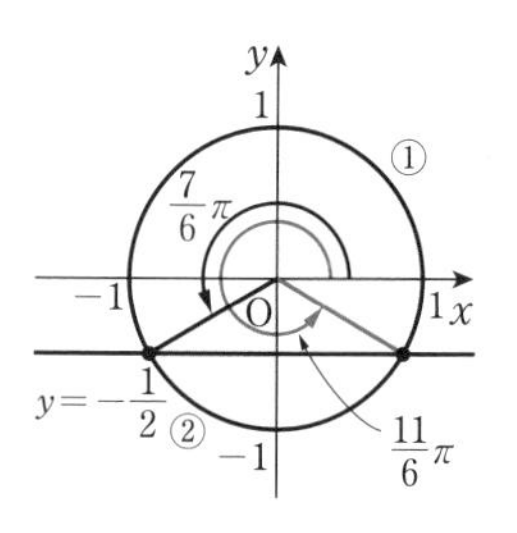

したがって

$$0 \leqq \theta \leqq \frac{\pi}{2},\ \frac{7}{6}\pi \leqq \theta \leqq \frac{3}{2}\pi,\ \frac{11}{6}\pi \leqq \theta < 2\pi$$

126 $0 \leqq \theta < 2\pi$ のとき，次の不等式を解け。

(1) $\cos 2\theta + \sin\theta < 0$

(2) $\sin 2\theta + \sqrt{2}\sin\theta > 0$

33　0や負の整数の指数

▶教 p.146～148

POINT 84
0や負の整数の指数

$a \neq 0$, n が正の整数のとき　$a^0 = 1$, $a^{-n} = \dfrac{1}{a^n}$

例 116　次の値を求めよ。

(1)　7^0　　(2)　2^{-3}

解答　(1)　$7^0 = 1$　　(2)　$2^{-3} = \dfrac{1}{2^3} = \dfrac{1}{8}$

127A　次の値を求めよ。

(1)　5^0

(2)　10^{-1}

127B　次の値を求めよ。

(1)　6^{-2}

(2)　$(-4)^{-3}$

POINT 85
指数法則

$a \neq 0$, $b \neq 0$ で, m, n が整数のとき

[1]　$a^m \times a^n = a^{m+n}$,　$a^m \div a^n = a^{m-n}$

[2]　$(a^m)^n = a^{mn}$　[3]　$(ab)^n = a^n b^n$

例 117　次の計算をせよ。

(1)　$a^3 \times a^4 \div a^5$　　(2)　$(a^{-2}b^3)^2$

解答　(1)　$a^3 \times a^4 \div a^5 = a^{3+4-5} = a^2$

(2)　$(a^{-2}b^3)^2 = (a^{-2})^2(b^3)^2 = a^{(-2)\times 2}b^{3\times 2} = a^{-4}b^6 = \dfrac{b^6}{a^4}$

128A　次の計算をせよ。

(1)　$a^4 \times a^{-1}$

(2)　$a^{-3} \div a^{-4}$

(3)　$(a^{-2}b^{-3})^{-2}$

128B　次の計算をせよ。

(1)　$a^{-2} \times a^3$

(2)　$a^3 \div a^{-5}$

(3)　$a^4 \times a^{-3} \div (a^2)^{-1}$

例 118 次の計算をせよ。

(1) $6^2 \div 6^4$　　(2) $(3^2)^{-1} \times 3^4 \div 3^3$

解答 (1) $6^2 \div 6^4 = 6^{2-4} = 6^{-2} = \dfrac{1}{6^2} = \dfrac{1}{36}$　← $a^{-n} = \dfrac{1}{a^n}$

(2) $(3^2)^{-1} \times 3^4 \div 3^3 = 3^{2\times(-1)} \times 3^4 \div 3^3$

$= 3^{-2+4-3} = 3^{-1} = \dfrac{1}{3}$

129A 次の計算をせよ。

(1) $10^{-4} \times 10^5$

(2) $3^5 \times 3^{-5}$

(3) $2^2 \div 2^5 \div 2^{-3}$

129B 次の計算をせよ。

(1) $7^{-4} \div 7^{-6}$

(2) $2^3 \times 2^{-2} \div 2^{-4}$

(3) $(3^{-1})^{-2} \div 3^2 \times 3^4$

34 累乗根

▶教 p.149〜151

POINT 86
累乗根

n を正の整数とするとき，$x^n = a$ を満たす x の値を a の n 乗根という。
2 乗根，3 乗根，……を，まとめて累乗根という。

例 119 次の値を求めよ。

(1) -32 の 5 乗根　(2) 81 の 4 乗根　(3) $\sqrt[3]{-125}$

解答
(1) $(-2)^5 = -32$ であるから，-32 の 5 乗根は -2
(2) $3^4 = 81$，$(-3)^4 = 81$ であるから，81 の 4 乗根は 3 と -3
(3) $(-5)^3 = -125$ であるから，$\sqrt[3]{-125} = -5$

130A 次の値を求めよ。

(1) -8 の 3 乗根

(2) 64 の 6 乗根

(3) $\sqrt[4]{10000}$

130B 次の値を求めよ。

(1) 625 の 4 乗根

(2) $\sqrt[5]{-32}$

(3) $\sqrt[3]{-\dfrac{1}{64}}$

POINT 87 累乗根の性質

$a>0,\ b>0$ で，$m,\ n$ が正の整数のとき

$$\sqrt[n]{a}\sqrt[n]{b}=\sqrt[n]{ab},\quad \frac{\sqrt[n]{a}}{\sqrt[n]{b}}=\sqrt[n]{\frac{a}{b}},\quad (\sqrt[n]{a})^m=\sqrt[n]{a^m},\quad \sqrt[m]{\sqrt[n]{a}}=\sqrt[mn]{a}$$

例 120 次の式を簡単にせよ。

(1) $\sqrt[3]{3}\times\sqrt[3]{9}$　(2) $\dfrac{\sqrt[4]{32}}{\sqrt[4]{2}}$　(3) $(\sqrt[4]{49})^2$　(4) $\sqrt[3]{\sqrt{729}}$

解答

(1) $\sqrt[3]{3}\times\sqrt[3]{9}=\sqrt[3]{3\times9}=\sqrt[3]{27}=\sqrt[3]{3^3}=3$　⬅ $\sqrt[n]{a}\sqrt[n]{b}=\sqrt[n]{ab},\ \sqrt[n]{a^n}=a$

(2) $\dfrac{\sqrt[4]{32}}{\sqrt[4]{2}}=\sqrt[4]{\dfrac{32}{2}}=\sqrt[4]{16}=\sqrt[4]{2^4}=2$　⬅ $\dfrac{\sqrt[n]{a}}{\sqrt[n]{b}}=\sqrt[n]{\dfrac{a}{b}}$

(3) $(\sqrt[4]{49})^2=\sqrt[4]{49^2}=\sqrt[4]{7^4}=7$　⬅ $(\sqrt[n]{a})^m=\sqrt[n]{a^m}$

(4) $\sqrt[3]{\sqrt{729}}=\sqrt[3\times2]{729}=\sqrt[6]{3^6}=3$　⬅ $\sqrt[m]{\sqrt[n]{a}}=\sqrt[mn]{a}$

131A 次の式を簡単にせよ。

(1) $\sqrt[3]{7}\times\sqrt[3]{49}$

(2) $(\sqrt[6]{8})^2$

131B 次の式を簡単にせよ。

(1) $\dfrac{\sqrt[3]{81}}{\sqrt[3]{3}}$

(2) $\sqrt{\sqrt[4]{256}}$

35 有理数の指数

▶教 p.152〜153

POINT 88
有理数の指数

$a>0$ で，m を整数，n を正の整数，r を有理数とするとき

$a^{\frac{m}{n}}=\sqrt[n]{a^m}$　　とくに，$a^{\frac{1}{n}}=\sqrt[n]{a}$　　また，$a^{-r}=\dfrac{1}{a^r}$

例 121 $2^{\frac{2}{3}}$ を根号を用いて表せ。

解答　$2^{\frac{2}{3}}=\sqrt[3]{2^2}=\sqrt[3]{4}$

132A 次の数を根号を用いて表せ。

(1) $7^{\frac{1}{3}}$

(2) $5^{-\frac{2}{3}}$

132B 次の数を根号を用いて表せ。

(1) $3^{\frac{3}{5}}$

(2) $6^{-\frac{2}{3}}$

例 122 $8^{\frac{4}{3}}$ の値を求めよ。

解答　$8^{\frac{4}{3}}=\sqrt[3]{8^4}=\sqrt[3]{(2^3)^4}=\sqrt[3]{(2^4)^3}=2^4=16$

133A 次の値を求めよ。

(1) $9^{\frac{3}{2}}$

(2) $125^{-\frac{1}{3}}$

133B 次の値を求めよ。

(1) $64^{\frac{2}{3}}$

(2) $16^{-\frac{3}{4}}$

POINT 89 指数法則

$a>0$, $b>0$ で, r, s が有理数のとき

[1] $a^r \times a^s = a^{r+s}$, $a^r \div a^s = a^{r-s}$ [2] $(a^r)^s = a^{rs}$ [3] $(ab)^r = a^r b^r$

例 123 次の計算をせよ。

(1) $\sqrt[5]{a^4} \times \sqrt{a} \div \sqrt[10]{a^3}$ (2) $2^{\frac{2}{3}} \times 2^{\frac{4}{3}}$

(3) $(3^6)^{-\frac{2}{3}}$ (4) $\sqrt{5} \times \sqrt[6]{5} \div \sqrt[3]{25}$

解答

(1) $\sqrt[5]{a^4} \times \sqrt{a} \div \sqrt[10]{a^3} = a^{\frac{4}{5}} \times a^{\frac{1}{2}} \div a^{\frac{3}{10}} = a^{\frac{4}{5}+\frac{1}{2}-\frac{3}{10}} = a^{\frac{8+5-3}{10}} = a^1 = a$

(2) $2^{\frac{2}{3}} \times 2^{\frac{4}{3}} = 2^{\frac{2}{3}+\frac{4}{3}} = 2^2 = 4$

(3) $(3^6)^{-\frac{2}{3}} = 3^{6\times\left(-\frac{2}{3}\right)} = 3^{-4} = \dfrac{1}{3^4} = \dfrac{1}{81}$

(4) $\sqrt{5} \times \sqrt[6]{5} \div \sqrt[3]{25} = \sqrt{5} \times \sqrt[6]{5} \div \sqrt[3]{5^2} = 5^{\frac{1}{2}} \times 5^{\frac{1}{6}} \div 5^{\frac{2}{3}} = 5^{\frac{1}{2}+\frac{1}{6}-\frac{2}{3}} = 5^{\frac{3+1-4}{6}} = 5^0 = 1$

134A 次の計算をせよ。

(1) $\sqrt[3]{a^2} \times \sqrt[3]{a^4}$

(2) $\sqrt{a} \div \sqrt[6]{a} \times \sqrt[3]{a^2}$

134B 次の計算をせよ。

(1) $\sqrt[3]{a^5} \div \sqrt[3]{a^2}$

(2) $\sqrt[3]{a^7} \times \sqrt[4]{a^5} \div \sqrt[12]{a^7}$

135A 次の計算をせよ。

(1) $27^{\frac{1}{6}} \times 9^{\frac{3}{4}}$

(2) $\sqrt[3]{4} \times \sqrt[6]{4}$

(3) $(9^{-\frac{3}{5}})^{\frac{5}{6}}$

135B 次の計算をせよ。

(1) $16^{\frac{1}{3}} \div 4^{\frac{1}{6}}$

(2) $\sqrt[5]{4} \times \sqrt[5]{8}$

(3) $\sqrt{2} \times \sqrt[6]{2} \div \sqrt[3]{4}$

検印

36 指数関数

▶教 p.154〜158

POINT 90

指数関数とそのグラフ

$a>0$, $a \neq 1$ とするとき，$y=a^x$ を a を底とする x の指数関数という。
指数関数 $y=a^x$ のグラフは右のようになる。

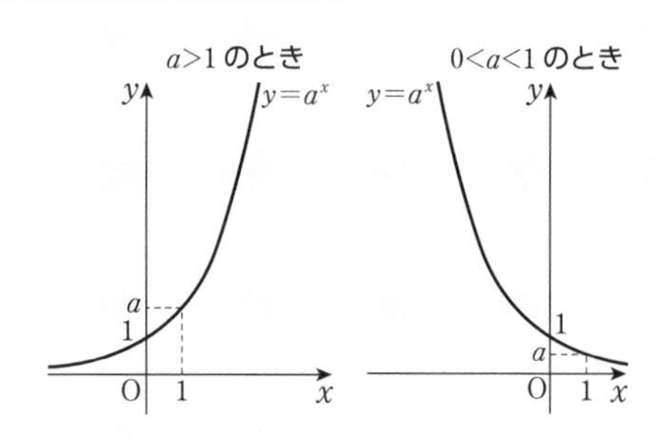

例 124 次の指数関数のグラフをかけ。

(1) $y=2^x$　　　(2) $y=\left(\frac{1}{2}\right)^x$

解答 (1) $x=1$ のとき，$2^1=2$ より点 $(1,\ 2)$ を通る。
同様に $x=0$ のとき，$2^0=1$ より点 $(0,\ 1)$ を通る。
グラフは右の図のようになる。

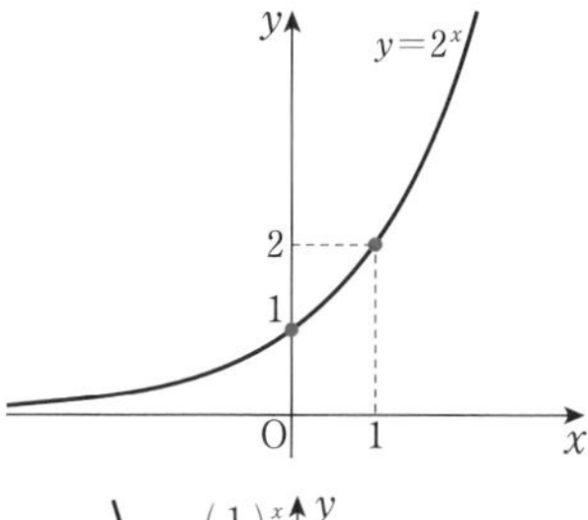

(2) $x=1$ のとき，$\left(\frac{1}{2}\right)^1=\frac{1}{2}$ より点 $\left(1,\ \frac{1}{2}\right)$ を通る。
同様に $x=0$ のとき，$\left(\frac{1}{2}\right)^0=1$ より点 $(0,\ 1)$ を通る。
グラフは右の図のようになる。

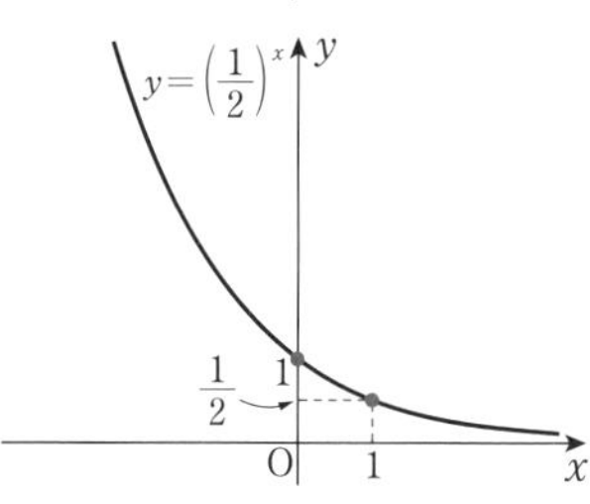

136A 指数関数 $y=4^x$ のグラフをかけ。

136B 指数関数 $y=\left(\frac{1}{4}\right)^x$ のグラフをかけ。

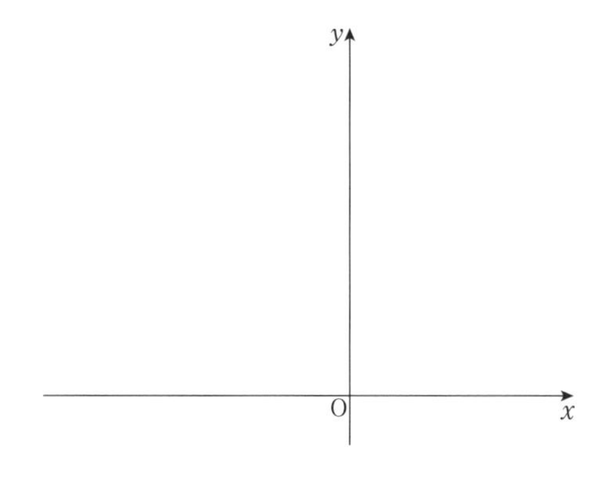

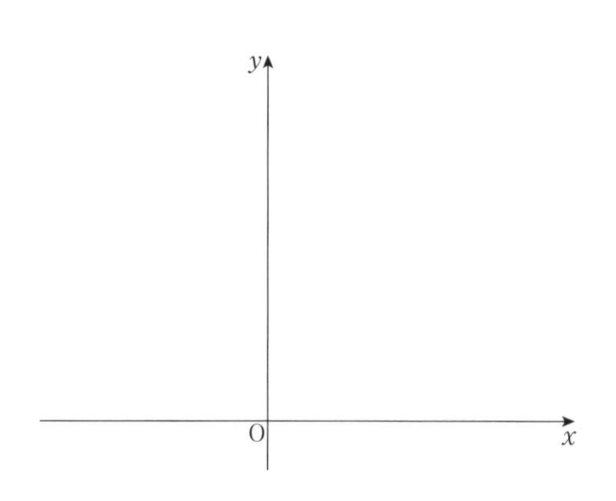

POINT 91

指数関数 $y=a^x$ の性質

[1] 定義域は実数全体であり，値域は正の実数全体である。
[2] グラフは，点 $(0,\ 1)$ を通る。
[3] グラフは，x 軸を漸近線とする。
[4] $a>1$ のとき　x の値が増加すると，y の値も増加する。
$0<a<1$ のとき　x の値が増加すると，y の値は減少する。

例 125　3 つの数 $\sqrt[4]{8}$，$\sqrt[3]{4}$，$\sqrt{2}$ の大小を比較せよ。

解答　$\sqrt[4]{8}=\sqrt[4]{2^3}=2^{\frac{3}{4}}$，$\sqrt[3]{4}=\sqrt[3]{2^2}=2^{\frac{2}{3}}$，$\sqrt{2}=2^{\frac{1}{2}}$

である。ここで，指数の大小を比較すると

$$\frac{1}{2}<\frac{2}{3}<\frac{3}{4}$$

$y=2^x$ の底 2 は 1 より大きいから

$$2^{\frac{1}{2}}<2^{\frac{2}{3}}<2^{\frac{3}{4}}$$

したがって　$\sqrt{2}<\sqrt[3]{4}<\sqrt[4]{8}$

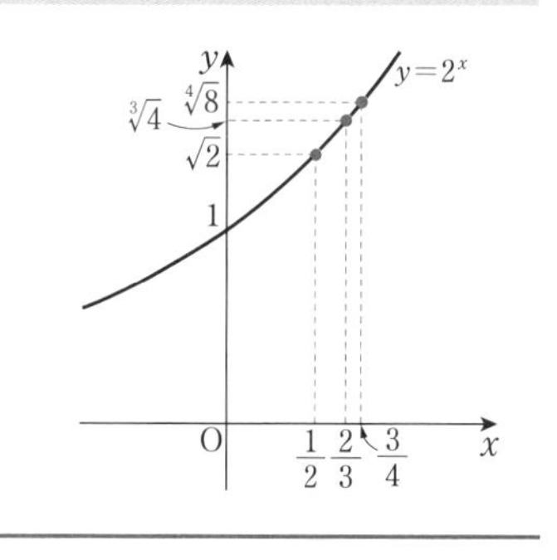

137A 次の 3 つの数の大小を比較せよ。

(1) $\sqrt[3]{3^4}$，$\sqrt[4]{3^5}$，$\sqrt[5]{3^6}$

(2) $\left(\frac{1}{3}\right)^2$，$\left(\frac{1}{9}\right)^{\frac{1}{2}}$，$\frac{1}{27}$

137B 次の 3 つの数の大小を比較せよ。

(1) $\sqrt{8}$，$\sqrt[3]{16}$，$\sqrt[4]{32}$

(2) $\sqrt{\frac{1}{5}}$，$\sqrt[3]{\frac{1}{25}}$，$\sqrt[4]{\frac{1}{125}}$

例 126　方程式 $27^x = 9$ を解け。

解答　$27^x = (3^3)^x = 3^{3x}$，$9 = 3^2$　であるから　$3^{3x} = 3^2$

よって　$3x = 2$　したがって　$x = \dfrac{2}{3}$

138A　次の方程式を解け。

(1)　$2^x = 64$

(2)　$7^{3x} = 49$

138B　次の方程式を解け。

(1)　$8^x = 2^6$

(2)　$2^{-3x} = 8$

例 127　次の不等式を解け。

(1)　$16^x > 32$　　(2)　$\left(\dfrac{2}{3}\right)^{4x} < \dfrac{4}{9}$

解答　(1)　$16^x = (2^4)^x = 2^{4x}$，$32 = 2^5$ であるから　$2^{4x} > 2^5$

ここで，底 2 は 1 より大きいから　$4x > 5$　よって　$x > \dfrac{5}{4}$

(2)　$\dfrac{4}{9} = \left(\dfrac{2}{3}\right)^2$ であるから　$\left(\dfrac{2}{3}\right)^{4x} < \left(\dfrac{2}{3}\right)^2$

ここで，底 $\dfrac{2}{3}$ は 0 より大きく，1 より小さいから　$4x > 2$　よって　$x > \dfrac{1}{2}$

139A　次の不等式を解け。

(1)　$2^x < 8$

(2)　$\left(\dfrac{1}{4}\right)^x \geqq 8$

(3)　$5^{x-2} \leqq 125$

139B　次の不等式を解け。

(1)　$3^x > \dfrac{1}{9}$

(2)　$3^{-x} < 3\sqrt{3}$

(3)　$\left(\dfrac{1}{5}\right)^{2x} < \dfrac{1}{\sqrt[3]{5}}$

検印

37 対数とその性質

▶教 p.160〜164

POINT 92
対数

$a>0,\ a \neq 1,\ M>0$ のとき　$M=a^p \iff \log_a M = p$

とくに　$\log_a a^p = p,\ \log_a 1 = 0,\ \log_a a = 1$

例 128 次の式を $\log_a M = p$ の形で表せ。

(1) $81 = 3^4$　　(2) $2^{-3} = \dfrac{1}{8}$

解答　(1) $\log_3 81 = 4$　　(2) $\log_2 \dfrac{1}{8} = -3$

140A 次の式を $\log_a M = p$ の形で表せ。

(1) $9 = 3^2$

(2) $\dfrac{1}{64} = 4^{-3}$

140B 次の式を $\log_a M = p$ の形で表せ。

(1) $1 = 5^0$

(2) $\sqrt{7} = 7^{\frac{1}{2}}$

141A 次の式を $M = a^p$ の形で表せ。

(1) $\log_2 32 = 5$

(2) $\log_5 \dfrac{1}{125} = -3$

141B 次の式を $M = a^p$ の形で表せ。

(1) $\log_9 27 = \dfrac{3}{2}$

(2) $\log_{\frac{1}{2}} 16 = -4$

POINT 93 $\log_a M$ の値

$\log_a M$ は M を a の累乗で表したときの指数を表す。
$\log_a M$ の値は，$\log_a M = x$ とおいて $a^x = M$ から x を求めることもできる。

例 129 次の値を求めよ。

(1) $\log_8 64$　　(2) $\log_4 32$

解答 (1) $\log_8 64$ は 64 を 8 の累乗で表したときの指数を表す。
$64 = 8^2$ より $\log_8 64 = 2$

(2) $\log_4 32 = x$ とおくと $4^x = 32$
ここで，$4^x = (2^2)^x = 2^{2x}$，$32 = 2^5$ であるから $2^{2x} = 2^5$
ゆえに $2x = 5$
よって，$x = \dfrac{5}{2}$ となるから $\log_4 32 = \dfrac{5}{2}$

142A 次の値を求めよ。

(1) $\log_2 16$

(2) $\log_8 1$

(3) $\log_9 27$

(4) $\log_4 \dfrac{1}{8}$

142B 次の値を求めよ。

(1) $\log_3 27$

(2) $\log_2 2$

(3) $\log_8 4$

(4) $\log_{\frac{1}{9}} \sqrt{3}$

POINT 94

対数の性質

$a>0,\ a \neq 1,\ M>0,\ N>0,\ r$ が実数のとき

[1] $\log_a MN = \log_a M + \log_a N$

[2] $\log_a \dfrac{M}{N} = \log_a M - \log_a N$　　とくに　$\log_a \dfrac{1}{N} = -\log_a N$

[3] $\log_a M^r = r\log_a M$

例 130 次の式の □ の中に適する数を入れよ。

(1) $\log_7 12 = \log_7 3 + \log_7 \square$

(2) $\log_2 \dfrac{7}{3} = \log_2 \square - \log_2 \square$

(3) $\log_{10} 6^5 = \square \log_{10} 6$

(4) $\log_5 \sqrt{3} = \dfrac{1}{\square} \log_5 3$

解答

(1) $\log_7 12 = \log_7 (3\times 4) = \log_7 3 + \log_7 4$

(2) $\log_2 \dfrac{7}{3} = \log_2 7 - \log_2 3$

(3) $\log_{10} 6^5 = 5\log_{10} 6$

(4) $\log_5 \sqrt{3} = \log_5 3^{\frac{1}{2}} = \dfrac{1}{2}\log_5 3$

143A 次の □ の中に適する数を入れよ。

(1) $\log_2 3 + \log_2 5 = \log_2 \square$

(2) $\log_2 15 - \log_2 3 = \log_2 \square$

(3) $\log_3 2^5 = \square \log_3 2$

(4) $\log_2 \dfrac{1}{3} = -\log_2 \square$

143B 次の □ の中に適する数を入れよ。

(1) $\log_3 14 = \log_3 2 + \log_3 \square$

(2) $\log_2 \dfrac{7}{5} = \log_2 7 - \log_2 \square$

(3) $\log_2 9 = \square \log_2 3$

(4) $\log_2 \sqrt{5} = \dfrac{1}{\square} \log_2 5$

例 131 次の式を簡単にせよ。

(1) $\log_6 4+\log_6 9$　　(2) $\log_2\sqrt{28}-\frac{1}{2}\log_2 7$

(3) $\log_5 16+\log_5 50-5\log_5 2$

解答 (1) $\log_6 4+\log_6 9=\log_6(4\times 9)=\log_6 36=2$　　← $36=6^2$

(2) $\log_2\sqrt{28}-\frac{1}{2}\log_2 7=\log_2\sqrt{28}-\log_2 7^{\frac{1}{2}}$　　← $r\log_a M=\log_a M^r$

$=\log_2\sqrt{28}-\log_2\sqrt{7}=\log_2\frac{\sqrt{28}}{\sqrt{7}}=\log_2\sqrt{4}=\log_2 2=1$

(3) $\log_5 16+\log_5 50-5\log_5 2=\log_5\frac{16\times 50}{2^5}=\log_5 25=2$　　← $25=5^2$

144A 次の式を簡単にせよ。

(1) $\log_{10}4+\log_{10}25$

(2) $\log_2\sqrt{18}-\log_2\frac{3}{4}$

(3) $2\log_3 3\sqrt{2}-\log_3 2$

144B 次の式を簡単にせよ。

(1) $\log_5 50-\log_5 2$

(2) $\log_2(2+\sqrt{2})+\log_2(2-\sqrt{2})$

(3) $2\log_{10}5-\log_{10}15+2\log_{10}\sqrt{6}$

POINT 95 底の変換公式

a, b, c が正の数, $a \neq 1$, $c \neq 1$ のとき　$\log_a b = \dfrac{\log_c b}{\log_c a}$

例 132 次の式を簡単にせよ。

(1) $\log_8 4$　　(2) $\log_3 18 - \log_9 4$

解答 (1) $\log_8 4 = \dfrac{\log_2 4}{\log_2 8} = \dfrac{\log_2 2^2}{\log_2 2^3} = \dfrac{2\log_2 2}{3\log_2 2} = \dfrac{2}{3}$

(2) $\log_3 18 - \log_9 4 = \log_3 18 - \dfrac{\log_3 4}{\log_3 9} = \log_3 18 - \dfrac{2\log_3 2}{2\log_3 3}$

$= \log_3 18 - \log_3 2 = \log_3 \dfrac{18}{2} = \log_3 9 = 2$

145A 次の式を簡単にせよ。

(1) $\log_4 8$

(2) $\log_8 \dfrac{1}{32}$

(3) $\log_2 12 - \log_4 9$

145B 次の式を簡単にせよ。

(1) $\log_9 \sqrt{3}$

(2) $\log_3 8 \times \log_4 3$

(3) $\dfrac{\log_4 9}{\log_2 3}$

検印

38 対数関数

▶教 p.165〜168

POINT 96

対数関数とそのグラフ

対数関数

$$y = \log_a x$$

のグラフは右のようになる。

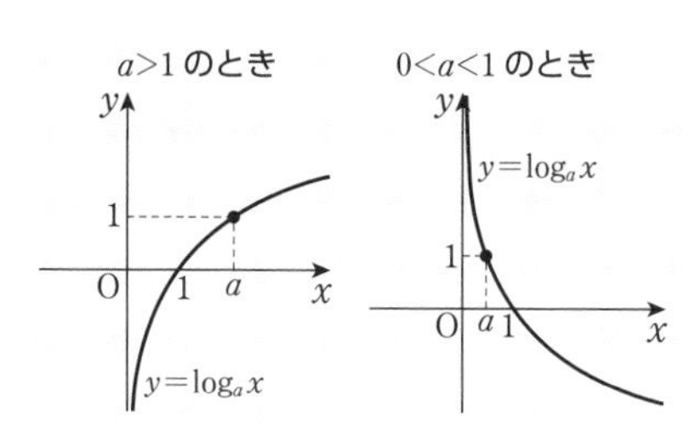

例 133 次の対数関数のグラフをかけ。

(1) $y = \log_2 x$　　(2) $y = \log_{\frac{1}{2}} x$

解答 (1) $x = 2$ のとき，$y = \log_2 2 = 1$ より 点 $(2,\ 1)$ を通る。

また，$x = 1$ のとき，$y = \log_2 1 = 0$ より 点 $(1,\ 0)$ を通る。

よって，グラフは右の図のようになる。

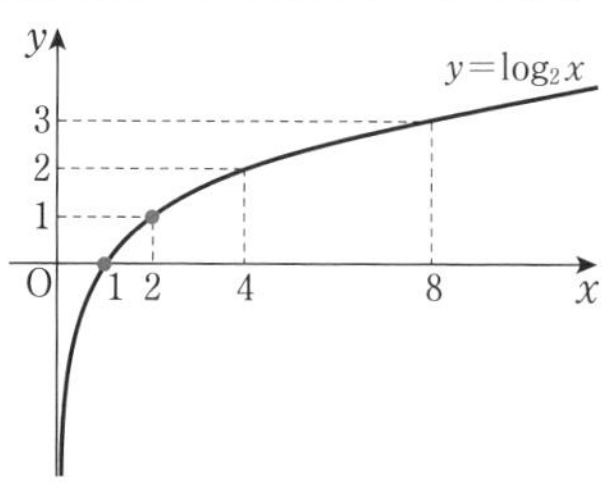

(2) $x = \frac{1}{2}$ のとき，$y = \log_{\frac{1}{2}} \frac{1}{2} = 1$ より 点 $\left(\frac{1}{2},\ 1\right)$ を通る。

また，$x = 1$ のとき，$y = \log_{\frac{1}{2}} 1 = 0$ より 点 $(1,\ 0)$ を通る。

よって，グラフは右の図のようになる。

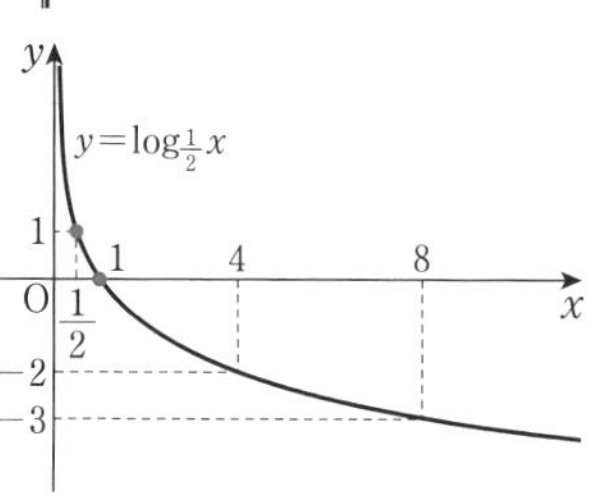

146A 対数関数 $y = \log_4 x$ のグラフをかけ。

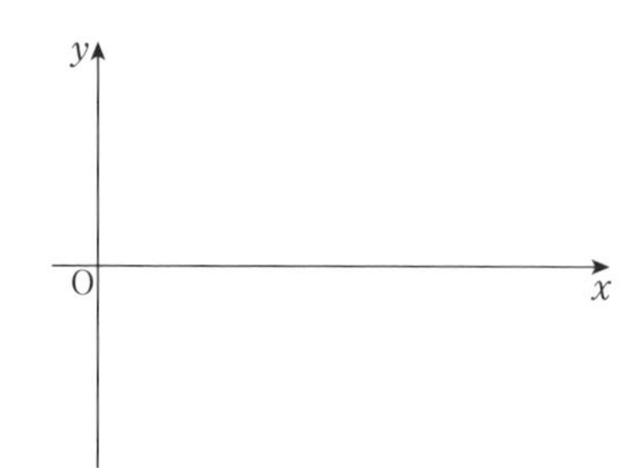

146B 対数関数 $y = \log_{\frac{1}{4}} x$ のグラフをかけ。

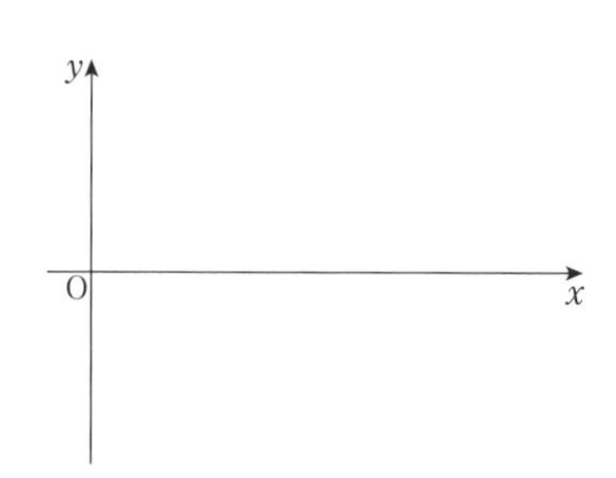

POINT 97

対数関数
$y=\log_a x$ の性質

[1] 定義域は正の実数全体であり，値域は実数全体である。
[2] グラフは，点 $(1,\ 0)$ を通る。
[3] グラフは，y 軸を漸近線とする。
[4] $a>1$ のとき　x の値が増加すると，y の値も増加する。
　$0<a<1$ のとき　x の値が増加すると，y の値は減少する。

例 134 次の 3 つの数の大小を比較せよ。

(1) $\log_5 2,\ \log_5 3,\ \log_5 4$　　(2) $\log_{\frac{1}{5}} 2,\ \log_{\frac{1}{5}} 3,\ \log_{\frac{1}{5}} 4$

解答 (1) 真数の大小を比較すると　$2<3<4$
$y=\log_5 x$ の底 5 は 1 より大きいから
$\log_5 2<\log_5 3<\log_5 4$

(2) 真数の大小を比較すると　$2<3<4$
$y=\log_{\frac{1}{5}} x$ の底 $\frac{1}{5}$ は 0 より大きく，1 より小さいから
$\log_{\frac{1}{5}} 4<\log_{\frac{1}{5}} 3<\log_{\frac{1}{5}} 2$

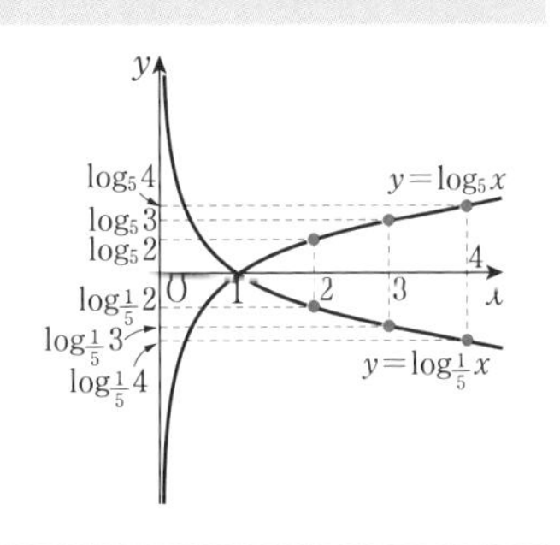

147A 次の 3 つの数の大小を比較せよ。

(1) $\log_3 2,\ \log_3 4,\ \log_3 5$

(2) $\log_2 3,\ \log_2\sqrt{7},\ \log_2\frac{7}{2}$

147B 次の 3 つの数の大小を比較せよ。

(1) $\log_{\frac{1}{4}} 1,\ \log_{\frac{1}{4}} 3,\ \log_{\frac{1}{4}} 4$

(2) $2\log_{\frac{1}{3}} 5,\ \frac{5}{2}\log_{\frac{1}{3}} 4,\ 3\log_{\frac{1}{3}} 3$

POINT 98
対数関数と方程式

対数で表された数を含む方程式の解き方

① 真数は正の数

② 底は 1 でない正の数

③ $\log_a p = \log_a q \iff p = q$

例 135 方程式 $\log_3 x + \log_3 (x-8) = 2$ を解け。

解答　真数は正であるから　$x > 0$ かつ $x - 8 > 0$

ゆえに　$x > 8$ ……①

ここで，与えられた方程式を変形すると

$\log_3 x(x-8) = \log_3 3^2$　　← $2 = 2\log_3 3 = \log_3 3^2$

ゆえに，$x(x-8) = 3^2$ より　$x^2 - 8x - 9 = 0$

これを解くと，$(x+1)(x-9) = 0$ より　$x = -1,\ 9$

①より　$x = 9$

ROUND 2

148A 次の方程式を解け。

(1) $\log_2 (x-1) = 3$

(2) $\log_{\frac{1}{2}} \dfrac{1}{x} = \dfrac{1}{2}$

(3) $\log_2 (x+1) + \log_2 x = 1$

148B 次の方程式を解け。

(1) $\log_{\frac{1}{2}} (3x-4) = -1$

(2) $\log_2 x^2 = 2$　ただし，$x > 0$

(3) $\log_{\frac{1}{2}} (x+2) + \log_{\frac{1}{2}} (x-2) = -5$

POINT 99 対数関数と不等式

$a > 1$ のとき　$\log_a p > \log_a q \iff p > q$

$0 < a < 1$ のとき　$\log_a p > \log_a q \iff p < q$

例 136 不等式 $\log_4(x-2) \leqq 1$ を解け。

解答　真数は正であるから　$x - 2 > 0$

よって　$x > 2$　……①

ここで，与えられた不等式を変形すると

$\log_4(x-2) \leqq \log_4 4$　　← $1 = \log_4 4$

底 4 は 1 より大きいから　$x - 2 \leqq 4$　　← $a > 1$ のとき $\log_a p < \log_a q \iff p < q$

ゆえに　$x \leqq 6$　……②

①，②より　$2 < x \leqq 6$

ROUND 2

149A 次の不等式を解け。

(1) $\log_2 x > 3$

(2) $\log_2(x+1) \geqq 3$

(3) $\log_{\frac{1}{4}} x \geqq -1$

149B 次の不等式を解け。

(1) $\log_4 x \leqq -1$

(2) $\log_{\frac{1}{2}} x < -2$

(3) $\log_{\frac{1}{3}}(x-2) < -1$

検印

39 常用対数

▶教 p.169〜171

POINT 100 常用対数

10 を底とする対数 $\log_{10} N$ を常用対数という。

例 137 巻末の常用対数表を用いて，次の値を求めよ。

(1) $\log_{10} 38$　　(2) $\log_{10} 0.038$　　(3) $\log_2 5$

解答 (1) 常用対数表より，$\log_{10} 3.8 = 0.5798$ であるから

$\log_{10} 38 = \log_{10}(3.8 \times 10) = \log_{10} 3.8 + \log_{10} 10 = 0.5798 + 1 = 1.5798$

(2) $\log_{10} 0.038 = \log_{10} \frac{3.8}{100} = \log_{10} 3.8 - \log_{10} 100 = 0.5798 - 2 = -1.4202$

(3) 常用対数表より，$\log_{10} 2 = 0.3010$，$\log_{10} 5 = 0.6990$ であるから

$\log_2 5 = \frac{\log_{10} 5}{\log_{10} 2} = \frac{0.6990}{0.3010} \fallingdotseq 2.322$

150A 巻末の常用対数表を用いて，次の値を求めよ。

(1) $\log_{10} 72$

(2) $\log_{10} 0.06$

150B 巻末の常用対数表を用いて，次の値を求めよ。

(1) $\log_{10} 540$

(2) $\log_{10} \sqrt{6}$

151A 巻末の常用対数表を用いて，$\log_3 5$ の値を小数第 4 位まで求めよ。

151B 巻末の常用対数表を用いて，$\log_7 5$ の値を小数第 4 位まで求めよ。

POINT 101 $n-1 \leqq \log_{10} N < n \iff 10^{n-1} \leqq N < 10^n$

桁数の求め方 $\iff$ 正の整数 N は n 桁の数

例 138 2^{50} は何桁の数か。ただし，$\log_{10} 2 = 0.3010$ とする。

解答 2^{50} の常用対数をとると

$$\log_{10} 2^{50} = 50\log_{10} 2 = 50 \times 0.3010 = 15.05$$

ゆえに　$15 < \log_{10} 2^{50} < 16$

よって　$10^{15} < 2^{50} < 10^{16}$

したがって，2^{50} は 16 桁の数である。

152A 2^{40} は何桁の数か。ただし，$\log_{10} 2 = 0.3010$ とする。

152B 3^{40} は何桁の数か。ただし，$\log_{10} 3 = 0.4771$ とする。

例題 7　指数関数を含む方程式

方程式 $4^x - 2^x - 12 = 0$ を解け。

考え方　$2^x = t$ とおいて，t を用いて方程式を表す。

解答　方程式を変形すると　$(2^x)^2 - 2^x - 12 = 0$

$2^x = t$ とおくと　$t^2 - t - 12 = 0$

よって　$(t + 3)(t - 4) = 0$

$2^x > 0$ より　$t > 0$ であるから　$t = 4$

すなわち　$2^x = 4$

したがって　$x - 2$

153 次の方程式を解け。

(1)　$2^{2x} - 9 \times 2^x + 8 = 0$

(2)　$9^x - 3^{x+1} - 54 = 0$

例題 8　対数関数の最大値・最小値

次の関数の最大値と最小値を求めよ。

$$y=(\log_2 x)^2-2\log_2 x \qquad (1\leqq x\leqq 8)$$

考え方　$\log_2 x=t$ とおくと，y は t の 2 次関数になる。

解答　$\log_2 x=t$ とおくと，$1\leqq x\leqq 8$ より　$0\leqq t\leqq 3$

また　$y=(\log_2 x)^2-2\log_2 x=t^2-2t=(t-1)^2-1$

ゆえに，$0\leqq t\leqq 3$ において，y は

　$t=3$ のとき最大値 3

　$t=1$ のとき最小値 -1

をとる。

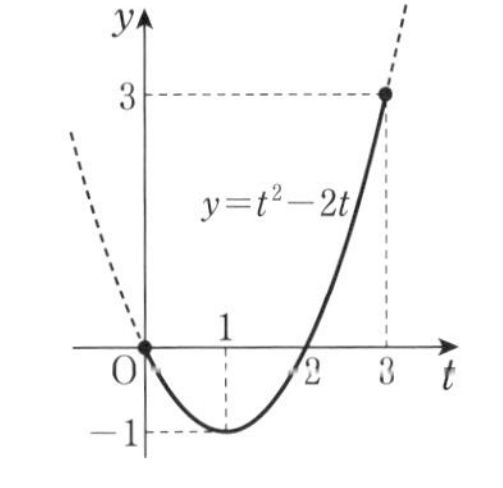

　$t=3$ のとき，$\log_2 x=3$ より　$x=8$

　$t=1$ のとき，$\log_2 x=1$ より　$x=2$

よって，y は $x=8$ のとき最大値 3，$x=2$ のとき最小値 -1 をとる。

154　次の関数の最大値と最小値を求めよ。

(1)　$y=(\log_3 x)^2-\log_3 x-2 \quad (1\leqq x\leqq 27)$

(2)　$y=\left(\log_2 \dfrac{x}{2}\right)\left(\log_2 \dfrac{x}{8}\right) \quad \left(\dfrac{1}{2}\leqq x\leqq 8\right)$

検印

40　平均変化率と微分係数

▶教 p.176〜179

POINT 102
平均変化率

関数 $f(x)$ の平均変化率は

x の値が a から b まで変化するとき　$\dfrac{f(b)-f(a)}{b-a}$

x の値が a から $a+h$ まで変化するとき　$\dfrac{f(a+h)-f(a)}{h}$

例 139　関数 $f(x)=x^2$ について，x の値が次のように変化するときの平均変化率を求めよ。

(1)　$x=2$ から $x=5$ まで　　(2)　$x=2$ から $x=2+h$ まで

解答　(1)　$\dfrac{f(5)-f(2)}{5-2}=\dfrac{5^2-2^2}{5-2}=\dfrac{21}{3}=7$

(2)　$\dfrac{f(2+h)-f(2)}{h}=\dfrac{(2+h)^2-2^2}{h}=\dfrac{4h+h^2}{h}$

$=\dfrac{h(4+h)}{h}=4+h$

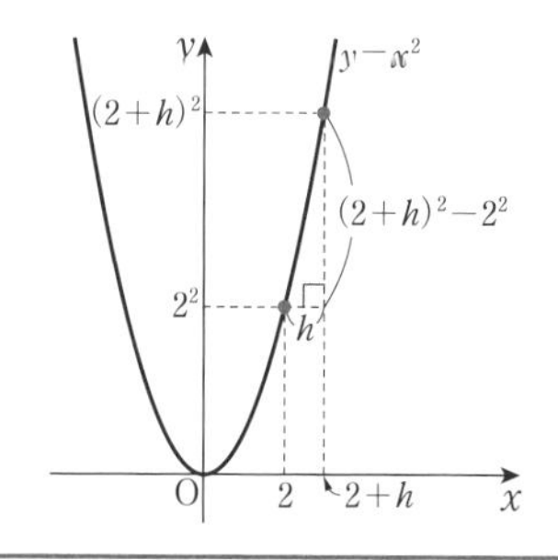

155A　関数 $f(x)=x^2+2x$ について，x の値が次のように変化するときの平均変化率を求めよ。

(1)　$x=0$ から $x=1$ まで

(2)　$x=1$ から $x=1+h$ まで

155B　関数 $f(x)=2x^2-x$ について，x の値が次のように変化するときの平均変化率を求めよ。

(1)　$x=1$ から $x=3$ まで

(2)　$x=a$ から $x=a+h$ まで

POINT 103
微分係数

関数 $y=f(x)$ の $x=a$ における微分係数 $f'(a)$ は

$$f'(a)=\lim_{h\to 0}\frac{f(a+h)-f(a)}{h}$$

$f'(a)$ は関数 $y=f(x)$ のグラフ上の点 $(a,\ f(a))$ における接線の傾きである。

例 140 関数 $f(x)=x^2$ について，微分係数 $f'(2)$ を求めよ。

解答
$$f'(2)=\lim_{h\to 0}\frac{f(2+h)-f(2)}{h}=\lim_{h\to 0}\frac{(2+h)^2-2^2}{h}$$
$$=\lim_{h\to 0}\frac{4h+h^2}{h}=\lim_{h\to 0}\frac{h(4+h)}{h}=\lim_{h\to 0}(4+h)=4$$

156A 関数 $f(x)=-2x^2$ について，次の微分係数を求めよ。

(1) $f'(1)$

(2) $f'(-3)$

156B 関数 $f(x)=-x^2$ について，次の微分係数を求めよ。

(1) $f'(2)$

(2) $f'(-1)$

41 導関数

▶教 p.180〜184

POINT 104
導関数

関数 $y=f(x)$ の導関数　$f'(x)=\lim_{h\to 0}\dfrac{f(x+h)-f(x)}{h}$

例 141 次の関数 $f(x)$ の導関数を定義にしたがって求めよ。

(1) $f(x)=x^3$　　(2) $f(x)=3$

解答 (1) $f'(x)=\lim_{h\to 0}\dfrac{(x+h)^3-x^3}{h}=\lim_{h\to 0}\dfrac{(x^3+3x^2h+3xh^2+h^3)-x^3}{h}$

$=\lim_{h\to 0}\dfrac{3x^2h+3xh^2+h^3}{h}=\lim_{h\to 0}(3x^2+3xh+h^2)=3x^2$

(2) $f'(x)=\lim_{h\to 0}\dfrac{3-3}{h}=\lim_{h\to 0}\dfrac{0}{h}=\lim_{h\to 0}0=0$

157A 次の関数 $f(x)$ の導関数を定義にしたがって求めよ。

(1) $f(x)=2x$

(2) $f(x)=x^2+5$

157B 次の関数 $f(x)$ の導関数を定義にしたがって求めよ。

(1) $f(x)=-x^2$

(2) $f(x)=x-3$

POINT 105 導関数の計算

x^n の導関数　[1]　$n=1,\ 2,\ 3,\ \cdots\cdots$ のとき　$(x^n)'=nx^{n-1}$

[2]　c が定数のとき　$(c)'=0$

定数倍および和と差の導関数　[1]　$\{kf(x)\}'=kf'(x)$　　（k は定数）

[2]　$\{f(x)+g(x)\}'=f'(x)+g'(x)$

$\{f(x)-g(x)\}'=f'(x)-g'(x)$

例 142　関数 $y=4x^2-3x+2$ を微分せよ。

解答　$y'=(4x^2-3x+2)'=(4x^2)'-(3x)'+(2)'$

$=4(x^2)'-3(x)'+(2)'=4\times 2x-3\times 1+0=8x-3$

158A　次の関数を微分せよ。

(1)　$y=4x-1$

(2)　$y=3x^2+6x-5$

(3)　$y=-2x^3+6x^2+4x$

(4)　$y=4x^3-5x^2+7$

158B　次の関数を微分せよ。

(1)　$y=x^2-2x+2$

(2)　$y=x^3-5x^2-6$

(3)　$y=-4x^3+3x^2-6x+1$

(4)　$y=\dfrac{4}{3}x^3-\dfrac{1}{2}x^2-\dfrac{3}{2}x$

例 143 関数 $y=(3x-1)(x+2)$ を微分せよ。

解答 $(3x-1)(x+2)=3x^2+5x-2$ より

$y'=(3x^2+5x-2)'=3(x^2)'+5(x)'-(2)'=6x+5$

159A 次の関数を微分せよ。

(1) $y=(x-1)(x-2)$

(2) $y=(3x+2)^2$

(3) $y=x(2x-1)^2$

159B 次の関数を微分せよ。

(1) $y=(2x-1)(2x+1)$

(2) $y=x^2(x-3)$

(3) $y=(x+2)^3$

例 144 関数 $f(x)=2x^2+3x-5$ について，微分係数 $f'(2)$ を求めよ。

解答 $f(x)$ を微分すると $f'(x)=4x+3$ であるから $f'(2)=4\times2+3=11$

160A 関数 $f(x)=-x^2+3x-2$ について，微分係数 $f'(2)$ を求めよ。

160B 関数 $f(x)=x^3+4x^2-2$ について，微分係数 $f'(-2)$ を求めよ。

例 145 $s=6t^2$ を t で微分せよ。

解答 $\dfrac{ds}{dt}=12t$

161A $S=4\pi r^2$ を r で微分せよ。

161B $h=a+vt-\dfrac{1}{2}gt^2$ を t で微分せよ。

検印

42 接線の方程式

▶教 p.185〜186

POINT 106
接線の方程式 [1]

関数 $y=f(x)$ のグラフ上の点 $(a,\ f(a))$ における接線の方程式は

$$y-f(a)=f'(a)(x-a)$$

例 146 関数 $y=\dfrac{1}{2}x^2+x$ のグラフ上の点 $(2,\ 4)$ における接線の方程式を求めよ。

解答 $f(x)=\dfrac{1}{2}x^2+x$ とおくと

$f'(x)=x+1$

ゆえに　$f'(2)=2+1=3$

よって，求める接線の方程式は

$y-4=3(x-2)$

すなわち　$y=3x-2$

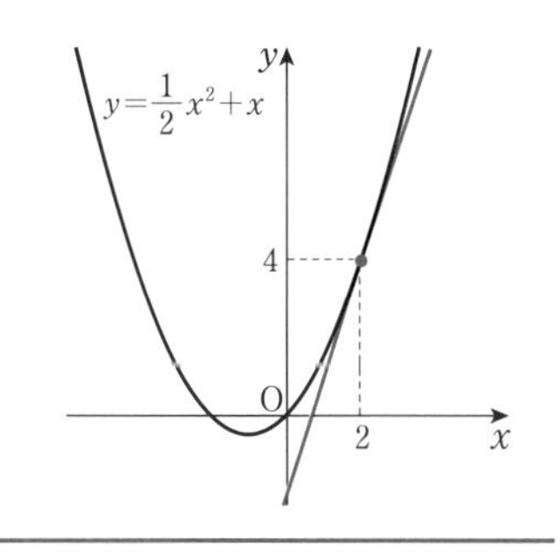

162A 次の関数のグラフ上の与えられた点における接線の方程式を求めよ。

(1)　$y=2x^2-4$，点 $(1,\ -2)$

(2)　$y=x^3-3x$，点 $(1,\ -2)$

162B 次の関数のグラフ上の与えられた点における接線の方程式を求めよ。

(1)　$y=2x^2-4x+1$，点 $(0,\ 1)$

(2)　$y=5x-x^3$，点 $(2,\ 2)$

POINT 107 接線の方程式 [2]

$y=f(x)$ のグラフに，グラフ外の点 $(p,\ q)$ から引いた接線の方程式を求めるには，グラフ上の点 $(a,\ f(a))$ における接線が点 $(p,\ q)$ を通ることから a の値を定める。

例 147 関数 $y=-x^2+2x$ のグラフに，点 $(2,\ 4)$ から引いた接線の方程式を求めよ。

解答 $f(x)=-x^2+2x$ とおくと　$f'(x)=-2x+2$

よって，接点を $\mathrm{P}(a,\ -a^2+2a)$ とすると，接線の傾きは　$f'(a)=-2a+2$

したがって，接線の方程式は　$y-(-a^2+2a)=(-2a+2)(x-a)$

この式を整理して　$y=(-2a+2)x+a^2$　……①

これが点 $(2,\ 4)$ を通ることから　$4=(-2a+2)\times 2+a^2$

より　$a(a-4)=0$　よって　$a=0,\ 4$

これらを①に代入して

　$a=0$ のとき　$y=2x$

　$a=4$ のとき　$y=-6x+16$

したがって，求める接線の方程式は　$y=2x,\ y=-6x+16$

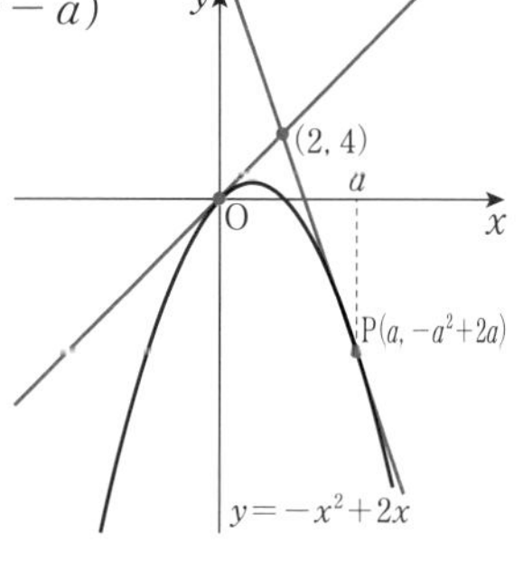

ROUND 2

163A 関数 $y=-x^2+4x-3$ のグラフに，点 $(3,\ 4)$ から引いた接線の方程式を求めよ。

163B 関数 $y=x^2+2x+3$ のグラフに，点 $(-2,\ -6)$ から引いた接線の方程式を求めよ。

検印

43 関数の増減と極大・極小

▶教 p.188〜192

POINT 108
関数の増加・減少

関数 $f(x)$ について，ある区間でつねに
$f'(x)>0$ ならば，$f(x)$ は **その区間で増加** する。
$f'(x)<0$ ならば，$f(x)$ は **その区間で減少** する。
$f'(x)=0$ ならば，$f(x)$ は **その区間で定数** である。

例 148 関数 $f(x)=x^3-6x^2+9x$ の増減を調べよ。

解答 $f'(x)=3x^2-12x+9=3(x-1)(x-3)$
$f'(x)=0$ を解くと $x=1,\ 3$
$f(x)$ の増減表は，次のようになる。

x	……	1	……	3	……
$f'(x)$	$+$	0	$-$	0	$+$
$f(x)$	↗	4	↘	0	↗

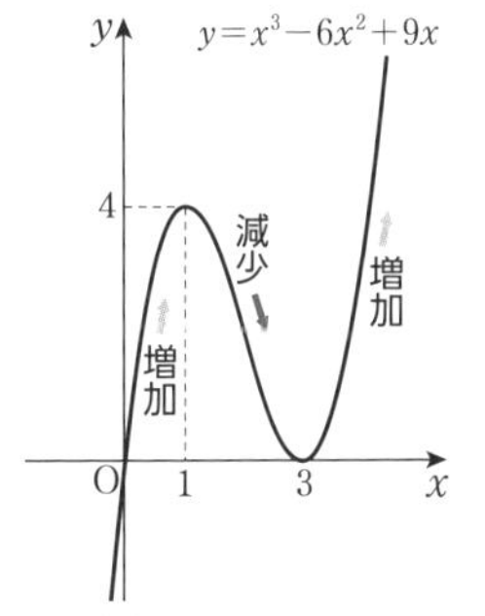

よって，関数 $f(x)$ は 区間 $x\leqq 1,\ 3\leqq x$ で増加し，
区間 $1\leqq x\leqq 3$ で減少する。

⬅ $f'(x)>0 \Longrightarrow$ 増加
⬅ $f'(x)<0 \Longrightarrow$ 減少

164A 次の関数の増減を調べよ。

(1) $f(x)=x^3-3x^2+2$

(2) $f(x)=-x^3+3x-1$

164B 次の関数の増減を調べよ。

(1) $f(x)=2x^3+3x^2$

(2) $f(x)=-2x^3+9x^2-12x+4$

POINT 109 関数 $f(x)$ について $f'(a)=0$ となる $x=a$ の前後で，$f'(x)$ の符号が

関数の極大・極小

正から負に変わるとき，$f(x)$ は $x=a$ で極大値 $f(a)$ をとる。
負から正に変わるとき，$f(x)$ は $x=a$ で極小値 $f(a)$ をとる。

例 149 関数 $y=-x^3+3x^2-1$ の増減を調べ，極値を求めよ。また，そのグラフをかけ。

解答 $y'=-3x^2+6x$
$=-3x(x-2)$
$y'=0$ を解くと
$x=0,\ 2$
y の増減表は，
右のようになる。

x	……	0	……	2	……
y'	$-$	0	$+$	0	$-$
y	↘	極小 -1	↗	極大 3	↘

よって，y は　$x=2$ で極大値 3
$x=0$ で極小値 -1　をとる。
また，グラフは右の図のようになる。

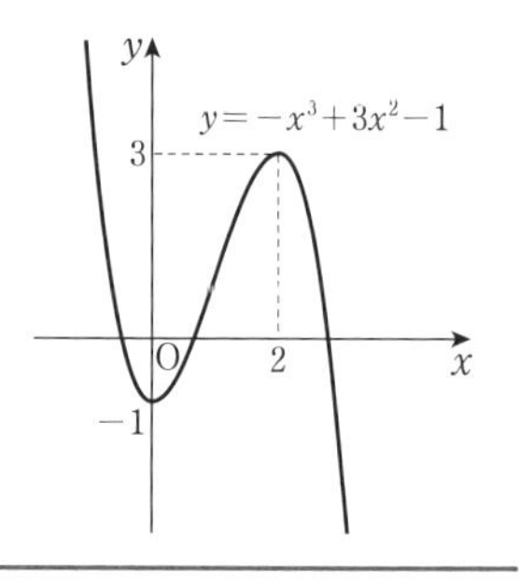

165A 次の関数の増減を調べ，極値を求めよ。また，そのグラフをかけ。

(1) $y=x^3-3x$

(2) $y=-x^3+3x^2+9x$

165B 次の関数の増減を調べ，極値を求めよ。また，そのグラフをかけ。

(1) $y=2x^3-12x^2+18x-2$

(2) $y=-2x^3+6x-5$

例 150 関数 $f(x)=x^3+ax^2+b$ が，$x=2$ で極小値 1 をとるような定数 a，b の値を求めよ。また，そのときの $f(x)$ の極大値を求めよ。

解答　関数 $f(x)=x^3+ax^2+b$ を微分すると　$f'(x)=3x^2+2ax$

$f(x)$ が $x=2$ で極小値 1 をとるとき　$f'(2)=0$，$f(2)=1$

ゆえに　$12+4a=0$，$8+4a+b=1$

これを解くと　$a=-3$，$b=5$

よって　$f(x)=x^3-3x^2+5$

このとき　$f'(x)=3x^2-6x=3x(x-2)$

$f'(x)=0$ を解くと　$x=0$，2

$f(x)$ の増減表は，右のようになる。

増減表から，$f(x)$ は $x=2$ で極小値 1 をとる。

したがって　$a=-3$，$b=5$

また，$x=0$ のとき，極大値 5 をとる。

x	……	0	……	2	……
$f'(x)$	$+$	0	$-$	0	$+$
$f(x)$	↗	極大 5	↘	極小 1	↗

ROUND 2

166A 関数 $f(x)=2x^3+ax^2-12x+b$ が，$x=1$ で極小値 -6 をとるような定数 a，b の値を求めよ。また，そのときの $f(x)$ の極大値を求めよ。

166B 関数 $f(x)=-x^3+ax^2+9x+b$ が，$x=3$ で極大値 20 をとるような定数 a，b の値を求めよ。また，そのときの $f(x)$ の極小値を求めよ。

44 関数の最大・最小

▶教 p.193〜194

POINT 110
関数の最大・最小

ある区間における関数 $f(x)$ の最大値・最小値は，その区間における極値と区間の端点における関数の値とを比較して求めればよい。

例 151 関数 $y=2x^3+3x^2-12x-15$ について，区間 $-3 \leqq x \leqq 3$ における最大値と最小値を求めよ。

解答　$y'=6x^2+6x-12=6(x-1)(x+2)$

$y'=0$ を解くと　$x=1,\ -2$

区間 $-3 \leqq x \leqq 3$ における y の増減表は，次のようになる。

x	-3	……	-2	……	1	……	3
y'	／	$+$	0	$-$	0	$+$	／
y	-6	↗	極大 5	↘	極小 -22	↗	30

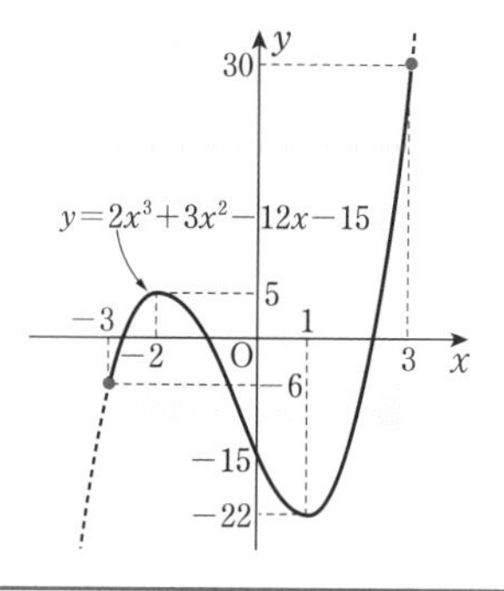

よって，y は

$x=3$ のとき 最大値 30

$x=1$ のとき 最小値 -22　　をとる。

167A 次の関数について，（　）内の区間における最大値と最小値を求めよ。

(1) $y=-2x^3+3x^2+12x-4\ (-2 \leqq x \leqq 3)$

(2) $y=-x^3+12x+5\quad(-1 \leqq x \leqq 3)$

167B 次の関数について，（　）内の区間における最大値と最小値を求めよ。

(1) $y=x^3-3x^2+2\quad(-2 \leqq x \leqq 1)$

(2) $y=x^3-3x\quad(-3 \leqq x \leqq 2)$

例 152 縦 9 cm，横 24 cm の長方形の厚紙の 4 隅から，同じ大きさの正方形を切り取り，残りの部分を折り曲げて，ふたのない箱をつくる。このとき，この箱の容積の最大値を求めよ。

解答 切り取る正方形の 1 辺の長さを x cm とすると，箱の底面は縦 $(9-2x)$ cm，横 $(24-2x)$ cm の長方形である。

$x>0$ かつ $9-2x>0$ かつ $24-2x>0$

であるから $0<x<\frac{9}{2}$

また，箱の容積を y cm^3 とすると $y=x(9-2x)(24-2x)=4x^3-66x^2+216x$

ゆえに $y'=12x^2-132x+216=12(x-2)(x-9)$

$y'=0$ を解くと $x=2,\ 9$

よって，区間 $0<x<\frac{9}{2}$ における y の増減表は，次のようになる。

x	0	……	2	……	$\frac{9}{2}$
y'	／	$+$	0	$-$	／
y	／	↗	極大 200	↘	／

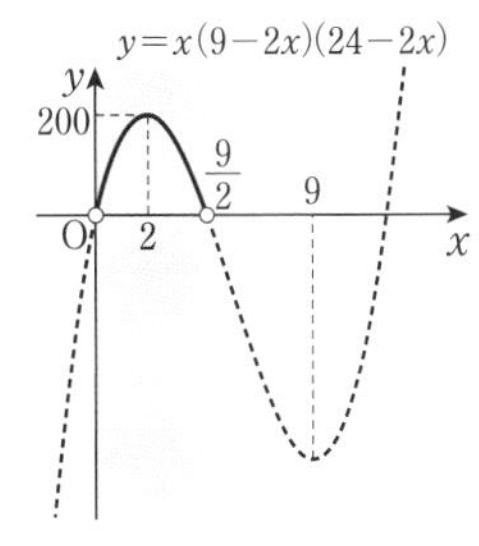

したがって，y は $x=2$ のとき最大値 200 をとる。
すなわち，切り取る正方形の 1 辺の長さが 2 cm のとき
箱の容積は最大となり，最大値は 200 cm^3 である。

ROUND 2

168 底面の直径と高さの和が 12 cm である円柱を考える。円柱の体積 V の最大値と，そのときの底面の直径 x と高さ y を求めよ。

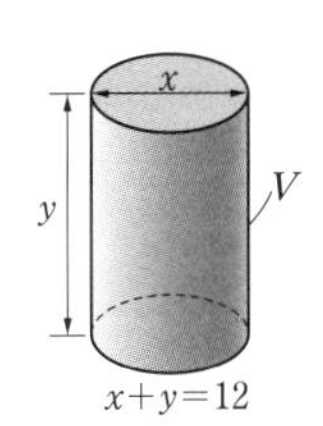

検印

45 方程式・不等式への応用

▶教 p.195〜197

POINT 111 方程式への応用

方程式 $f(x)=0$ の異なる実数解の個数は，関数 $y=f(x)$ のグラフと x 軸との共有点の個数に一致する。

例 153 方程式 $x^3-6x^2+9x-1=0$ の異なる実数解の個数を求めよ。

解答 $y=x^3-6x^2+9x-1$ とおくと $y'=3x^2-12x+9=3(x-1)(x-3)$

$y'=0$ を解くと　$x=1,\ 3$

y の増減表は，次のようになる。

x	……	1	……	3	……
y'	$+$	0	$-$	0	$+$
y	↗	極大 3	↘	極小 -1	↗

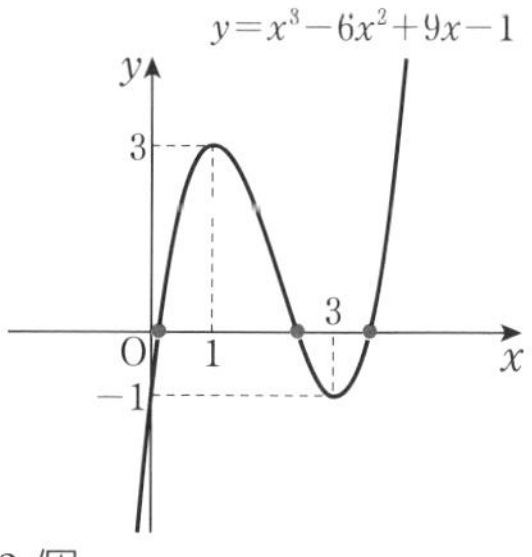

ゆえに，関数 $y=x^3-6x^2+9x-1$ のグラフは右の図のようになり，グラフと x 軸は異なる 3 点で交わる。

よって，方程式 $x^3-6x^2+9x-1=0$ の異なる実数解の個数は 3 個

169A 次の方程式の異なる実数解の個数を求めよ。

(1) $x^3-3x+5=0$

(2) $2x^3-3x^2-12x-3=0$

169B 次の方程式の異なる実数解の個数を求めよ。

(1) $x^3+3x^2-4=0$

(2) $x^3+3x^2-9x-2=0$

例 154 3次方程式 $x^3-6x^2-a=0$ の異なる実数解の個数は，定数 a の値によってどのように変わるか。

解答 与えられた方程式を　$x^3-6x^2=a$　……①

と変形し，$f(x)=x^3-6x^2$　とおくと　$f'(x)=3x^2-12x=3x(x-4)$

$f'(x)=0$ を解くと　$x=0,\ 4$

$f(x)$ の増減表は，次のようになる。

x	……	0	……	4	……
$f'(x)$	$+$	0	$-$	0	$+$
$f(x)$	↗	極大 0	↘	極小 -32	↗

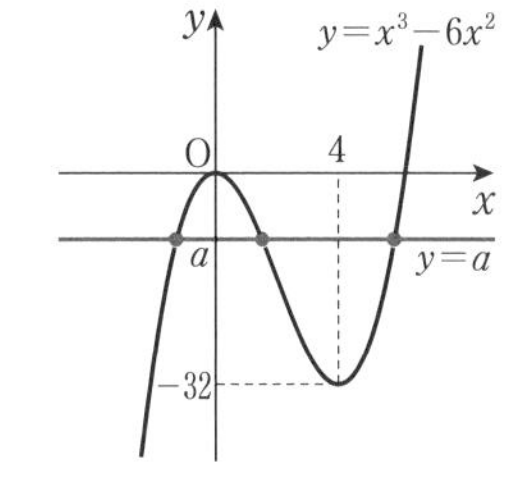

ゆえに，$y=f(x)$ のグラフは右の図のようになる。

方程式①の異なる実数解の個数は，このグラフと直線 $y=a$ の共有点の個数に一致する。

よって，方程式①の異なる実数解の個数は，次のようになる。

$a<-32,\ 0<a$ のとき 1個

$a=-32,\ 0$ 　のとき 2個

$-32<a<0$ 　のとき 3個

ROUND 2

170A 3次方程式 $2x^3+3x^2+1-a=0$ の異なる実数解の個数は，定数 a の値によってどのように変わるか。

170B 3次方程式 $-x^3+3x-a=0$ の異なる実数解の個数は，定数 a の値によってどのように変わるか。

第5章 微分法と積分法

POINT 112 不等式への応用

ある区間において，関数 $y=f(x)$ の最小値が 0 であるとき，その区間で $f(x) \geqq 0$ が成り立つ。このことを利用して，不等式を証明することもできる。

例 155 $x \geqq 0$ のとき，不等式 $x^3+3x^2 \geqq 9x-5$ を証明せよ。
また，等号が成り立つときの x の値を求めよ。

証明　$f(x)=(x^3+3x^2)-(9x-5)=x^3+3x^2-9x+5$ とおくと

$f'(x)=3x^2+6x-9=3(x-1)(x+3)$

$f'(x)=0$ を解くと　$x=-3,\ 1$

区間 $x \geqq 0$ における $f(x)$ の増減表は，次のようになる。

x	0	……	1	……
$f'(x)$		$-$	0	$+$
$f(x)$	5	↘	極小 0	↗

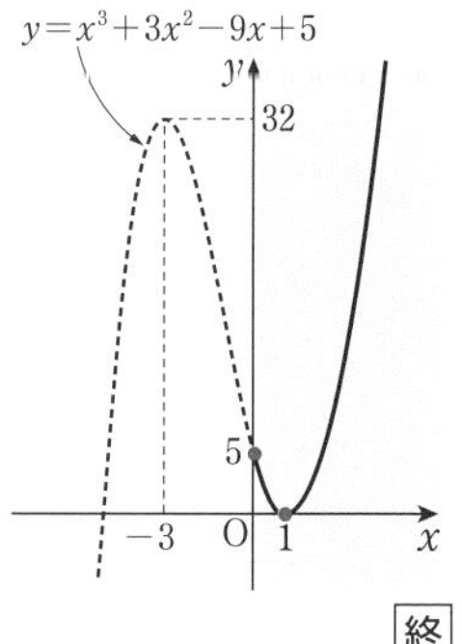

ゆえに，$x \geqq 0$ において，$f(x)$ は $x=1$ で最小値 0 をとる。

よって，$x \geqq 0$ のとき，$f(x) \geqq 0$ であるから

$(x^3+3x^2)-(9x-5) \geqq 0$

すなわち　$x^3+3x^2 \geqq 9x-5$

等号が成り立つのは，$x=1$ のときである。　終

ROUND 2

171A $x \geqq 0$ のとき，不等式 $x^3+4 \geqq 3x^2$ を証明せよ。また，等号が成り立つときの x の値を求めよ。

171B $x \geqq 0$ のとき，不等式 $2x^3+4 \geqq 6x$ を証明せよ。また，等号が成り立つときの x の値を求めよ。

検印

46 4次関数のグラフ

▶数 p.198

例 156 関数 $y=x^4-2x^2$ の増減を調べ，極値を求めよ。また，そのグラフをかけ。

解答 $y'=4x^3-4x=4x(x+1)(x-1)$

$y'=0$ を解くと　$x=-1,\ 0,\ 1$

y の増減表は，次のようになる。

x	$\cdots$	-1	$\cdots$	0	$\cdots$	1	$\cdots$
y'	$-$	0	$+$	0	$-$	0	$+$
y	↘	極小 -1	↗	極大 0	↘	極小 -1	↗

よって，y は $x=0$ で 極大値 0

$x=-1,\ 1$ で 極小値 -1 をとる。

また，グラフは右の図のようになる。

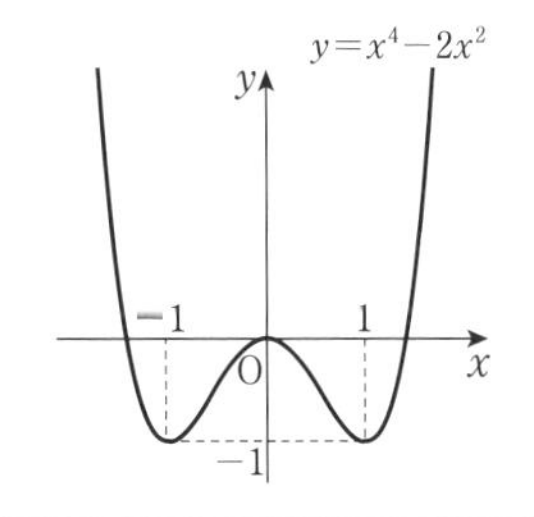

ROUND 2

172A 4次関数 $y=x^4+4x^3+4x^2$ の増減を調べ，極値を求めよ。また，そのグラフをかけ。

172B 4次関数 $y=-x^4+8x^2-5$ の増減を調べ，極値を求めよ。また，そのグラフをかけ。

第5章 微分法と積分法

検印

47 不定積分

▶教 p.200〜203

POINT 113
不定積分

$F'(x)=f(x)$ のとき $\int f(x)\,dx=F(x)+C$ Cは積分定数

$n=0,\ 1,\ 2,\ \cdots\cdots$ のとき $\int x^n\,dx=\dfrac{1}{n+1}x^{n+1}+C$ Cは積分定数

例 157 次の不定積分を求めよ。

(1) $\int(-6)\,dx$　　(2) $\int 5x\,dx$

解答 (1) $\int(-6)\,dx=-6\int dx=-6x+C$

(2) $\int 5x\,dx=5\int x\,dx=5\times\dfrac{1}{2}x^2+C=\dfrac{5}{2}x^2+C$

173A 次の不定積分を求めよ。

(1) $\int(-2)\,dx$

(2) $3\int x^2\,dx+\int x\,dx$

173B 次の不定積分を求めよ。

(1) $\int 2x\,dx$

(2) $2\int x^2\,dx-3\int dx$

POINT 114
不定積分の公式

[1] $\int kf(x)\,dx = k\int f(x)\,dx$　　ただし，kは定数

[2] $\int \{f(x)+g(x)\}\,dx = \int f(x)\,dx + \int g(x)\,dx$

[3] $\int \{f(x)-g(x)\}\,dx = \int f(x)\,dx - \int g(x)\,dx$

例 158 次の不定積分を求めよ。

(1) $\int (4x+3)\,dx$　　(2) $\int (6x^2-4x+1)\,dx$

解答 (1) $\int (4x+3)\,dx = 4\int x\,dx + 3\int dx = 4\times\frac{1}{2}x^2 + 3\times x + C = 2x^2+3x+C$

(2) $\int (6x^2-4x+1)\,dx = 6\int x^2\,dx - 4\int x\,dx + \int dx = 6\times\frac{1}{3}x^3 - 4\times\frac{1}{2}x^2 + x + C$

$= 2x^3-2x^2+x+C$

174A 次の不定積分を求めよ。

(1) $\int (2x-1)\,dx$

(2) $\int (x^2+3x)\,dx$

(3) $\int (-2x^2+3x-4)\,dx$

174B 次の不定積分を求めよ。

(1) $\int (6x-5)\,dx$

(2) $\int (1-x-x^2)\,dx$

(3) $\int \left(3x^2-\frac{2}{3}x+1\right)dx$

例 159 不定積分 $\int(x+3)(x-4)\,dx$ を求めよ。

解答 $\int(x+3)(x-4)\,dx=\int(x^2-x-12)\,dx=\int x^2\,dx-\int x\,dx-12\int dx$

$$=\frac{1}{3}x^3-\frac{1}{2}x^2-12x+C$$

175A 次の不定積分を求めよ。

(1) $\int(x-2)(x+3)\,dx$

(2) $\int(x+1)^2\,dx$

175B 次の不定積分を求めよ。

(1) $\int x(3x-1)\,dx$

(2) $\int(2x+1)(3x-2)\,dx$

176A 次の不定積分を求めよ。

(1) $\int(t-2)\,dt$

(2) $\int(3y^2-2y-1)\,dy$

176B 次の不定積分を求めよ。

(1) $\int(9t^2-2t)\,dt$

(2) $\int(-9u^2-5u+2)\,du$

例 160 次の条件を満たす関数 $F(x)$ を求めよ。

$$F'(x) = 9x^2 + 6x - 7,\ F(1) = 2$$

解答 $F(x) = \int (9x^2 + 6x - 7)\,dx = 3x^3 + 3x^2 - 7x + C$

よって　$F(1) = 3 \times 1^3 + 3 \times 1^2 - 7 \times 1 + C = -1 + C$

ここで，$F(1) = 2$ であるから，$-1 + C = 2$ より　$C = 3$

したがって，求める関数は　　$F(x) = 3x^3 + 3x^2 - 7x + 3$

177A 次の条件を満たす関数 $F(x)$ を求めよ。

(1) $F'(x) = 4x + 2,\quad F(0) = 1$

(2) $F'(x) = -3x^2 + 2x - 1,\quad F(1) = -1$

177B 次の条件を満たす関数 $F(x)$ を求めよ。

(1) $F'(x) = -2x + 5,\quad F(0) = 3$

(2) $F'(x) = 6x^2 - 2x + 3,\quad F(2) = 9$

検印

48 定積分

▶教 p. 204〜209

POINT 115
定積分

$F'(x)=f(x)$ のとき

$$\int_a^b f(x)\,dx=\Big[F(x)\Big]_a^b=F(b)-F(a)$$

例 161 定積分 $\int_1^2 x^2\,dx$ を求めよ。

解答 $\int_1^2 x^2\,dx=\left[\frac{1}{3}x^3\right]_1^2=\frac{1}{3}\times2^3-\frac{1}{3}\times1^3=\frac{8}{3}-\frac{1}{3}=\frac{7}{3}$

178A 次の定積分を求めよ。

(1) $\int_{-1}^0 3x^2\,dx$

(2) $\int_{-1}^3 3\,dx$

178B 次の定積分を求めよ。

(1) $\int_{-2}^2 2x\,dx$

(2) $\int_{-5}^{-2}(-3)\,dx$

POINT 116
定積分の公式

[1] $\int_a^b kf(x)\,dx=k\int_a^b f(x)\,dx$ 　　ただし，k は定数

[2] $\int_a^b\{f(x)+g(x)\}\,dx=\int_a^b f(x)\,dx+\int_a^b g(x)\,dx$

[3] $\int_a^b\{f(x)-g(x)\}\,dx=\int_a^b f(x)\,dx-\int_a^b g(x)\,dx$

例 162 次の定積分を求めよ。

(1) $\int_{-1}^2(3x^3-2x)\,dx$ 　　(2) $\int_1^3(x+1)(x-2)\,dx$

(3) $\int_0^3(x^2+5x)\,dx+\int_0^3(x^2-5x)\,dx$

解答 (1) $\int_{-1}^2(3x^2-2x)\,dx=\Big[x^3-x^2\Big]_{-1}^2=(2^3-2^2)-\{(-1)^3-(-1)^2\}$

$=(8-4)-(-1-1)=6$

(2) $\int_1^3(x+1)(x-2)\,dx=\int_1^3(x^2-x-2)\,dx=\left[\frac{1}{3}x^3-\frac{1}{2}x^2-2x\right]_1^3$

$=\left(\frac{1}{3}\times3^3-\frac{1}{2}\times3^2-2\times3\right)-\left(\frac{1}{3}\times1^3-\frac{1}{2}\times1^2-2\times1\right)$

$=\left(9-\frac{9}{2}-6\right)-\left(\frac{1}{3}-\frac{1}{2}-2\right)=\frac{2}{3}$

(3) $\int_0^3(x^2+5x)\,dx+\int_0^3(x^2-5x)\,dx=\int_0^3\{(x^2+5x)+(x^2-5x)\}\,dx$

$=\int_0^3 2x^2\,dx=2\left[\frac{1}{3}x^3\right]_0^3=18$

179A 次の定積分を求めよ。

(1) $\int_{-1}^{2}(4x+1)\,dx$

(2) $\int_{0}^{3}(3x^2-6x+7)\,dx$

(3) $\int_{0}^{2}(3x+1)\,dx-\int_{0}^{2}(3x-1)\,dx$

(4) $\int_{1}^{3}(3x+5)^2\,dx-\int_{1}^{3}(3x-5)^2\,dx$

179B 次の定積分を求めよ。

(1) $\int_{-1}^{1}(x^2-2x-3)\,dx$

(2) $\int_{1}^{4}(x-2)^2\,dx$

(3) $\int_{0}^{1}(2x^2-5x+3)\,dx-\int_{0}^{1}(2x^2+5x+3)\,dx$

(4) $\int_{0}^{4}(4x^2-x+2)\,dx-\int_{0}^{4}(4x^2+x+3)\,dx$

POINT 117
定積分の性質

[1] $\displaystyle\int_a^a f(x)\,dx=0$

[2] $\displaystyle\int_b^a f(x)\,dx=-\int_a^b f(x)\,dx$

[3] $\displaystyle\int_a^b f(x)\,dx=\int_a^c f(x)\,dx+\int_c^b f(x)\,dx$

例 163 定積分 $\displaystyle\int_0^1(x^2-2x)\,dx-\int_3^1(x^2-2x)\,dx$ を求めよ。

解答 $\displaystyle\int_0^1(x^2-2x)\,dx-\int_3^1(x^2-2x)\,dx=\int_0^1(x^2-2x)\,dx+\int_1^3(x^2-2x)\,dx$

$\displaystyle=\int_0^3(x^2-2x)\,dx=\left[\frac{1}{3}x^3-x^2\right]_0^3=0$

180A 次の定積分を求めよ。

(1) $\displaystyle\int_1^1(4x^2+x-3)\,dx$

(2) $\displaystyle\int_0^1(x^2-x+1)\,dx+\int_1^2(x^2-x+1)\,dx$

180B 次の定積分を求めよ。

(1) $\displaystyle\int_{-1}^0(x^2+1)\,dx+\int_0^2(x^2+1)\,dx$

(2) $\displaystyle\int_{-3}^{-1}(x^2+2x)\,dx-\int_1^{-1}(x^2+2x)\,dx$

例 164 定積分 $\int_{-2}^{1}(t^2+t)\,dt$ を求めよ。

解答 $\int_{-2}^{1}(t^2+t)\,dt=\left[\frac{1}{3}t^3+\frac{1}{2}t^2\right]_{-2}^{1}=\frac{3}{2}$

181A 次の定積分を求めよ。

(1) $\int_{-1}^{2}(3t^2-2t)\,dt$

(2) $\int_{-1}^{1}(3y^2+4y-1)\,dy$

181B 次の定積分を求めよ。

(1) $\int_{-2}^{0}(4-2s^2)\,ds$

(2) $\int_{1}^{2}(2u^2-u+1)\,du$

POINT 118 定積分と微分

$\frac{d}{dx}\int_{a}^{x}f(t)\,dt=f(x)$ ただし，a は定数

例 165 $\frac{d}{dx}\int_{2}^{x}(t^2-5t+2)\,dt$ を計算せよ。

解答 $\frac{d}{dx}\int_{2}^{x}(t^2-5t+2)\,dt=x^2-5x+2$

182A 次の計算をせよ。

(1) $\frac{d}{dx}\int_{2}^{x}(t^2+3t+1)\,dt$

(2) $\frac{d}{dx}\int_{-3}^{x}(2t^2-5t)\,dt$

182B 次の計算をせよ。

(1) $\frac{d}{dx}\int_{-1}^{x}(2t^2-1)\,dt$

(2) $\frac{d}{dx}\int_{2}^{x}(t-3)^2\,dt$

49 定積分と面積

▶教 p.210〜214

POINT 119
定積分と面積 [1]

区間 $a \leqq x \leqq b$ で $f(x) \geqq 0$ のとき，
曲線 $y=f(x)$ と x 軸および 2 直線 $x=a$，$x=b$
で囲まれた部分の面積 S は

$$S=\int_a^b f(x)\,dx$$

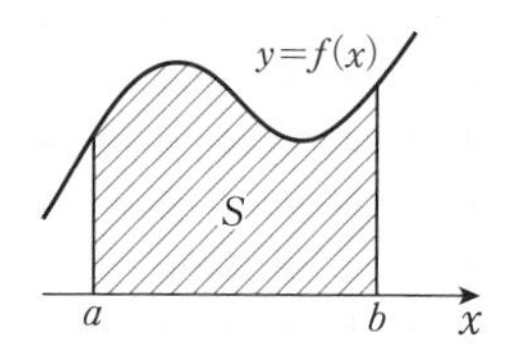

例 166 放物線 $y=x^2+1$ と x 軸および 2 直線 $x=-1$，$x=2$ で囲まれた部分の面積 S を求めよ。

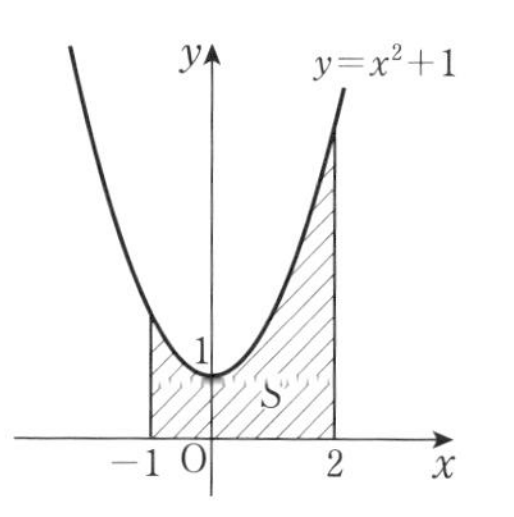

解答

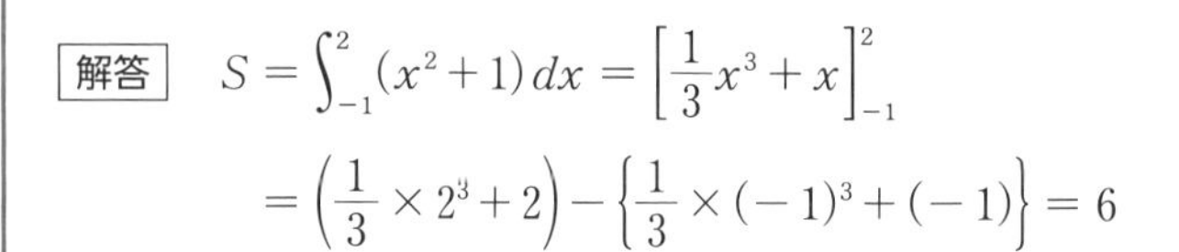

$$S=\int_{-1}^{2}(x^2+1)\,dx=\left[\frac{1}{3}x^3+x\right]_{-1}^{2}$$
$$=\left(\frac{1}{3}\times 2^3+2\right)-\left\{\frac{1}{3}\times(-1)^3+(-1)\right\}=6$$

183A 次の放物線と直線で囲まれた部分の面積 S を求めよ。

(1) $y=3x^2+1$，x 軸，$x=-1$，$x=2$

(2) $y=x^2-x$，x 軸，$x=-2$，$x=-1$

183B 次の放物線と直線で囲まれた部分の面積 S を求めよ。

(1) $y=-x^2+4x$，x 軸，$x=1$，$x=3$

(2) $y=-2x^2+3$，x 軸，$x=-1$，$x=1$

POINT 120
定積分と面積 [2]

区間 $a \leqq x \leqq b$ で $f(x) \leqq 0$ のとき，
曲線 $y=f(x)$ と x 軸および 2 直線 $x=a$，$x=b$
で囲まれた部分の面積 S は

$$S=-\int_a^b f(x)\,dx$$

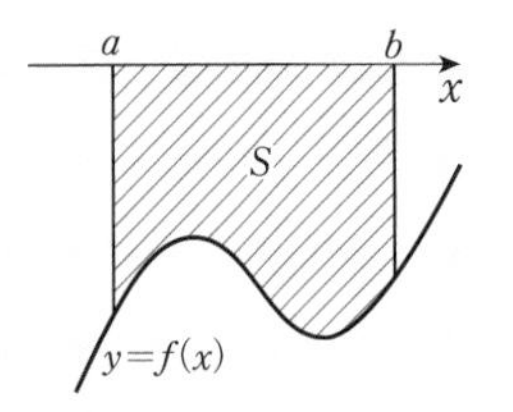

例 167 放物線 $y=x^2-4x$ と x 軸で囲まれた部分の面積 S を求めよ。

解答　放物線 $y=x^2-4x$ と x 軸の共有点の x 座標は

$x^2-4x=0$ より　$x=0,\ 4$

ここで，区間 $0 \leqq x \leqq 4$ では　$x^2-4x \leqq 0$

よって，求める面積 S は

$$S=-\int_0^4 (x^2-4x)\,dx=-\left[\frac{1}{3}x^3-2x^2\right]_0^4=\frac{32}{3}$$

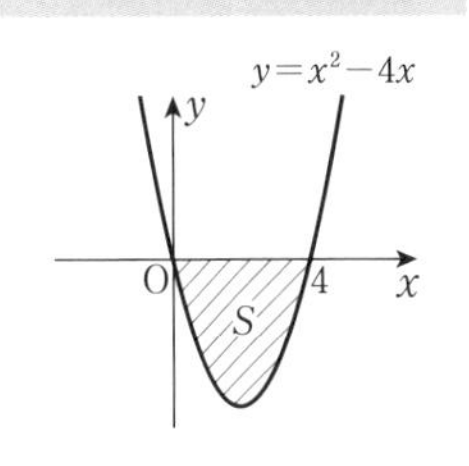

184A 次の放物線と x 軸で囲まれた部分の面積 S を求めよ。

(1)　$y=x^2-3x$

(2)　$y=3x^2-12$

184B 次の放物線と x 軸で囲まれた部分の面積 S を求めよ。

(1)　$y=\dfrac{1}{2}x^2+2x$

(2)　$y=x^2-4x+3$

POINT 121
2曲線間の面積

区間 $a \leqq x \leqq b$ で，$f(x) \geqq g(x)$ のとき，
2曲線 $y=f(x)$，$y=g(x)$ と2直線 $x=a$，$x=b$ で囲まれた部分の面積 S

$$S=\int_a^b \{f(x)-g(x)\}\,dx$$

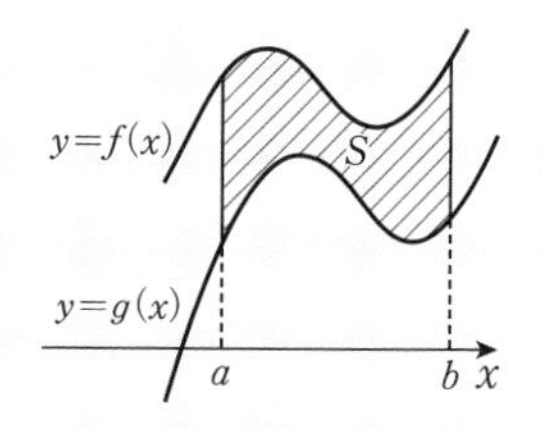

例 168 2つの放物線 $y=2x^2$，$y=-x^2+2x+2$ と2直線 $x=0$，$x=1$ で囲まれた部分の面積 S を求めよ。

解答 区間 $0 \leqq x \leqq 1$ では

$$-x^2+2x+2 \geqq 2x^2$$

であるから

$$S=\int_0^1 \{(-x^2+2x+2)-2x^2\}\,dx$$
$$=\int_0^1 (-3x^2+2x+2)\,dx=\Big[-x^3+x^2+2x\Big]_0^1$$
$$=(-1^3+1^2+2\times1)-0=2$$

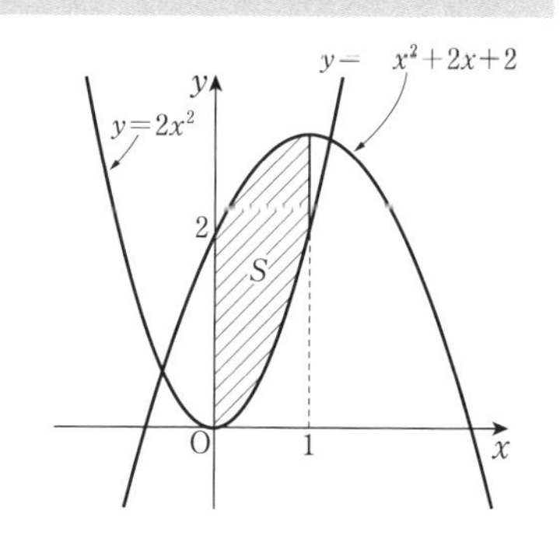

185A 2つの放物線 $y=2x^2$，$y=x^2+9$ と2直線 $x=-2$，$x=1$ で囲まれた部分の面積 S を求めよ。

185B 2つの放物線 $y=x^2-6x+4$，$y=-x^2+4x-4$ と2直線 $x=2$，$x=3$ で囲まれた部分の面積 S を求めよ。

例 169 放物線 $y=x^2$ と直線 $y=2x+3$ で囲まれた部分の面積 S を求めよ。

解答　放物線 $y=x^2$ と直線 $y=2x+3$ の共有点の x 座標は

$x^2=2x+3$　より　　$x=-1,\ 3$

区間 $-1 \leqq x \leqq 3$ では　　$2x+3 \geqq x^2$

よって，求める面積 S は

$$S=\int_{-1}^{3}\{(2x+3)-x^2\}\,dx$$
$$=\int_{-1}^{3}(-x^2+2x+3)\,dx$$
$$=\left[-\frac{1}{3}x^3+x^2+3x\right]_{-1}^{3}$$
$$=\left(-\frac{1}{3}\times 3^3+3^2+3\times 3\right)-\left\{-\frac{1}{3}\times(-1)^3+(-1)^2+3\times(-1)\right\}=\frac{32}{3}$$

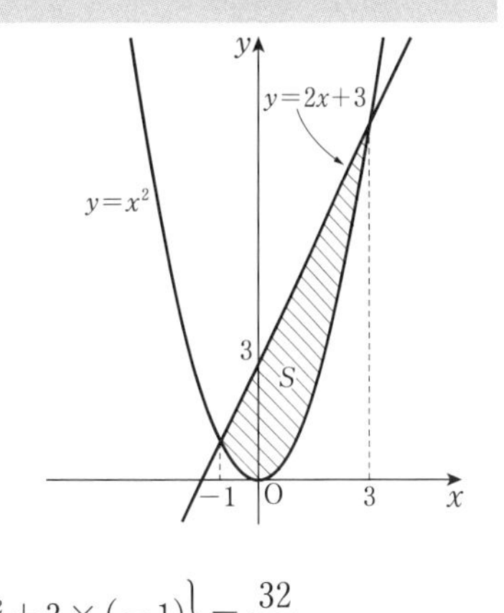

186A 放物線 $y=x^2-2x-1$ と直線 $y=x-1$ で囲まれた部分の面積 S を求めよ。

186B 放物線 $y=-x^2-x+4$ と直線 $y=-3x+1$ で囲まれた部分の面積 S を求めよ。

POINT 122

放物線と x 軸で囲まれた部分の面積

定積分について，次の等式が成り立つ。

$$\int_{\alpha}^{\beta}(x-\alpha)(x-\beta)\,dx=-\frac{1}{6}(\beta-\alpha)^3$$

例 170 放物線 $y=(x-1)(x+4)$ と x 軸で囲まれた部分の面積 S を求めよ。

解答　区間 $-4 \leqq x \leqq 1$ では　$y \leqq 0$

よって，求める面積 S は

$$S=-\int_{-4}^{1}(x-1)(x+4)\,dx$$
$$=-\left[-\frac{1}{6}\{1-(-4)\}^3\right]=\frac{125}{6}$$

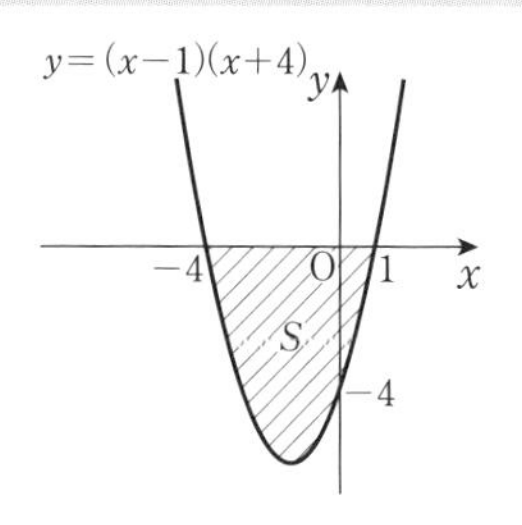

187A $\int_{\alpha}^{\beta}(x-\alpha)(x-\beta)\,dx=-\frac{1}{6}(\beta-\alpha)^3$ を用いて，次の放物線と x 軸で囲まれた部分の面積 S を求めよ。

(1)　$y=(x-1)(x-2)$

(2)　$y=-x^2+x+2$

187B $\int_{\alpha}^{\beta}(x-\alpha)(x-\beta)\,dx=-\frac{1}{6}(\beta-\alpha)^3$ を用いて，次の放物線と x 軸で囲まれた部分の面積 S を求めよ。

(1)　$y=-(x+2)(x-3)$

(2)　$y=x^2-2x-3$

POINT 123 3次関数のグラフと面積

x 軸と異なる3点で交わる3次関数のグラフと x 軸で囲まれた部分の面積は，グラフと x 軸との交点を求めてから，x 軸より上側の部分と下側の部分に分けて求める。

例 171 $y=x(x+2)(x-2)$ のグラフと x 軸で囲まれた2つの部分の面積の和 S を求めよ。

解答 $y=x(x+2)(x-2)$ のグラフと x 軸の共有点の x 座標は

$x(x+2)(x-2)=0$

より　$x=-2,\ 0,\ 2$

区間 $-2 \leqq x \leqq 0$ で $y \geqq 0$

区間 $0 \leqq x \leqq 2$ で $y \leqq 0$

よって

$$S=\int_{-2}^{0}(x^3-4x)\,dx-\int_{0}^{2}(x^3-4x)\,dx$$

$$=\left[\frac{1}{4}x^4-2x^2\right]_{-2}^{0}-\left[\frac{1}{4}x^4-2x^2\right]_{0}^{2}=8$$

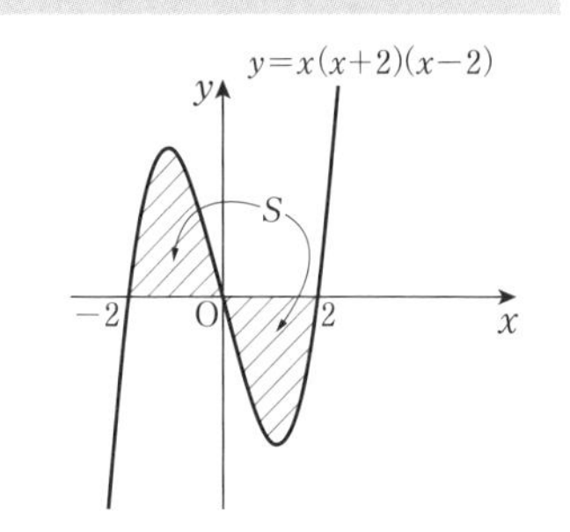

188A $y=x(x-1)(x+2)$ のグラフと x 軸で囲まれた2つの部分の面積の和 S を求めよ。

188B $y=-x^3+x$ のグラフと x 軸で囲まれた2つの部分の面積の和 S を求めよ。

検印

例題 9　不等式の成立条件

▶教 p.220 章末 10

$x \geqq 0$ において，不等式 $x^3-2ax^2-4a^2x+1 \geqq 0$ が成り立つように，正の実数 a の値の範囲を求めよ。

解答　$f(x)=x^3-2ax^2-4a^2x+1$　とおくと

$f'(x)=3x^2-4ax-4a^2=(x-2a)(3x+2a)$

$a>0$ より，$2a>0$ であるから，区間 $x \geqq 0$ における $f(x)$ の増減表は次のようになる。

x	0	……	$2a$	……
$f'(x)$		$-$	0	$+$
$f(x)$	1	↘	極小 $1-8a^3$	↗

よって，$x \geqq 0$ において，$f(x)$ の最小値は $1-8a^3$ であるから

$1-8a^3 \geqq 0$ であればよい。

$8a^3-1 \leqq 0$　すなわち　$(2a-1)(4a^2+2a+1) \leqq 0$

ここで，$4a^2+2a+1>0$ であるから　$2a-1 \leqq 0$

← $4a^2+2a+1=4\left(a+\frac{1}{4}\right)^2+\frac{3}{4}$

よって　$a \leqq \frac{1}{2}$

したがって，$a>0$ より　　$0<a \leqq \frac{1}{2}$

189　$x \geqq 0$ において，不等式 $x^3-3a^2x+16 \geqq 0$ が成り立つように，正の実数 a の値の範囲を求めよ。

例題 10　定積分と微分

▶教 p.209 応用例題 1

次の等式を満たす関数 $f(x)$ と定数 a の値を求めよ。

(1) $\int_2^x f(t)\,dt = 2x^3 - 5x^2 + ax$　　(2) $\int_a^x f(t)\,dt = x^2 + 5x - 6$

考え方 等式の両辺の関数を x で微分する。また，$\int_a^a f(t)\,dt = 0$ であることを利用する。

解答 (1) 等式の両辺の関数を x で微分すると　$f(x) = 6x^2 - 10x + a$

また，与えられた等式に $x=2$ を代入すると　$\int_2^2 f(t)\,dt = 2\times 2^3 - 5\times 2^2 + a\times 2$

より　$0 = -4 + 2a$　　← $\int_2^2 f(t)\,dt = 0$

よって　$a = 2$

したがって　$f(x) = 6x^2 - 10x + 2$,　$a = 2$

(2) 等式の両辺の関数を x で微分すると　$f(x) = 2x + 5$

また，与えられた等式に $x=a$ を代入すると　$\int_a^a f(t)\,dt = a^2 + 5a - 6$

より　$0 = a^2 + 5a - 6$　　← $\int_a^a f(t)\,dt = 0$

これを解くと　$(a+6)(a-1) = 0$

よって　$a = -6,\ 1$

したがって　$f(x) = 2x + 5$,　$a = -6,\ 1$

190 次の等式を満たす関数 $f(x)$ と定数 a の値を求めよ。

(1) $\int_1^x f(t)\,dt = x^2 - 3x - a$

(2) $\int_a^x f(t)\,dt = 2x^2 + 3x - 5$

例題 11　絶対値を含む関数の定積分

▶教 p.216 思考力＋

定積分 $\int_{-2}^{3}|x+1|dx$ を求めよ。

解答　関数 $y=|x+1|$ について

(i)　$x \leqq -1$ のとき

$|x+1|=-(x+1)=-x-1$

(ii)　$x \geqq -1$ のとき

$|x+1|=x+1$

である。

よって，求める定積分は

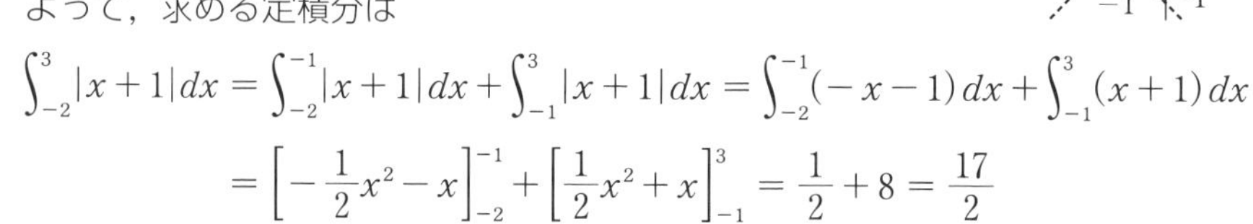

$$\int_{-2}^{3}|x+1|dx=\int_{-2}^{-1}|x+1|dx+\int_{-1}^{3}|x+1|dx=\int_{-2}^{-1}(-x-1)\,dx+\int_{-1}^{3}(x+1)\,dx$$

$$=\left[-\frac{1}{2}x^2-x\right]_{-2}^{-1}+\left[\frac{1}{2}x^2+x\right]_{-1}^{3}=\frac{1}{2}+8=\frac{17}{2}$$

191　次の定積分を求めよ。

(1)　$\int_{0}^{4}|x-3|dx$

(2)　$\int_{0}^{3}|2x-3|dx$

検印

解答

1A (1) $x^3+12x^2+48x+64$
(2) $27x^3-27x^2+9x-1$
(3) x^3-8
(4) $27x^3+8y^3$

1B (1) $27x^3+54x^2y+36xy^2+8y^3$
(2) $x^3-6x^2y+12xy^2-8y^3$
(3) x^3+64
(4) $8x^3-125y^3$

2A (1) $(x-3)(x^2+3x+9)$
(2) $(3x+2)(9x^2-6x+4)$
(3) $(2a-5)(4a^2+10a+25)$
(4) $(x+2y)(x^2-3xy+4y^2)$

2B (1) $(x+2y)(x^2-2xy+4y^2)$
(2) $(4x-5y)(16x^2+20xy+25y^2)$
(3) $(3a+1)(9a^2-3a+1)$
(4) $(a-3b)(a^2-ab+9b^2)$

3A $a^4+4a^3+6a^2+4a+1$

3B $x^7+7x^6y+21x^5y^2+35x^4y^3+35x^3y^4+21x^2y^5+7xy^6+y^7$

4A $x^6+6x^5+15x^4+20x^3+15x^2+6x+1$

4B $a^5+15a^4b+90a^3b^2+270a^2b^3+405ab^4+243b^5$

5A 720

5B 84

6A 二項定理

$$(a+b)^n={}_nC_0a^n+{}_nC_1a^{n-1}b+{}_nC_2a^{n-2}b^2+\cdots\cdots+{}_nC_nb^n$$

において，$a=1$，$b=3$ とおくと

$$(1+3)^n={}_nC_0\cdot1^n+{}_nC_1\cdot1^{n-1}\cdot3+{}_nC_2\cdot1^{n-2}\cdot3^2+\cdots\cdots+{}_nC_n\cdot3^n$$

よって

$${}_nC_0+3{}_nC_1+3^2{}_nC_2+\cdots\cdots+3^n{}_nC_n=4^n$$

6B 二項定理

$$(a+b)^n={}_nC_0a^n+{}_nC_1a^{n-1}b+{}_nC_2a^{n-2}b^2+\cdots\cdots+{}_nC_nb^n$$

において，$a=1$，$b=-\dfrac{1}{2}$ とおくと

$$\left(1-\frac{1}{2}\right)^n={}_nC_0\cdot1^n+{}_nC_1\cdot1^{n-1}\cdot\left(-\frac{1}{2}\right)+{}_nC_2\cdot1^{n-2}\cdot\left(-\frac{1}{2}\right)^2+\cdots\cdots+{}_nC_n\cdot\left(-\frac{1}{2}\right)^n$$

よって

$${}_nC_0-\frac{{}_nC_1}{2}+\frac{{}_nC_2}{2^2}-\cdots\cdots+(-1)^n\cdot\frac{{}_nC_n}{2^n}=\left(\frac{1}{2}\right)^n$$

7A (1) 12
(2) 60

7B (1) 105
(2) -192

8A (1) 商は $2x-1$，余りは -3
(2) 商は $3x+4$，余りは $15x+7$

8B (1) 商は $x+1$，余りは -7
(2) 商は $2x-3$，余りは $-8x+6$

9A x^3+5x^2+3x-4

9B x^3-2x^2-5x-1

10A x^2-x+2

10B x^2+x+2

11A (1) $\dfrac{3x}{4y^2}$
(2) $\dfrac{3}{x+2}$
(3) $\dfrac{x-3}{2x-1}$

11B (1) $\dfrac{7y^2}{5x^2}$
(2) $\dfrac{x+2}{x-1}$
(3) $\dfrac{x+3}{x^2+3x+9}$

12A (1) $\dfrac{1}{4(x+1)}$
(2) $\dfrac{x(x+3)}{2}$
(3) 1

12B (1) $\dfrac{1}{x(x-2)}$
(2) $\dfrac{(x-1)(x-2)}{(x+1)(x^2+x+1)}$
(3) 1

13A (1) 2
(2) $\dfrac{x}{x-3}$
(3) $\dfrac{x+1}{x^2+x+1}$

13B (1) -1
(2) $\dfrac{x-3}{3x-1}$
(3) $\dfrac{1}{x+2}$

14A (1) $\dfrac{8x}{(x+3)(x-5)}$
(2) $\dfrac{x-4}{x(x-1)(x-2)}$
(3) $\dfrac{2(x-4)}{(x-3)(x-7)}$

14B (1) $\dfrac{2x-1}{(x-2)(x+1)}$
(2) $\dfrac{x+7}{(x+2)(x-3)}$

(3) $\dfrac{2}{(x+2)(x+1)}$

15A (1) 実部は 3，虚部は 7

(2) 実部は 0，虚部は -6

15B (1) 実部は -2，虚部は -1

(2) 実部は $1+\sqrt{2}$，虚部は 0

16A (1) $x=-4$，$y=1$

(2) $x=-2$，$y=3$

16B (1) $x=4$，$y=-2$

(2) $x=-8$，$y=-4$

17A (1) $5+7i$

(2) $-1-i$

(3) $-10+11i$

(4) 25

17B (1) $1-i$

(2) $-4+9i$

(3) $11+7i$

(4) $-8+6i$

18A $3-i$

18B $\dfrac{3+\sqrt{5}\,i}{2}$

19A (1) $\dfrac{7}{13}+\dfrac{4}{13}i$

(2) $-\dfrac{1}{5}-\dfrac{2}{5}i$

(3) $1-i$

19B (1) $-\dfrac{1}{5}+\dfrac{8}{5}i$

(2) $\dfrac{6}{5}-\dfrac{2}{5}i$

(3) $\dfrac{6}{5}i$

20A (1) $-\sqrt{6}$

(2) $-\sqrt{3}\,i$

20B (1) $-2+2\sqrt{3}\,i$

(2) $5i$

21A (1) $x=\pm\sqrt{2}\,i$

(2) $x=\pm\dfrac{1}{3}i$

21B (1) $x=\pm 4i$

(2) $x=\pm\dfrac{3}{2}i$

22A (1) $x=\dfrac{-5\pm\sqrt{17}}{4}$

(2) $x=-\dfrac{2}{3}$

(3) $x=\dfrac{1\pm\sqrt{3}\,i}{2}$

22B (1) $x=2\pm\sqrt{3}$

(2) $x=\dfrac{2\pm\sqrt{6}\,i}{2}$

(3) $x=1$，$-\dfrac{1}{3}$

23A (1) 異なる 2 つの実数解

(2) 重解

(3) 重解

23B (1) 異なる 2 つの虚数解

(2) 異なる 2 つの実数解

(3) 異なる 2 つの虚数解

24A (1) $m<1$，$5<m$

(2) $1<m<5$

24B (1) $m\leqq -1$，$2\leqq m$

(2) $-1<m<2$

25A (1) $\alpha+\beta=\dfrac{1}{2}$，$\alpha\beta=-2$

(2) $\dfrac{17}{2}$

(3) $\dfrac{25}{4}$

(4) $\dfrac{25}{8}$

25B (1) $\alpha+\beta=-\dfrac{5}{3}$，$\alpha\beta=\dfrac{4}{3}$

(2) 4

(3) $-\dfrac{23}{9}$

(4) $-\dfrac{5}{4}$

26A $m=12$，2 つの解は $x=-2$，-6

26B $m=18$，2 つの解は $x=3$，6

27A $m=21$，2 つの解は $x=-7$，-3

27B $m=10$，2 つの解は $x=2$，5

28A (1) $2\left(x-\dfrac{2+\sqrt{6}}{2}\right)\left(x-\dfrac{2-\sqrt{6}}{2}\right)$

(2) $3\left(x-\dfrac{3+\sqrt{6}\,i}{3}\right)\left(x-\dfrac{3-\sqrt{6}\,i}{3}\right)$

28B (1) $\left(x-\dfrac{1+\sqrt{3}\,i}{2}\right)\left(x-\dfrac{1-\sqrt{3}\,i}{2}\right)$

(2) $(x+2i)(x-2i)$

29A (1) $x^2+x-12=0$

(2) $x^2-2x+17=0$

29B (1) $x^2-4x-1=0$

(2) $x^2-6x+13=0$

30A $x^2-x-4=0$

30B $x^2-10x+8=0$

31A (1) -4

(2) -7

31B (1) 17

(2) 17

32A (1) $k=7$

(2) $k=-6$

32B (1) $k=-1$

(2) $k=-10$

33A $3x-7$

33B $-x+1$

34A $x-2$

34B $x+1$ と $x+3$

35A (1) $m=2$

(2) $m=-2$

35B (1) $m=-6$

(2) $m=0$

36A (1) $(x+1)(x-2)(x-3)$

(2) $(x-2)^3$

36B (1) $(x-2)(x+3)^2$

(2) $(x+2)(x-3)(2x-1)$

37A (1) $x=3,\ \dfrac{-3\pm3\sqrt{3}\,i}{2}$

(2) $x=\dfrac{1}{2},\ \dfrac{-1\pm\sqrt{3}\,i}{4}$

37B (1) $x=-5,\ \dfrac{5\pm5\sqrt{3}\,i}{2}$

(2) $x=-\dfrac{2}{3},\ \dfrac{1\pm\sqrt{3}\,i}{3}$

38A (1) $x=\pm2i,\ \pm1$

(2) $x=\pm2i,\ \pm2$

38B (1) $x=\pm\sqrt{5}\,i,\ \pm\sqrt{6}$

(2) $x=\pm\dfrac{1}{3}i,\ \pm\dfrac{1}{3}$

39A (1) $x=1,\ 3\pm\sqrt{14}$

(2) $x=-1,\ \dfrac{3\pm\sqrt{7}\,i}{2}$

39B (1) $x=-2,\ -1\pm\sqrt{5}$

(2) $x=2,\ \dfrac{1}{2},\ -1$

40A $p=0,\ q=6$，他の解は　$x=-2,\ 1+3i$

40B $p=9,\ q=13$，他の解は　$x=-1,\ 2-3i$

41A (1) $a=3,\ b=-1$

(2) $a=2,\ b=1,\ c=3$

41B (1) $a=1,\ b=2,\ c=3$

(2) $a=-3,\ b=6,\ c=3$

42A (1) (左辺)$=a^2+4ab+4b^2-(a^2-4ab+4b^2)$

$=8ab=$(右辺)

よって　$(a+2b)^2-(a-2b)^2=8ab$

(2) (左辺)$=a^2b^2+a^2+b^2+1$

(右辺)$=a^2b^2-2ab+1+a^2+2ab+b^2$

$=a^2b^2+a^2+b^2+1$

よって　$(a^2+1)(b^2+1)=(ab-1)^2+(a+b)^2$

42B (1) (左辺)$=a^3-3a^2b+3ab^2-b^3+3a^2b-3ab^2$

$=a^3-b^3=$(右辺)

よって　$(a-b)^3+3ab(a-b)=a^3-b^3$

(2) (左辺)$=a^2x^2+a^2+b^2x^2+b^2$

(右辺)$=a^2x^2+2abx+b^2+a^2-2abx+b^2x^2$

$=a^2x^2+a^2+b^2x^2+b^2$

よって　$(a^2+b^2)(x^2+1)=(ax+b)^2+(a-bx)^2$

43A (1) $a+b=1$ であるから，$b=1-a$

このとき　(左辺)$=a^2+(1-a)^2$

$=2a^2-2a+1$

(右辺)$=1-2a(1-a)$

$=1-2a+2a^2$

$=2a^2-2a+1$

よって　$a^2+b^2=1-2ab$

(2) $a+b=1$ であるから，$b=1-a$

このとき　(左辺)$=a^2+2(1-a)$

$=a^2-2a+2$

(右辺)$=(1-a)^2+1$

$=1-2a+a^2+1$

$=a^2-2a+2$

よって　$a^2+2b=b^2+1$

43B (1) $a+b+3=0$ であるから，$b=-a-3$

このとき　(左辺)$=a^2-3(-a-3)$

$=a^2+3a+9$

(右辺)$=(-a-3)^2-3a$

$=a^2+6a+9-3a$

$=a^2+3a+9$

よって　$a^2-3b=b^2-3a$

(2) $a+b+3=0$ であるから，$b=-a-3$

このとき

(左辺)

$=(-a-3+3)(a+3)(a-a-3)+3a(-a-3)$

$=-a(a+3)\times(-3)+3a(-a-3)$

$=3a(a+3)-3a(a+3)$

$=0=$(右辺)

よって　$(b+3)(a+3)(a+b)+3ab=0$

44A (1) $\dfrac{x}{a}=\dfrac{y}{b}=k$ とおくと　$x=ak,\ y=bk$

このとき　(左辺)$=(a^2+b^2)(a^2k^2+b^2k^2)$

$=a^4k^2+2a^2b^2k^2+b^4k^2$

(右辺)$=(a^2k+b^2k)^2$

$=a^4k^2+2a^2b^2k^2+b^4k^2$

よって　$(a^2+b^2)(x^2+y^2)=(ax+by)^2$

(2) $\dfrac{x}{a}=\dfrac{y}{b}=k$ とおくと　$x=ak,\ y=bk$

このとき

(左辺)$=\dfrac{a^2k^2}{a^2}+\dfrac{b^2k^2}{b^2}=k^2+k^2=2k^2$

(右辺)$=\dfrac{2(ak+bk)^2}{(a+b)^2}=\dfrac{2k^2(a+b)^2}{(a+b)^2}=2k^2$

よって　$\dfrac{x^2}{a^2}+\dfrac{y^2}{b^2}=\dfrac{2(x+y)^2}{(a+b)^2}$

44B (1) $\dfrac{a}{b}=\dfrac{c}{d}=k$ とおくと　$a=bk,\ c=dk$

このとき　(左辺)$=\dfrac{bk+dk}{b+d}=\dfrac{k(b+d)}{b+d}=k$

(右辺)$=\dfrac{bk\times d+b\times dk}{2bd}=\dfrac{2bdk}{2bd}=k$

よって　$\dfrac{a+c}{b+d}=\dfrac{ad+bc}{2bd}$

(2) $\dfrac{a}{b}=\dfrac{c}{d}=k$ とおくと　$a=bk,\ c=dk$

このとき

(左辺)$=\dfrac{bk\times dk}{(bk)^2-(dk)^2}=\dfrac{bdk^2}{(b^2-d^2)k^2}=\dfrac{bd}{b^2-d^2}$

$=$(右辺)

よって　$\dfrac{ac}{a^2-c^2}=\dfrac{bd}{b^2-d^2}$

45A (1) (左辺)$-$(右辺)$=3a-b-(a+b)$

$=2a-2b=2(a-b)$

ここで，$a>b$ のとき，$a-b>0$ であるから

$2(a-b)>0$

ゆえに　$3a-b-(a+b)>0$

よって　$3a-b>a+b$

(2) (左辺)$-$(右辺)$=\dfrac{a+3b}{4}-\dfrac{a+4b}{5}$

$=\dfrac{5(a+3b)-4(a+4b)}{20}$

$=\dfrac{a-b}{20}$

ここで，$a>b$ のとき，$a-b>0$ であるから

$\dfrac{a-b}{20}>0$

ゆえに　$\dfrac{a+3b}{4}-\dfrac{a+4b}{5}>0$

よって　$\dfrac{a+3b}{4}>\dfrac{a+4b}{5}$

45B (1) (左辺)$-$(右辺)

$=x^2+2xy-(2y^2+xy)$

$=x^2+xy-2y^2$

$=(x-y)(x+2y)$

ここで，$x>y>0$ のとき，$x-y>0$，

$x+2y>0$ であるから　$(x-y)(x+2y)>0$

ゆえに　$x^2+2xy-(2y^2+xy)>0$

よって　$x^2+2xy>2y^2+xy$

(2) $x-\dfrac{x+2y}{3}=\dfrac{3x-x-2y}{3}=\dfrac{2(x-y)}{3}$

$\dfrac{x+2y}{3}-y=\dfrac{x+2y-3y}{3}=\dfrac{x-y}{3}$

ここで，$x>y$ のとき，$x-y>0$ であるから

$\dfrac{2(x-y)}{3}>0$，$\dfrac{x-y}{3}>0$

ゆえに　$x-\dfrac{x+2y}{3}>0$，$\dfrac{x+2y}{3}-y>0$

よって　$x>\dfrac{x+2y}{3}>y$

46A (1) (左辺)$-$(右辺)$=x^2+9-6x$

$=(x-3)^2\geqq 0$

よって　$x^2+9\geqq 6x$

等号が成り立つのは，$x-3=0$ より $x=3$ のときである。

(2) (左辺)$-$(右辺)$=9x^2+4y^2-12xy$

$=(3x-2y)^2\geqq 0$

よって　$9x^2+4y^2\geqq 12xy$

等号が成り立つのは，$3x-2y=0$ より $3x=2y$ のときである。

46B (1) (左辺)$-$(右辺)$=x^2+1-2x$

$=(x-1)^2\geqq 0$

よって　$x^2+1\geqq 2x$

等号が成り立つのは，$x-1=0$ より $x=1$ のときである。

(2) (左辺)$-$(右辺)$=(2x+3y)^2-24xy$

$=4x^2-12xy+9y^2$

$=(2x-3y)^2\geqq 0$

よって　$(2x+3y)^2\geqq 24xy$

等号が成り立つのは，$2x-3y=0$ より $2x=3y$ のときである。

47A (1) 両辺の平方の差を考えると

$(a+1)^2-(2\sqrt{a})^2=a^2+2a+1-4a$

$=a^2-2a+1$

$=(a-1)^2\geqq 0$

よって　$(a+1)^2\geqq(2\sqrt{a})^2$

ここで，$a+1>0$，$2\sqrt{a}\geqq 0$ であるから

$a+1\geqq 2\sqrt{a}$

等号が成り立つのは，$a-1=0$ より $a=1$ のときである。

(2) 両辺の平方の差を考えると

$(\sqrt{a}+2\sqrt{b})^2-(\sqrt{a+4b})^2$

$=a+4\sqrt{ab}+4b-(a+4b)$

$=4\sqrt{ab}\geqq 0$

よって　$(\sqrt{a}+2\sqrt{b})^2\geqq(\sqrt{a+4b})^2$

$\sqrt{a}+2\sqrt{b}\geqq 0$，$\sqrt{a+4b}\geqq 0$ であるから

$\sqrt{a}+2\sqrt{b}\geqq\sqrt{a+4b}$

等号が成り立つのは，$\sqrt{ab}=0$ より　$ab=0$

すなわち　$a=0$ または $b=0$ のときである。

47B (1) 両辺の平方の差を考えると

$(a+1)^2-(\sqrt{2a+1})^2=a^2+2a+1-(2a+1)$

$=a^2\geqq 0$

よって　$(a+1)^2\geqq(\sqrt{2a+1})^2$

$a+1>0$，$\sqrt{2a+1}>0$ であるから

$a+1\geqq\sqrt{2a+1}$

等号が成り立つのは $a=0$ のときである。

(2) 両辺の平方の差を考えると

$\{\sqrt{2(a^2+4b^2)}\}^2-(a+2b)^2$

$=2(a^2+4b^2)-(a^2+4ab+4b^2)$

$=a^2-4ab+4b^2$

$=(a-2b)^2\geqq 0$

よって　$\{\sqrt{2(a^2+4b^2)}\}^2\geqq(a+2b)^2$

$\sqrt{2(a^2+4b^2)}\geqq 0$，$a+2b\geqq 0$ であるから

$\sqrt{2(a^2+4b^2)}\geqq a+2b$

等号が成り立つのは，$a-2b=0$ より $a=2b$ のときである。

48A (1) $a>0$ より，$2a>0$，$\dfrac{1}{a}>0$ であるから，

相加平均と相乗平均の大小関係より

$2a+\dfrac{1}{a}\geqq 2\sqrt{2a\times\dfrac{1}{a}}=2\sqrt{2}$

ゆえに　$2a+\dfrac{1}{a}\geqq 2\sqrt{2}$

また，等号が成り立つのは $2a=\frac{1}{a}$

すなわち $2a^2=1$ のときである。

よって　$a=\pm\frac{\sqrt{2}}{2}$

ここで，$a>0$ であるから，$a=\frac{\sqrt{2}}{2}$ のときである。

(2)　$a>0$，$b>0$ より，$\frac{b}{2a}>0$，$\frac{a}{2b}>0$ であるから，相加平均と相乗平均の大小関係より

$$\frac{b}{2a}+\frac{a}{2b}\geqq 2\sqrt{\frac{b}{2a}\times\frac{a}{2b}}=1$$

ゆえに，$\frac{b}{2a}+\frac{a}{2b}\geqq 1$ より　$\frac{b}{2a}+\frac{a}{2b}-1\geqq 0$

また，等号が成り立つのは $\frac{b}{2a}=\frac{a}{2b}$

すなわち $a^2=b^2$ のときである。

ここで，$a>0$，$b>0$ であるから $a=b$ のときである。

48B　(1)　$a>0$，$b>0$ より，$a+b>0$，$\frac{1}{a+b}>0$ であるから，相加平均と相乗平均の大小関係より

$$a+b+\frac{1}{a+b}\geqq 2\sqrt{(a+b)\times\frac{1}{a+b}}=2$$

ゆえに　$a+b+\frac{1}{a+b}\geqq 2$

また，等号が成り立つのは $a+b=\frac{1}{a+b}$

すなわち $(a+b)^2=1$ のときである。

よって　$a+b=\pm 1$

ここで，$a>0$，$b>0$ であるから，$a+b=1$ のときである。

(2)　$a>0$，$\frac{1}{a}>0$ であるから，

相加平均と相乗平均の大小関係より

$$a+\frac{1}{a}\geqq 2\sqrt{a\times\frac{1}{a}}=2$$

ゆえに，$a+\frac{1}{a}\geqq 2$

また，等号が成り立つのは $a=\frac{1}{a}$

すなわち $a^2=1$ のときである。

よって　$a=\pm 1$

ここで，$a>0$ であるから，$a=1$ のときである。

同様に

$$b+\frac{1}{b}\geqq 2$$

また，等号が成り立つのは $b=1$ のときである。

よって　$a+b+\frac{1}{a}+\frac{1}{b}\geqq 4$

また，等号が成り立つのは $a=b=1$ のときである。

演習問題

49A　$\frac{x+2}{x+3}$

49B　$x+2$

50A　$3<m<12$

50B　$3<m$

51A　$|a|+|b|$ と $\sqrt{a^2+b^2}$ の平方の差を考えると

$$\begin{aligned}&(|a|+|b|)^2-(\sqrt{a^2+b^2})^2\\&=|a|^2+2|a||b|+|b|^2-(a^2+b^2)\\&=a^2+2|a||b|+b^2-a^2-b^2\\&=2|a||b|=2|ab|\geqq 0\end{aligned}$$

よって　$(|a|+|b|)^2\geqq(\sqrt{a^2+b^2})^2$

$|a|+|b|\geqq 0$，$\sqrt{a^2+b^2}\geqq 0$ であるから

$$|a|+|b|\geqq\sqrt{a^2+b^2}$$

等号が成り立つのは $|ab|=0$ より $ab=0$ のときである。

51B　$\sqrt{2(a^2+b^2)}$ と $|a|+|b|$ の平方の差を考えると

$$\begin{aligned}&\{\sqrt{2(a^2+b^2)}\}^2-(|a|+|b|)^2\\&=2(a^2+b^2)-(|a|^2+2|a||b|+|b|^2)\\&=2a^2+2b^2-a^2-2|a||b|-b^2\\&=a^2-2|a||b|+b^2\\&=|a|^2-2|a||b|+|b|^2\\&=(|a|-|b|)^2\geqq 0\end{aligned}$$

よって　$\{\sqrt{2(a^2+b^2)}\}^2\geqq(|a|+|b|)^2$

$\sqrt{2(a^2+b^2)}\geqq 0$，$|a|+|b|\geqq 0$ であるから

$$\sqrt{2(a^2+b^2)}\geqq|a|+|b|$$

等号が成り立つのは $|a|-|b|=0$ より $|a|=|b|$ のときである。

52A　5

52B　3

53A　(1)　C(0)

(2)　D(−2)

(3)　E(−1)

53B　(1)　C(4)

(2)　D(0)

(3)　E(2)

54A　(1)　C(14)

(2)　D(8)

(3)　E(−4)

54B　(1)　C(−1)

(2)　$D\left(\frac{19}{2}\right)$

(3)　$E\left(-\frac{5}{2}\right)$

55A　点 A(3, −4) は**第4象限**の点

B(3, 4)，C(−3, −4)，D(−3, 4)

55B　点 A(−2, −5) は**第3象限**の点

B(−2, 5)，C(2, −5)，D(2, 5)

56A　(1)　5

(2)　13

56B (1) 5

(2) 1

57A $x=\pm 4$

57B $x=7,\ -9$

58 右の図のように，
Eを原点，3点B，C，D
を x 軸上にとり

A$(a,\ b)$，B$(-2c,\ 0)$

C$(c,\ 0)$，D$(-c,\ 0)$

とする。このとき，

AB^2+AC^2

$=\{(a+2c)^2+b^2\}+\{(a-c)^2+b^2\}$

$=2a^2+2b^2+5c^2+2ac$

$AD^2+AE^2+4DE^2$

$=\{(a+c)^2+b^2\}+(a^2+b^2)+4c^2$

$=2a^2+2b^2+5c^2+2ac$

よって　$AB^2+AC^2=AD^2+AE^2+4DE^2$

y
A(a, b)
B D E C
$(-2c, 0)$ $(-c, 0)$ O $(c, 0)$ x

59A (1) $(3,\ 0)$

(2) $(0,\ 3)$

(3) $(2,\ 1)$

(4) $(-5,\ 8)$

59B (1) $\left(\frac{18}{5},\ \frac{1}{5}\right)$

(2) $\left(\frac{26}{5},\ \frac{17}{5}\right)$

(3) $(4,\ 1)$

(4) $(7,\ 7)$

60A G$(3,\ 1)$

60B G$(2,\ -2)$

61A C$(-4,\ 2)$

61B C$(7,\ -1)$

62A

y
O $\frac{2}{3}$ x
-2 $y=3x-2$

62B

y
$y=-x+2$
2
O 2 x

63A (1) $y=2x-5$

(2) $y=-4x-7$

63B (1) $y=3x+7$

(2) $y=-3x+2$

64A (1) $y=4x-14$

(2) $y=-4x$

(3) $y=-1$

64B (1) $y=-8x+19$

(2) $y=3x+6$

(3) $x=2$

65A 傾きは $\frac{1}{3}$，y 切片は 2

65B 傾きは -2，y 切片は $-\frac{5}{2}$

66A $3x+4y-5=0$

66B $x-y-1=0$

67A 互いに平行であるものは　①と⑤

互いに垂直であるものは　②と④

67B 互いに平行であるものは　②と④

互いに垂直であるものは　①と⑤

68A 平行な直線　$2x+y-4=0$

垂直な直線　$x-2y+3=0$

68B 平行な直線　$3x+2y=0$

垂直な直線　$2x-3y+13=0$

69A $(-3,\ -4)$

69B $(-2,\ 2)$

70A (1) $\frac{1}{5}$

(2) $\frac{\sqrt{10}}{2}$

70B (1) $\sqrt{2}$

(2) 2

71A (1) $2\sqrt{2}$

(2) $\sqrt{5}$

71B (1) 1

(2) 4

72A $8x+y+13=0$

72B $4x-3y+1=0$

73A (1) $(x+2)^2+(y-1)^2=16$

(2) $x^2+y^2=1$

73B (1) $(x+3)^2+(y-4)^2=5$

(2) $x^2+y^2=16$

74A (1) $(x-2)^2+(y-1)^2=5$

(2) $(x-3)^2+(y-2)^2=4$

74B (1) $(x-1)^2+(y+3)^2=25$

(2) $(x+4)^2+(y-5)^2=16$

75A $(x+1)^2+(y-4)^2=25$

75B $(x-1)^2+(y-3)^2=5$

76A (1) 中心が点$(3,\ -5)$で，半径 $3\sqrt{2}$ の円

(2) 中心が点$(0,\ 1)$で，半径 1 の円

76B (1) 中心が点$(2,\ 3)$で，半径 3 の円

(2) 中心が点$(-4,\ 0)$で，半径 5 の円

77A $x^2+y^2+8x-6y=0$

77B $x^2+y^2-6x-4y+9=0$

78A $(-4,\ -3)$，$(3,\ 4)$

78B $(-1,\ 1)$

79A $-5\leqq m\leqq 5$

79B $-10\leqq m\leqq 10$

80A $r=\sqrt{2}$

80B $r=3$

81A (1) $-3x+4y=25$

(2) $x+2y=10$

(3) $y=3$

(4) $-3x+\sqrt{7}y=16$

81B (1) $2x-y=5$

(2) $y=-4$

(3) $2x-3y=13$

(4) $x=\sqrt{5}$

82A $y=1$, $4x-3y=5$

82B $2x+y=-10$, $x-2y=-10$

83A 円 $(x+1)^2+(y-1)^2=2$ は円 $x^2+y^2=8$ に内接する。

83B 2つの円は互いに外部にある。

84A $r=3$

84B $r=7$

85A 直線 $2x-y-3=0$

85B 直線 $x+7y+12=0$

86 原点を中心とする半径1の円

87 点$(-3, 0)$を中心とする半径3の円

88A 点$(4, 0)$を中心とする半径2の円

88B 点$(2, 0)$を中心とする半径3の円

89A (1) 境界線を含まない。

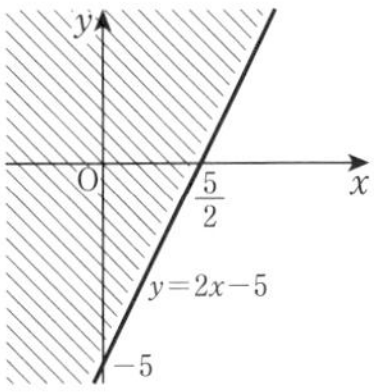

$y=2x-5$

(2) 境界線を含む。

$y=x+1$

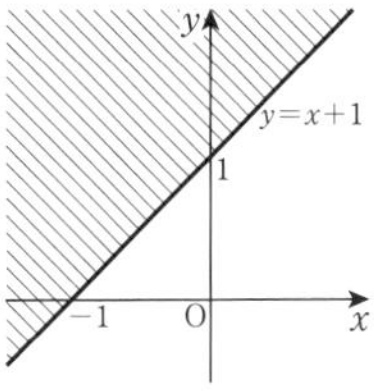

89B (1) 境界線を含まない。

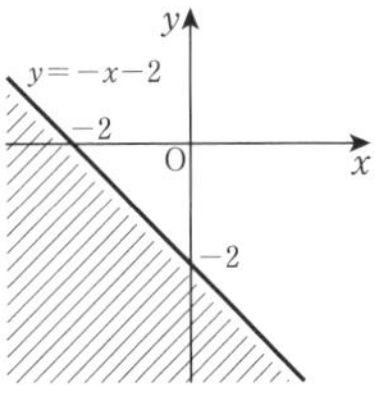

$y=-x-2$

(2) 境界線を含む。

$y=-3x+6$

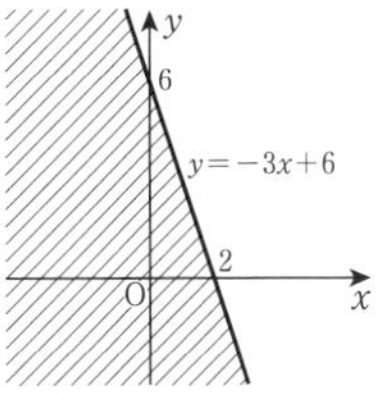

90A (1) 境界線を含まない。

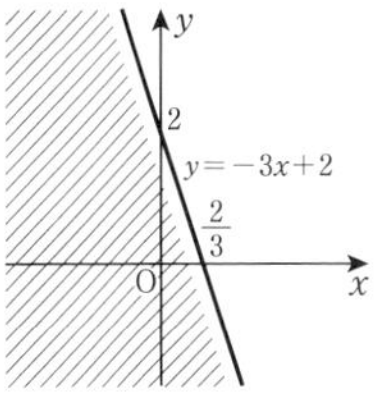

$y=-3x+2$

(2) 境界線を含まない。

$y=\frac{2}{3}x-2$

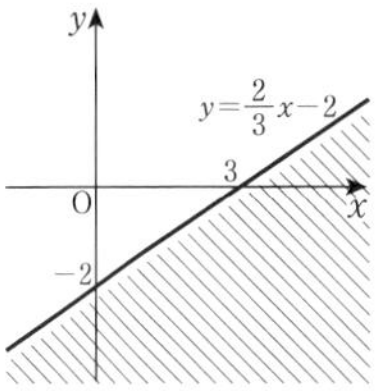

90B (1) 境界線を含む。

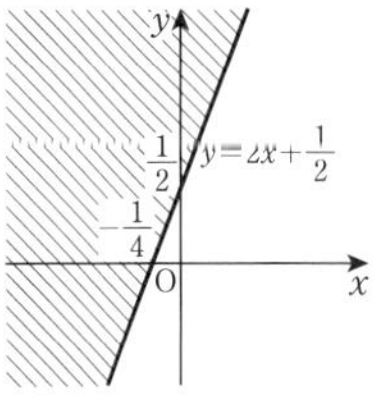

$y=2x+\frac{1}{2}$

(2) 境界線を含む。

$y=\frac{1}{2}x+2$

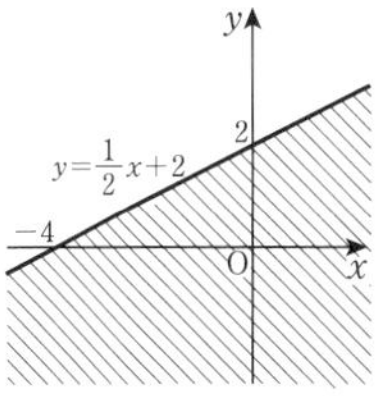

91A (1) 境界線を含まない。

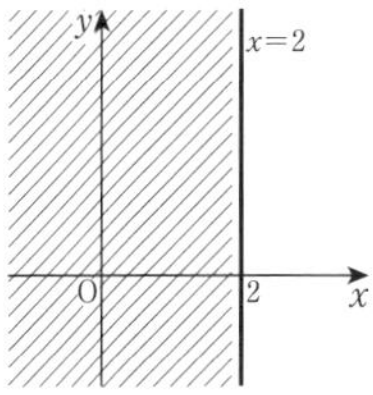

$x=2$

(2) 境界線を含まない。

$y=-3$

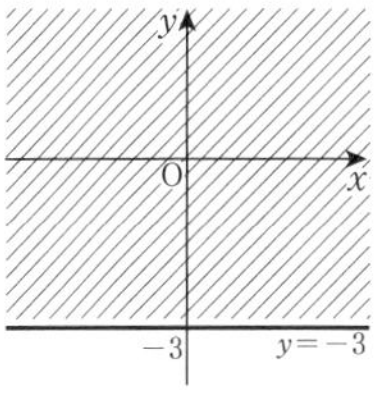

91B (1) 境界線を含む。

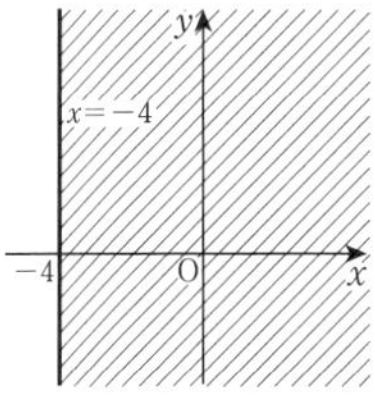

$x=-4$

(2) 境界線を含む。

$y=\frac{3}{2}$

第2章 解答

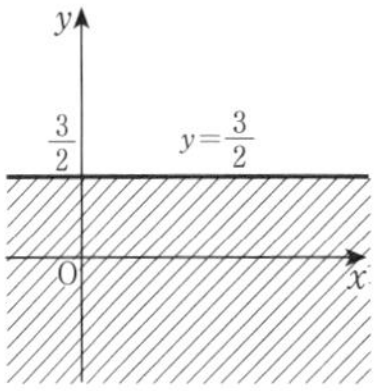

92A (1) 境界線を含む。

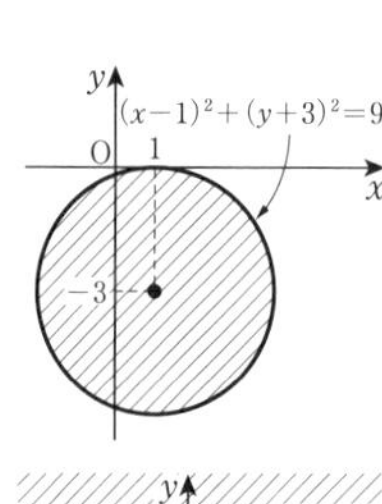

(2) 境界線を含まない。

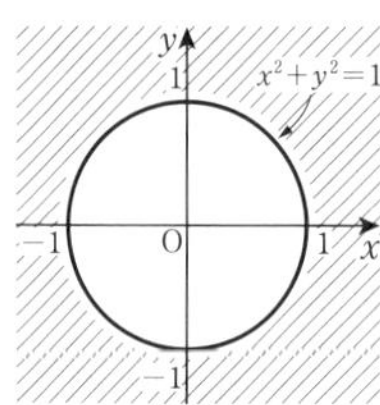

(3) 境界線を含まない。

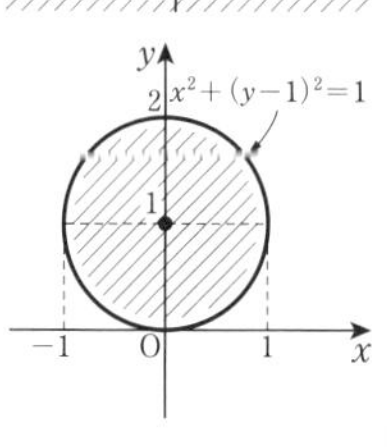

92B (1) 境界線を含まない。

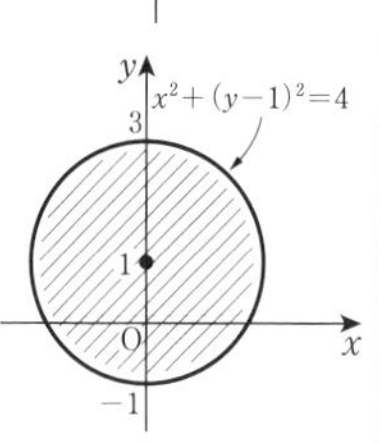

(2) 境界線を含まない。

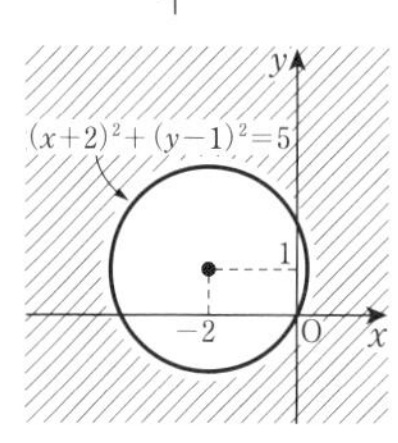

(3) 境界線を含む。

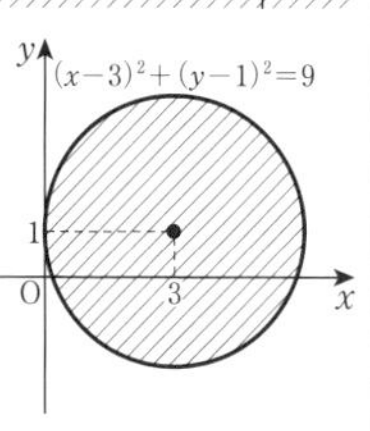

93A (1) 境界線を含まない。

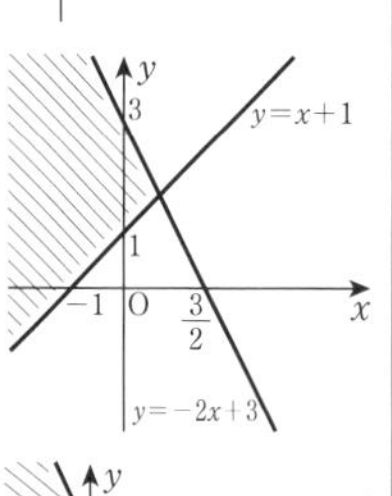

(2) 境界線を含まない。

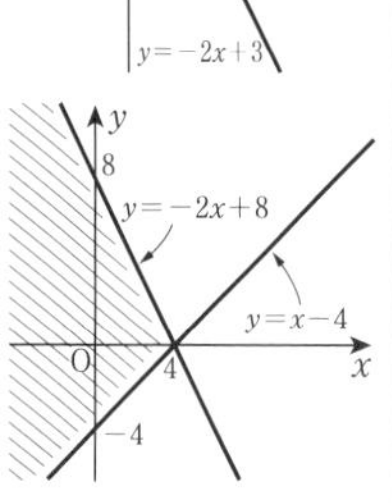

93B (1) 境界線を含む。

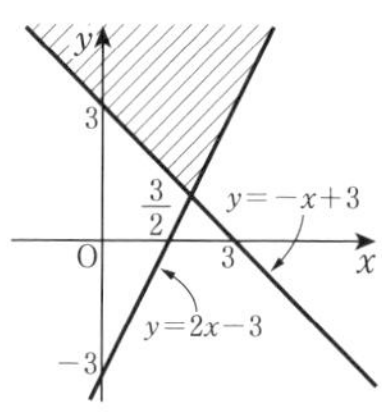

(2) 境界線を含む。

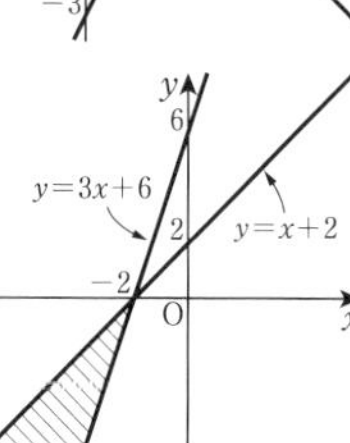

94A (1) 境界線を含まない。

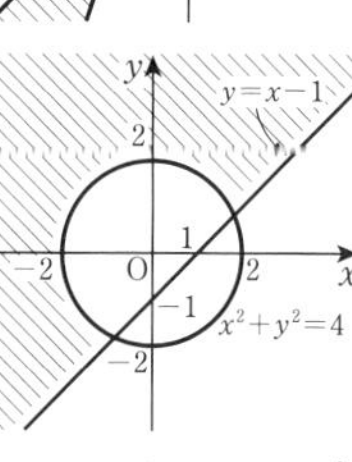

(2) 境界線を含まない。

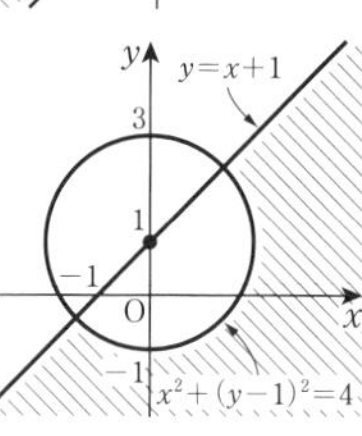

94B (1) 境界線を含む。

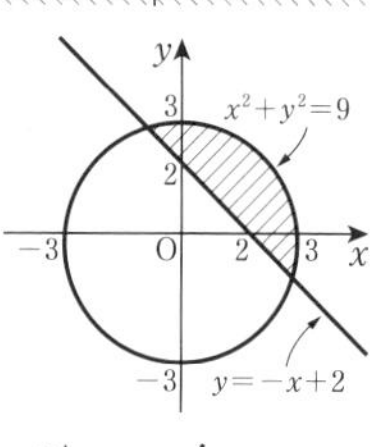

(2) 境界線を含む。

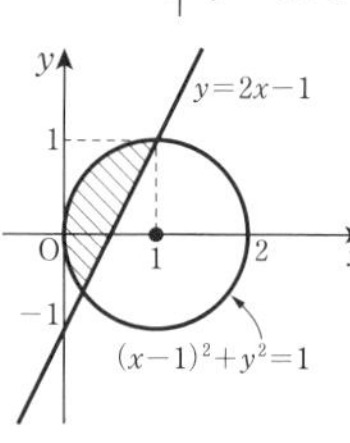

95A (1) 境界線を含まない。

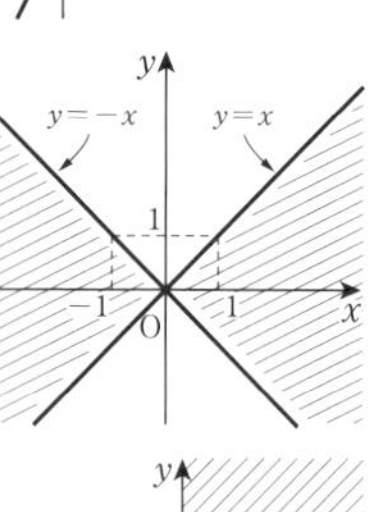

(2) 境界線を含む。

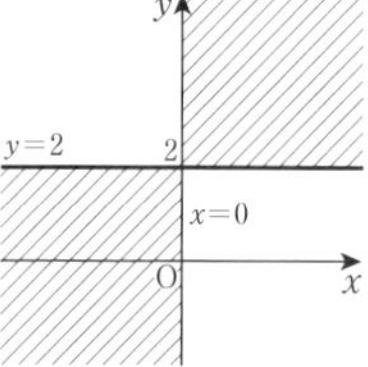

95B (1) 境界線を含む。

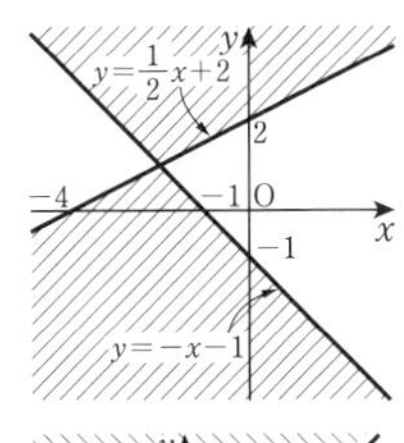

(2) 境界線を含まない。

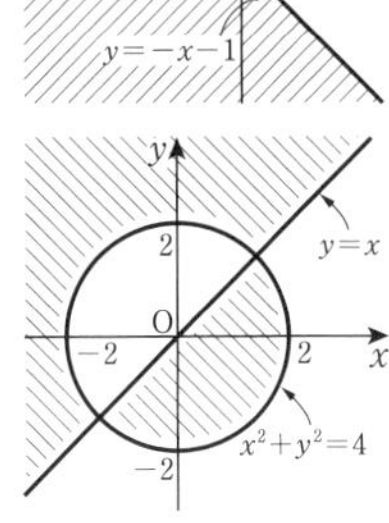

96 $x=2$, $y=2$ のとき, **最大値 10** をとり
$x=0$, $y=0$ のとき, **最小値 0** をとる。

演習問題

97 放物線 $y=x^2-5x-4$

98A

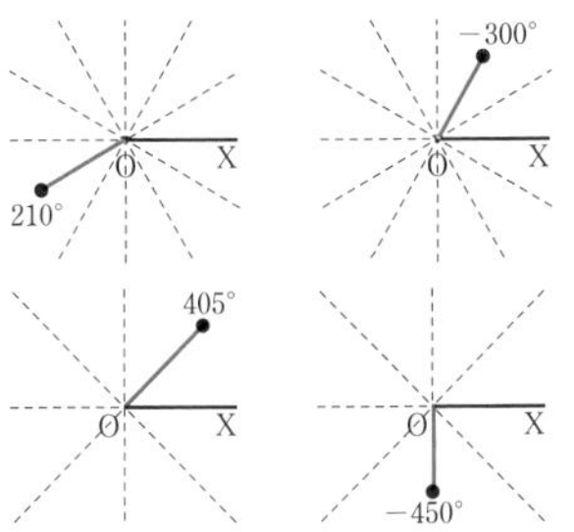

98B

99A 420° と −300°

99B 570° と −150°

100A (1) $-\frac{\pi}{4}$

(2) $\frac{7}{6}\pi$

(3) 300°

(4) −210°

100B (1) $\frac{5}{12}\pi$

(2) $-\frac{7}{4}\pi$

(3) 660°

(4) −225°

101A $l=3\pi$, $S=6\pi$

101B $l=5\pi$, $S=15\pi$

102A (1) $\sin\frac{5}{4}\pi=-\frac{1}{\sqrt{2}}$

$\cos\frac{5}{4}\pi=-\frac{1}{\sqrt{2}}$

$\tan\frac{5}{4}\pi=1$

(2) $\sin\left(-\frac{\pi}{6}\right)=-\frac{1}{2}$

$\cos\left(-\frac{\pi}{6}\right)=\frac{\sqrt{3}}{2}$

$\tan\left(-\frac{\pi}{6}\right)=-\frac{1}{\sqrt{3}}$

102B (1) $\sin\frac{11}{3}\pi=-\frac{\sqrt{3}}{2}$

$\cos\frac{11}{3}\pi=\frac{1}{2}$

$\tan\frac{11}{3}\pi=-\sqrt{3}$

(2) $\sin(-3\pi)=0$

$\cos(-3\pi)=-1$

$\tan(-3\pi)=0$

103A (1) $\cos\theta=-\frac{4}{5}$

$\tan\theta=\frac{3}{4}$

(2) $\sin\theta=\frac{\sqrt{5}}{3}$

$\tan\theta=-\frac{\sqrt{5}}{2}$

103B (1) $\sin\theta=-\frac{\sqrt{7}}{4}$

$\tan\theta=-\frac{\sqrt{7}}{3}$

(2) $\cos\theta=-\frac{\sqrt{15}}{4}$

$\tan\theta=\frac{1}{\sqrt{15}}$

104A $\sin\theta=-\frac{\sqrt{6}}{3}$

$\cos\theta=-\frac{\sqrt{3}}{3}$

104B $\sin\theta=-\frac{3}{5}$

$\cos\theta=\frac{4}{5}$

105A $-\frac{12}{25}$

105B $\frac{4}{9}$

106A (左辺)$=\frac{\cos^2\theta+(1+\sin\theta)^2}{(1+\sin\theta)\cos\theta}$

$=\frac{\cos^2\theta+\sin^2\theta+2\sin\theta+1}{(1+\sin\theta)\cos\theta}$

$=\frac{2(1+\sin\theta)}{(1+\sin\theta)\cos\theta}=\frac{2}{\cos\theta}=$(右辺)

106B (左辺)$=\frac{\sin\theta}{\cos\theta}+\frac{\cos\theta}{\sin\theta}$

$=\frac{\sin^2\theta+\cos^2\theta}{\cos\theta\sin\theta}$

$=\frac{1}{\sin\theta\cos\theta}=$(右辺)

107A (1) $\frac{\sqrt{3}}{2}$

(2) $\frac{1}{\sqrt{2}}$

(3) -1

107B (1) $\frac{\sqrt{3}}{2}$

(2) $\dfrac{1}{\sqrt{2}}$

(3) $-\dfrac{1}{\sqrt{3}}$

108A $a=\dfrac{\sqrt{3}}{2}$, $b=-1$, $\theta_1=\dfrac{\pi}{2}$, $\theta_2=\dfrac{5}{6}\pi$,

$\theta_3=\pi$, $\theta_4=\dfrac{4}{3}\pi$

108B $a=\sqrt{3}$, $b=-1$, $\theta_1=\dfrac{\pi}{4}$, $\theta_2=\pi$, $\theta_3=\dfrac{4}{3}\pi$

109 周期は 2π

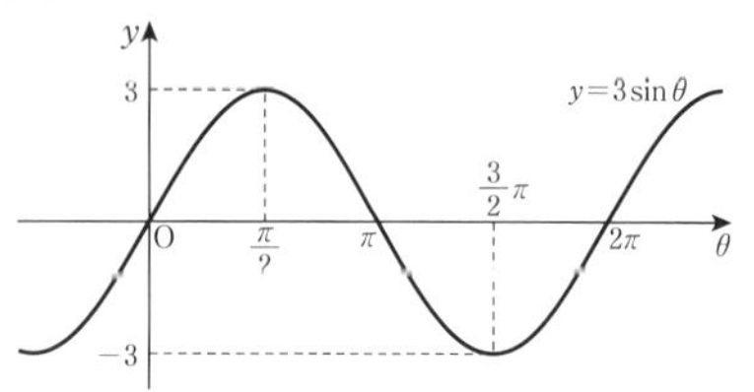

110 周期は 4π

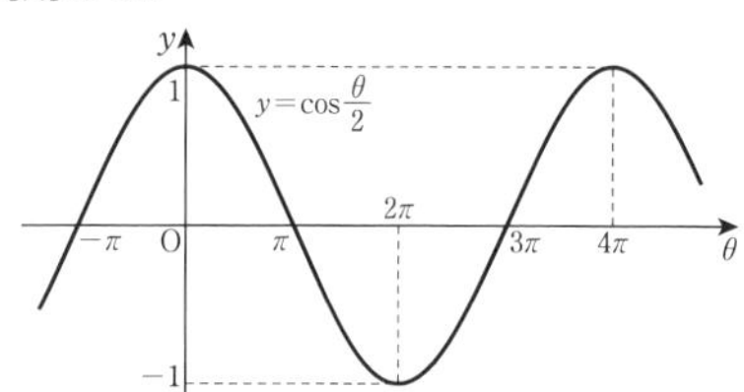

111A 周期は 2π

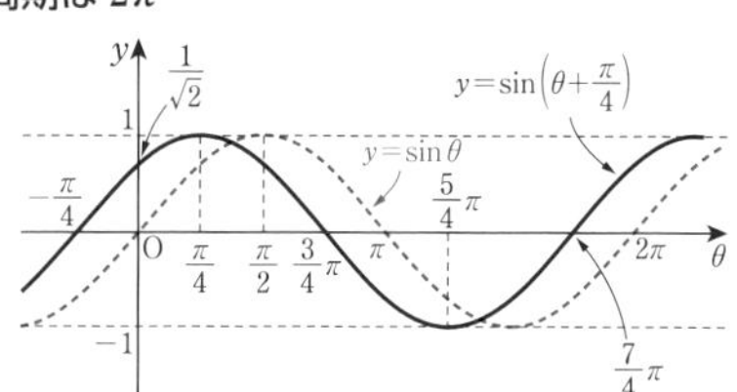

111B 周期は 2π

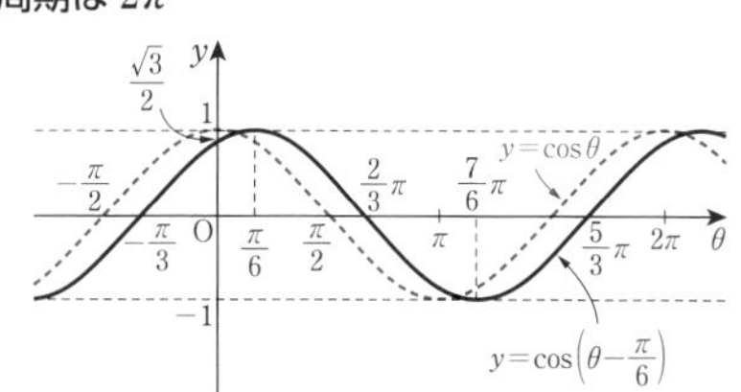

112A (1) $\theta=\dfrac{7}{6}\pi$, $\dfrac{11}{6}\pi$

(2) $\theta=\dfrac{\pi}{6}$, $\dfrac{11}{6}\pi$

(3) $\theta=\dfrac{\pi}{6}$, $\dfrac{7}{6}\pi$

112B (1) $\theta=\dfrac{4}{3}\pi$, $\dfrac{5}{3}\pi$

(2) $\theta=\dfrac{3}{4}\pi$, $\dfrac{5}{4}\pi$

(3) $\theta=\dfrac{2}{3}\pi$, $\dfrac{5}{3}\pi$

113A (1) $\theta=\dfrac{\pi}{6}$, $\dfrac{5}{6}\pi$, $\dfrac{3}{2}\pi$

(2) $\theta=0$

113B (1) $\theta=\dfrac{\pi}{2}$, $\dfrac{2}{3}\pi$, $\dfrac{4}{3}\pi$, $\dfrac{3}{2}\pi$

(2) $\theta=\dfrac{7}{6}\pi$, $\dfrac{11}{6}\pi$

114A (1) $\dfrac{\pi}{6}<\theta<\dfrac{5}{6}\pi$

(2) $\dfrac{4}{3}\pi\leqq\theta\leqq\dfrac{5}{3}\pi$

114B (1) $\dfrac{\pi}{6}<\theta<\dfrac{11}{6}\pi$

(2) $0\leqq\theta\leqq\dfrac{\pi}{4}$, $\dfrac{7}{4}\pi\leqq\theta<2\pi$

115A (1) $\dfrac{\sqrt{2}-\sqrt{6}}{4}$

(2) $-\dfrac{\sqrt{6}+\sqrt{2}}{4}$

115B (1) $\dfrac{-\sqrt{2}+\sqrt{6}}{4}$

(2) $-\dfrac{\sqrt{6}+\sqrt{2}}{4}$

116A (1) $\dfrac{2\sqrt{2}}{3}$

(2) $-\dfrac{4\sqrt{2}}{9}$

(3) $-\dfrac{2\sqrt{2}}{3}$

(4) $\dfrac{1}{3}$

116B (1) $-\dfrac{\sqrt{5}}{3}$

(2) $-\dfrac{\sqrt{6}}{6}$

(3) $\dfrac{\sqrt{30}}{18}$

(4) $-\dfrac{7\sqrt{6}}{18}$

117 $-2+\sqrt{3}$

118 $\theta=\dfrac{\pi}{4}$

119A $\sin 2\alpha=\dfrac{4\sqrt{5}}{9}$

$\cos 2\alpha=\dfrac{1}{9}$

$\tan 2\alpha=4\sqrt{5}$

119B $\sin 2\alpha=-\dfrac{4\sqrt{2}}{9}$

$\cos 2\alpha=-\dfrac{7}{9}$

$\tan 2\alpha=\dfrac{4\sqrt{2}}{7}$

120A (1) $\theta=\dfrac{\pi}{3}$, $\dfrac{\pi}{2}$, $\dfrac{3}{2}\pi$, $\dfrac{5}{3}\pi$

(2) $\theta=0$, $\dfrac{\pi}{6}$, π, $\dfrac{11}{6}\pi$

120B (1) $\theta=\dfrac{\pi}{3}$, $\dfrac{5}{3}\pi$

(2) $\theta=\frac{\pi}{6},\ \frac{5}{6}\pi,\ \frac{3}{2}\pi$

121A (1) $\frac{\sqrt{2+\sqrt{2}}}{2}$

(2) $-\frac{\sqrt{2-\sqrt{2}}}{2}$

121B (1) $\frac{\sqrt{2+\sqrt{2}}}{2}$

(2) $\frac{\sqrt{2-\sqrt{3}}}{2}$

122A (1) $2\sqrt{3}\sin\left(\theta+\frac{\pi}{6}\right)$

(2) $\sqrt{2}\sin\left(\theta+\frac{3}{4}\pi\right)$

122B (1) $2\sqrt{3}\sin\left(\theta-\frac{\pi}{6}\right)$

(2) $2\sin\left(\theta-\frac{2}{3}\pi\right)$

123A 最大値は $\sqrt{5}$，最小値は $-\sqrt{5}$

123B 最大値は 3，最小値は -3

124A $\theta=\pi,\ \frac{3}{2}\pi$

124B $\theta=\frac{5}{12}\pi,\ \frac{11}{12}\pi$

演習問題

125 (1) $\theta=\pi$ のとき，最大値 3，
$\theta=0$ のとき，最小値 -5 をとる。

(2) $\theta=\frac{3}{2}\pi$ のとき，最大値 3，
$\theta=\frac{\pi}{6},\ \frac{5}{6}\pi$ のとき，最小値 $\frac{3}{4}$ をとる。

126 (1) $\frac{7}{6}\pi<\theta<\frac{11}{6}\pi$

(2) $0<\theta<\frac{3}{4}\pi,\ \pi<\theta<\frac{5}{4}\pi$

127A (1) 1 (2) $\frac{1}{10}$

127B (1) $\frac{1}{36}$ (2) $-\frac{1}{64}$

128A (1) a^3
(2) a
(3) a^4b^6

128B (1) a
(2) a^8
(3) a^3

129A (1) 10
(2) 1
(3) 1

129B (1) 49
(2) 32
(3) 81

130A (1) -2
(2) 2 と -2
(3) 10

130B (1) 5 と -5
(2) -2
(3) $-\frac{1}{4}$

131A (1) 7
(2) 2

131B (1) 3
(2) 2

132A (1) $\sqrt[3]{7}$
(2) $\frac{1}{\sqrt[3]{25}}$

132B (1) $\sqrt[5]{27}$
(2) $\frac{1}{\sqrt[3]{36}}$

133A (1) 27
(2) $\frac{1}{5}$

133B (1) 16
(2) $\frac{1}{8}$

134A (1) a^2
(2) a

134B (1) a
(2) a^3

135A (1) 9
(2) 2
(3) $\frac{1}{3}$

135B (1) 2
(2) 2
(3) 1

136A

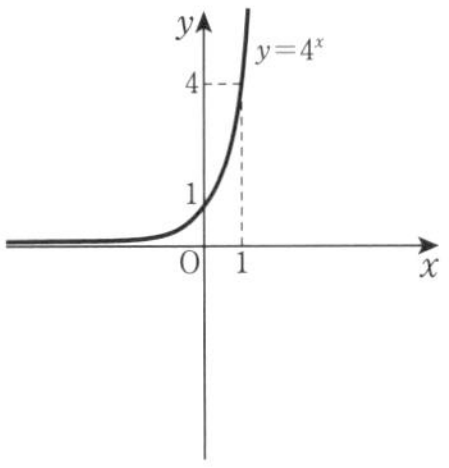

136B

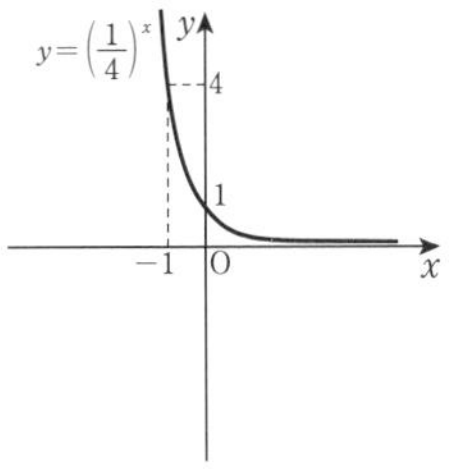

137A (1) $\sqrt[5]{3^6}<\sqrt[4]{3^5}<\sqrt[3]{3^4}$
(2) $\frac{1}{27}<\left(\frac{1}{3}\right)^2<\left(\frac{1}{9}\right)^{\frac{1}{2}}$

137B (1) $\sqrt[4]{32}<\sqrt[3]{16}<\sqrt{8}$
(2) $\sqrt[4]{\frac{1}{125}}<\sqrt[3]{\frac{1}{25}}<\sqrt{\frac{1}{5}}$

138A (1) $x=6$

(2) $x=\frac{2}{3}$

138B (1) $x=2$

(2) $x=-1$

139A (1) $x<3$

(2) $x\leqq -\frac{3}{2}$

(3) $x\leqq 5$

139B (1) $x>-2$

(2) $x>-\frac{3}{2}$

(3) $x>\frac{1}{6}$

140A (1) $\log_3 9=2$　(2) $\log_4 \frac{1}{64}=-3$

140B (1) $\log_5 1=0$　(2) $\log_7 \sqrt{7}=\frac{1}{2}$

141A (1) $32=2^5$　(2) $\frac{1}{125}=5^{-3}$

141B (1) $27=9^{\frac{3}{2}}$　(2) $16=\left(\frac{1}{2}\right)^{-4}$

142A (1) 4

(2) 0

(3) $\frac{3}{2}$

(4) $-\frac{3}{2}$

142B (1) 3

(2) 1

(3) $\frac{2}{3}$

(4) $-\frac{1}{4}$

143A (1) 15

(2) 5

(3) 5

(4) 3

143B (1) 7

(2) 5

(3) 2

(4) 2

144A (1) 2

(2) $\frac{5}{2}$

(3) 2

144B (1) 2

(2) 1

(3) 1

145A (1) $\frac{3}{2}$

(2) $-\frac{5}{3}$

(3) 2

145B (1) $\frac{1}{4}$

(2) $\frac{3}{2}$

(3) 1

146A

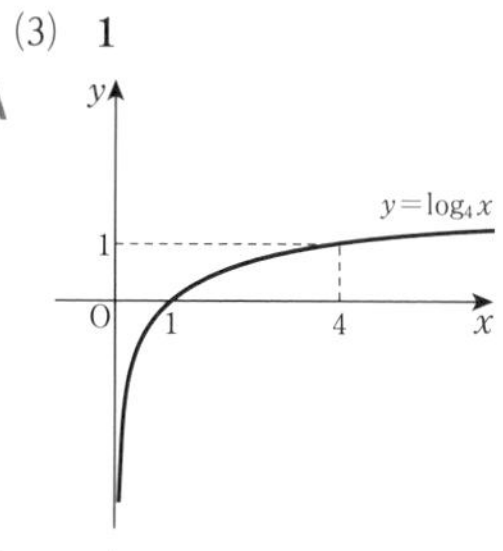

146B

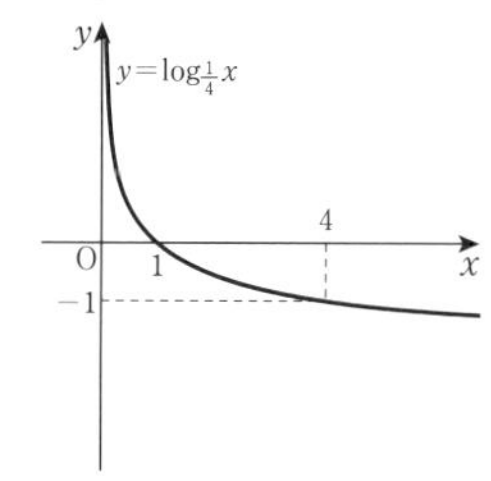

147A (1) $\log_3 2<\log_3 4<\log_3 5$

(2) $\log_2 \sqrt{7}<\log_2 3<\log_2 \frac{7}{2}$

147B (1) $\log_{\frac{1}{4}} 4<\log_{\frac{1}{4}} 3<\log_{\frac{1}{4}} 1$

(2) $\frac{5}{2}\log_{\frac{1}{3}} 4<3\log_{\frac{1}{3}} 3<2\log_{\frac{1}{3}} 5$

148A (1) $x=9$

(2) $x=\sqrt{2}$

(3) $x=1$

148B (1) $x=2$

(2) $x=2$

(3) $x=6$

149A (1) $x>8$

(2) $x\geqq 7$

(3) $0<x\leqq 4$

149B (1) $0<x\leqq \frac{1}{4}$

(2) $x>4$

(3) $x>5$

150A (1) 1.8573

(2) −1.2218

150B (1) 2.7324

(2) 0.3891

151A 1.4651

151B 0.8271

152A 13 桁

152B 20 桁

演習問題

153 (1) $x=0,\ 3$

(2) $x=2$

154 (1) $x=27$ のとき　最大値 4,

$x=\sqrt{3}$ のとき　最小値 $-\frac{9}{4}$ をとる。

(2) $x=\frac{1}{2}$ のとき　最大値 8,

$x=4$ のとき　最小値 -1 をとる。

155A (1) 3

(2) $4+h$

155B (1) 7

(2) $4a-1+2h$

156A (1) -4

(2) 12

156B (1) -4

(2) 2

157A (1) 2

(2) $2x$

157B (1) $-2x$

(2) 1

158A (1) 4

(2) $6x+6$

(3) $-6x^2+12x+4$

(4) $12x^2-10x$

158B (1) $2x-2$

(2) $3x^2-10x$

(3) $-12x^2+6x-6$

(4) $4x^2-x-\frac{3}{2}$

159A (1) $2x-3$

(2) $18x+12$

(3) $12x^2-8x+1$

159B (1) $8x$

(2) $3x^2-6x$

(3) $3x^2+12x+12$

160A -1

160B -4

161A $8\pi r$

161B $v-gt$

162A (1) $y=4x-6$

(2) $y=-2$

162B (1) $y=-4x+1$

(2) $y=-7x+16$

163A $y=2x-2$, $y=-6x+22$

163B $y=-8x-22$, $y=4x+2$

164A (1) 区間 $x \leqq 0$, $2 \leqq x$ で増加し,

区間 $0 \leqq x \leqq 2$ で減少する。

(2) 区間 $-1 \leqq x \leqq 1$ で増加し,

区間 $x \leqq -1$, $1 \leqq x$ で減少する。

164B (1) 区間 $x \leqq -1$, $0 \leqq x$ で増加し,

区間 $-1 \leqq x \leqq 0$ で減少する。

(2) 区間 $1 \leqq x \leqq 2$ で増加し,

区間 $x \leqq 1$, $2 \leqq x$ で減少する。

165A (1) $x=-1$ で　極大値 2　をとり,

$x=1$ で　極小値 -2 をとる。

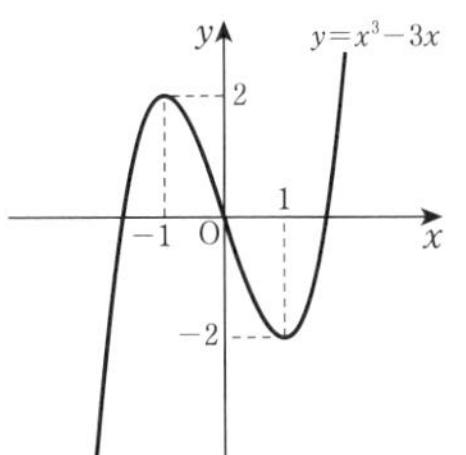

(2) $x=3$ で　極大値 27　をとり,

$x=-1$ で　極小値 -5 をとる。

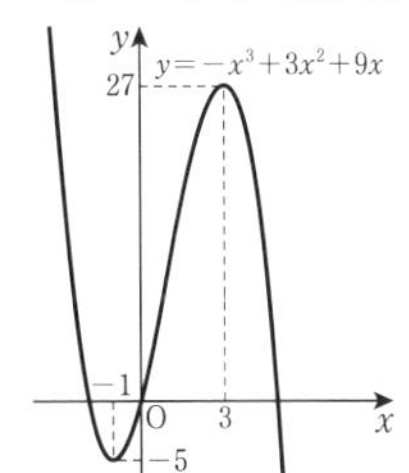

165B (1) $x=1$ で　極大値 6　をとり,

$x=3$ で　極小値 -2 をとる。

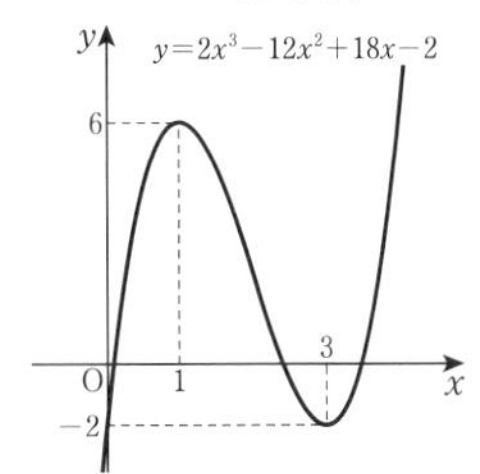

(2) $x=1$ で　極大値 -1 をとり,

$x=-1$ で　極小値 -9 をとる。

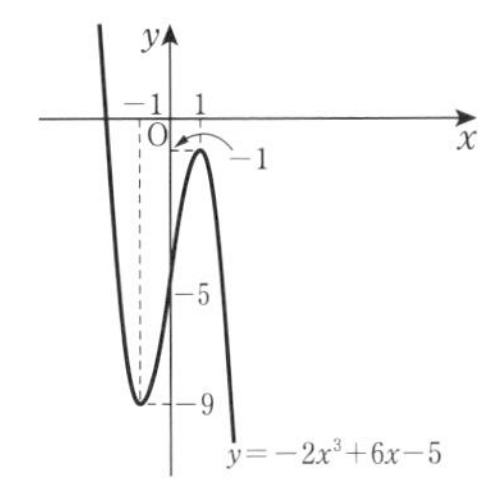

166A $a=3$, $b=1$

$x=-2$ のとき, 極大値 21 をとる。

166B $a=3$, $b=-7$

$x=-1$ のとき, 極小値 -12 をとる。

167A (1) $x=2$ のとき 最大値 16 をとり,

$x=-1$ のとき 最小値 -11 をとる。

(2) $x=2$ のとき 最大値 21 をとり,

$x=-1$ のとき 最小値 -6 をとる。

167B (1) $x=0$ のとき 最大値 2 をとり,

$x=-2$ のとき 最小値 -18 をとる。

(2) $x=-1$, 2 のとき 最大値 2 をとり,

$x=-3$ のとき 最小値 -18 をとる。

168 $x=8$, $y=4$ のとき

最大値 64π cm^3

169A (1) 1個

(2)　3個

169B (1)　2個

(2)　3個

170A $a<1$，$2<a$ のとき　1個

$a=1$，2 のとき　2個

$1<a<2$ のとき　3個

170B $a<-2$，$2<a$ のとき　1個

$a=-2$，2 のとき　2個

$-2<a<2$ のとき　3個

171A $f(x)=(x^3+4)-3x^2=x^3-3x^2+4$ とおくと

$f'(x)=3x^2-6x=3x(x-2)$

$f'(x)=0$ を解くと　$x=0$，2

区間 $x \geqq 0$ における $f(x)$ の増減表は，次のようになる。

x	0	…	2	…
$f'(x)$		$-$	0	$+$
$f(x)$	4	↘	極小 0	↗

ゆえに，$x \geqq 0$ において，$f(x)$ は $x=2$ で最小値 0 をとる。

よって，$x \geqq 0$ のとき，$f(x) \geqq 0$ であるから

$(x^3+4)-3x^2 \geqq 0$

すなわち　$x^3+4 \geqq 3x^2$

等号が成り立つのは $x=2$ のときである。

171B $f(x)=(2x^3+4)-6x=2x^3-6x+4$ とおくと

$f'(x)=6x^2-6=6(x+1)(x-1)$

$f'(x)=0$ を解くと　$x=-1$，1

区間 $x \geqq 0$ における $f(x)$ の増減表は，次のようになる。

x	0	…	1	…
$f'(x)$		$-$	0	$+$
$f(x)$	4	↘	極小 0	↗

ゆえに，$x \geqq 0$ において，$f(x)$ は $x=1$ で最小値 0 をとる。

よって，$x \geqq 0$ のとき，$f(x) \geqq 0$ であるから

$(2x^3+4)-6x \geqq 0$

すなわち　$2x^3+4 \geqq 6x$

等号が成り立つのは $x=1$ のときである。

172A $x=-1$ のとき　極大値 1

$x=-2$，0 のとき　極小値 0 をとる。

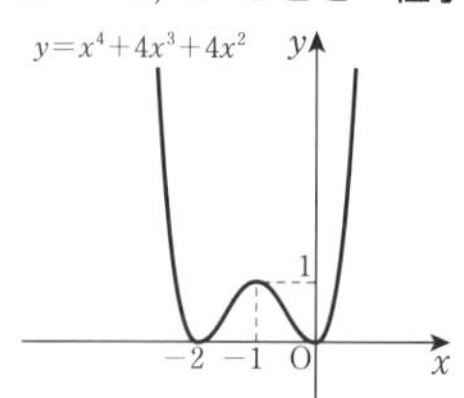

172B $x=-2$，2 のとき　極大値 11

$x=0$ のとき　極小値 -5 をとる。

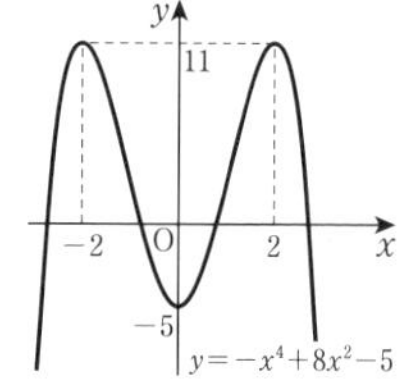

173A (1)　$-2x+C$

(2)　$x^3+\frac{1}{2}x^2+C$

173B (1)　x^2+C

(2)　$\frac{2}{3}x^3-3x+C$

174A (1)　x^2-x+C

(2)　$\frac{1}{3}x^3+\frac{3}{2}x^2+C$

(3)　$-\frac{2}{3}x^3+\frac{3}{2}x^2-4x+C$

174B (1)　$3x^2-5x+C$

(2)　$x-\frac{1}{2}x^2-\frac{1}{3}x^3+C$

(3)　$x^3-\frac{1}{3}x^2+x+C$

175A (1)　$\frac{1}{3}x^3+\frac{1}{2}x^2-6x+C$

(2)　$\frac{1}{3}x^3+x^2+x+C$

175B (1)　$x^3-\frac{1}{2}x^2+C$

(2)　$2x^3-\frac{1}{2}x^2-2x+C$

176A (1)　$\frac{1}{2}t^2-2t+C$

(2)　y^3-y^2-y+C

176B (1)　$3t^3-t^2+C$

(2)　$-3u^3-\frac{5}{2}u^2+2u+C$

177A (1)　$F(x)=2x^2+2x+1$

(2)　$F(x)=-x^3+x^2-x$

177B (1)　$F(x)=-x^2+5x+3$

(2)　$F(x)=2x^3-x^2+3x-9$

178A (1)　9

(2)　12

178B (1)　0

(2)　-9

179A (1)　9

(2)　21

(3)　4

(4)　240

179B (1)　$-\frac{16}{3}$

(2)　3

(3)　-5

(4)　-20

180A (1)　0

(2) $\frac{8}{3}$

180B (1) 6

(2) $\frac{4}{3}$

181A (1) 6

(2) 0

181B (1) $\frac{8}{3}$

(2) $\frac{25}{6}$

182A (1) x^2+3x+1

(2) $2x^2-5x$

182B (1) $2x^2-1$

(2) $(x-3)^2$

183A (1) 12

(2) $\frac{23}{6}$

183B (1) $\frac{22}{3}$

(2) $\frac{14}{3}$

184A (1) $\frac{9}{2}$

(2) 32

184B (1) $\frac{16}{3}$

(2) $\frac{4}{3}$

185A 24

185B $\frac{13}{3}$

186A $\frac{9}{2}$

186B $\frac{32}{3}$

187A (1) $\frac{1}{6}$

(2) $\frac{9}{2}$

187B (1) $\frac{125}{6}$

(2) $\frac{32}{3}$

188A $\frac{37}{12}$

188B $\frac{1}{2}$

演習問題

189 $0<a\leqq 2$

190 (1) $f(x)=2x-3$, $a=-2$

(2) $f(x)=4x+3$, $a=1$, $-\frac{5}{2}$

191 (1) 5

(2) $\frac{9}{2}$

ラウンドノート数学Ⅱ

●編　者　実教出版編修部
●発行者　小田　良次
●印刷所　寿印刷株式会社

●発行所　実教出版株式会社
〒102-8377
東京都千代田区五番町5
電話<営業>(03)3238-7777
<編修>(03)3238-7785
<総務>(03)3238-7700
https://www.jikkyo.co.jp/

002402023②　ISBN 978-4-407-35152-1

●常用対数表(1)●

数	0	1	2	3	4	5	6	7	8	9
1.0	.0000	.0043	.0086	.0128	.0170	.0212	.0253	.0294	.0334	.0374
1.1	.0414	.0453	.0492	.0531	.0569	.0607	.0645	.0682	.0719	.0755
1.2	.0792	.0828	.0864	.0899	.0934	.0969	.1004	.1038	.1072	.1106
1.3	.1139	.1173	.1206	.1239	.1271	.1303	.1335	.1367	.1399	.1430
1.4	.1461	.1492	.1523	.1553	.1584	.1614	.1644	.1673	.1703	.1732
1.5	.1761	.1790	.1818	.1847	.1875	.1903	.1931	.1959	.1987	.2014
1.6	.2041	.2068	.2095	.2122	.2148	.2175	.2201	.2227	.2253	.2279
1.7	.2304	.2330	.2355	.2380	.2455	.2430	.2455	.2480	.2504	.2529
1.8	.2553	.2577	.2601	.2625	.2648	.2672	.2695	.2718	.2742	.2765
1.9	.2788	.2810	.2833	.2856	.2878	.2900	.2923	.2945	.2967	.2989
2.0	.3010	.3032	.3054	.3075	.3096	.3118	.3139	.3160	.3181	.3201
2.1	.3222	.3243	.3263	.3284	.3304	.3324	.3345	.3365	.3385	.3404
2.2	.3424	.3444	.3464	.3483	.3502	.3522	.3541	.3560	.3579	.3598
2.3	.3617	.3636	.3655	.3674	.3692	.3711	.3729	.3747	.3766	.3784
2.4	.3802	.3820	.3838	.3856	.3874	.3892	.3909	.3927	.3945	.3962
2.5	.3979	.3997	.4014	.4031	.4048	.4065	.4082	.4099	.4116	.4133
2.6	.4150	.4166	.4183	.4200	.4216	.4232	.4249	.4265	.4281	.4298
2.7	.4314	.4330	.4346	.4362	.4378	.4393	.4409	.4425	.4440	.4456
2.8	.4472	.4487	.4502	.4518	.4533	.4548	.4564	.4579	.4594	.4609
2.9	.4624	.4639	.4654	.4669	.4683	.4698	.4713	.4728	.4742	.4757
3.0	.4771	.4786	.4800	.4814	.4829	.4843	.4857	.4871	.4886	.4900
3.1	.4914	.4928	.4942	.4955	.4969	.4983	.4997	.5011	.5024	.5038
3.2	.5051	.5065	.5079	.5092	.5105	.5119	.5132	.5145	.5159	.5172
3.3	.5185	.5198	.5211	.5224	.5237	.5250	.5263	.5276	.5289	.5302
3.4	.5315	.5328	.5340	.5353	.5366	.5378	.5391	.5403	.5416	.5428
3.5	.5441	.5453	.5465	.5478	.5490	.5502	.5514	.5527	.5539	.5551
3.6	.5563	.5575	.5587	.5599	.5611	.5623	.5635	.5647	.5658	.5670
3.7	.5682	.5694	.5705	.5717	.5729	.5740	.5752	.5763	.5775	.5786
3.8	.5798	.5809	.5821	.5832	.5843	.5855	.5866	.5877	.5888	.5899
3.9	.5911	.5922	.5933	.5944	.5955	.5966	.5977	.5988	.5999	.6010
4.0	.6021	.6031	.6042	.6053	.6064	.6075	.6085.	.6096	.6107	.6117
4.1	.6128	.6138	.6149	.6160	.6170	.6180	.6191	.6201	.6212	.6222
4.2	.6232	.6243	.6253	.6263	.6274	.6284	.6294	.6304	.6314	.6325
4.3	.6335	.6345	.6355	.6365	.6375	.6385	.6395	.6405	.6415	.6425
4.4	.6435	.6444	.6454	.6464	.6474	.6484	.6493	.6503	.6513	.6522
4.5	.6532	.6542	.6551	.6561	.6571	.6580	.6590	.6599	.6609	.6618
4.6	.6628	.6637	.6646	.6656	.6665	.6675	.6684	.6693	.6702	.6712
4.7	.6721	.6730	.6739	.6749	.6758	.6767	.6776	.6785	.6794	.6803
4.8	.6812	.6821	.6830	.6839	.6848	.6857	.6866	.6875	.6884	.6893
4.9	.6902	.6911	.6920	.6928	.6937	.6946	.6955	.6964	.6972	.6981
5.0	.6990	.6998	.7007	.7016	.7024	.7033	.7042	.7050	.7059	.7067
5.1	.7076	.7084	.7093	.7101	.7110	.7118	.7126	.7135	.7143	.7152
5.2	.7160	.7168	.7177	.7185	.7193	.7202	.7210	.7218	.7226	.7235
5.3	.7243	.7251	.7259	.7267	.7275	.7284	.7292	.7300	.7308	.7316
5.4	.7324	.7332	.7340	.7348	.7356	.7364	.7372	.7380	.7388	.7396

ラウンドノート数学Ⅱ　解答編

実教出版

1章　方程式・式と証明

1節　式の計算

1　整式の乗法

p.2

1A

(1) $(x+4)^3$
$=x^3+3\times x^2\times 4+3\times x\times 4^2+4^3$
$=\boldsymbol{x^3+12x^2+48x+64}$

(2) $(3x-1)^3$
$=(3x)^3-3\times(3x)^2\times 1+3\times 3x\times 1^2-1^3$
$=\boldsymbol{27x^3-27x^2+9x-1}$

(3) $(x-2)(x^2+2x+4)$
$=(x-2)(x^2+x\times 2+2^2)$
$=x^3-2^3=\boldsymbol{x^3-8}$

(4) $(3x+2y)(9x^2-6xy+4y^2)$
$=(3x+2y)\{(3x)^2-3x\times 2y+(2y)^2\}$
$=(3x)^3+(2y)^3=\boldsymbol{27x^3+8y^3}$

1B

(1) $(3x+2y)^3$
$=(3x)^3+3\times(3x)^2\times 2y+3\times 3x\times(2y)^2+(2y)^3$
$=\boldsymbol{27x^3+54x^2y+36xy^2+8y^3}$

(2) $(x-2y)^3$
$=x^3-3\times x^2\times 2y+3\times x\times(2y)^2-(2y)^3$
$=\boldsymbol{x^3-6x^2y+12xy^2-8y^3}$

(3) $(x+4)(x^2-4x+16)$
$=(x+4)(x^2-x\times 4+4^2)$
$=x^3+4^3=\boldsymbol{x^3+64}$

(4) $(2x-5y)(4x^2+10xy+25y^2)$
$=(2x-5y)\{(2x)^2+2x\times 5y+(5y)^2\}$
$=(2x)^3-(5y)^3=\boldsymbol{8x^3-125y^3}$

2A

(1) x^3-27
$=x^3-3^3$
$=(x-3)(x^2+x\times 3+3^2)$
$=\boldsymbol{(x-3)(x^2+3x+9)}$

(2) $27x^3+8$
$=(3x)^3+2^3$
$=(3x+2)\{(3x)^2-3x\times 2+2^2\}$
$=\boldsymbol{(3x+2)(9x^2-6x+4)}$

(3) $8a^3-125$
$=(2a)^3-5^3$
$=(2a-5)\{(2a)^2+2a\times 5+5^2\}$
$=\boldsymbol{(2a-5)(4a^2+10a+25)}$

(4) $x^3-x^2y-2xy^2+8y^3$
$=x^3+(2y)^3-xy(x+2y)$
$=(x+2y)\{x^2-x\times 2y+(2y)^2\}-xy(x+2y)$
$=(x+2y)\{(x^2-2xy+4y^2)-xy\}$
$=\boldsymbol{(x+2y)(x^2-3xy+4y^2)}$

2B

(1) x^3+8y^3
$=x^3+(2y)^3$
$=(x+2y)\{x^2-x\times 2y+(2y)^2\}$
$=\boldsymbol{(x+2y)(x^2-2xy+4y^2)}$

(2) $64x^3-125y^3$
$=(4x)^3-(5y)^3$
$=(4x-5y)\{(4x)^2+4x\times 5y+(5y)^2\}$
$=\boldsymbol{(4x-5y)(16x^2+20xy+25y^2)}$

(3) $27a^3+1$
$-(3a)^3+1^3$
$=(3a+1)\{(3a)^2-3a\times 1+1^2\}$
$=\boldsymbol{(3a+1)(9a^2-3a+1)}$

(4) $a^3-4a^2b+12ab^2-27b^3$
$=a^3-(3b)^3-4ab(a-3b)$
$=(a-3b)\{a^2+a\times 3b+(3b)^2\}-4ab(a-3b)$
$=(a-3b)\{(a^2+3ab+9b^2)-4ab\}$
$=\boldsymbol{(a-3b)(a^2-ab+9b^2)}$

2　二項定理

p.4

3A

$(a+1)^4=\boldsymbol{a^4+4a^3+6a^2}$
$\boldsymbol{+4a+1}$

1　1
1　2　1
1　3　3　1
1　4　6　4　1

3B

$(x+y)^7$
$=\boldsymbol{x^7+7x^6y+21x^5y^2}$
$\boldsymbol{+35x^4y^3+35x^3y^4}$
$\boldsymbol{+21x^2y^5+7xy^6+y^7}$

1　1
1　2　1
1　3　3　1
1　4　6　4　1
1　5　10　10　5　1
1　6　15　20　15　6　1
1　7　21　35　35　21　7　1

4A

$(x+1)^6$
$={}_6C_0x^6+{}_6C_1x^5\cdot 1+{}_6C_2x^4\cdot 1^2+{}_6C_3x^3\cdot 1^3$
$+{}_6C_4x^2\cdot 1^4+{}_6C_5x\cdot 1^5+{}_6C_6\cdot 1^6$
$=1\cdot x^6+6\cdot x^5\cdot 1+15\cdot x^4\cdot 1+20\cdot x^3\cdot 1$
$+15\cdot x^2\cdot 1+6\cdot x\cdot 1+1\cdot 1$
$=\boldsymbol{x^6+6x^5+15x^4+20x^3+15x^2+6x+1}$

4B

$(a+3b)^5$
$={}_5C_0a^5+{}_5C_1a^4(3b)+{}_5C_2a^3(3b)^2$
$+{}_5C_3a^2(3b)^3+{}_5C_4a(3b)^4+{}_5C_5(3b)^5$
$=1\cdot a^5+5\cdot a^4\cdot 3b+10\cdot a^3\cdot 9b^2$
$+10\cdot a^2\cdot 27b^3+5\cdot a\cdot 81b^4+1\cdot 243b^5$
$=\boldsymbol{a^5+15a^4b+90a^3b^2}$
$\boldsymbol{+270a^2b^3+405ab^4+243b^5}$

5A

$(3x+2)^5$ の展開式の一般項は
${}_5C_r(3x)^{5-r}2^r={}_5C_r\times 3^{5-r}\times 2^r\times x^{5-r}$
ここで，x^{5-r} の項が x^2 となるのは，$r=3$ のときである。
よって，求める係数は
${}_5C_3\times 3^{5-3}\times 2^3=\dfrac{5\times 4\times 3}{3\times 2\times 1}\times 9\times 8=\boldsymbol{720}$

5B $(x-2y)^7$ の展開式の一般項は

$${}_7\mathrm{C}_r x^{7-r}(-2y)^r={}_7\mathrm{C}_r\times(-2)^r\times x^{7-r}y^r$$

ここで，$x^{7-r}y^r$ の項が x^5y^2 となるのは，$r=2$ のときである。

よって，求める係数は

$${}_7\mathrm{C}_2\times(-2)^2=\frac{7\times6}{2\times1}\times4=\mathbf{84}$$

6A 二項定理

$$(a+b)^n={}_n\mathrm{C}_0a^n+{}_n\mathrm{C}_1a^{n-1}b+{}_n\mathrm{C}_2a^{n-2}b^2+\cdots\cdots+{}_n\mathrm{C}_nb^n$$

において，$a=1$，$b=3$ とおくと

$$(1+3)^n={}_n\mathrm{C}_0\cdot1^n+{}_n\mathrm{C}_1\cdot1^{n-1}\cdot3+{}_n\mathrm{C}_2\cdot1^{n-2}\cdot3^2+\cdots\cdots+{}_n\mathrm{C}_n\cdot3^n$$

よって

$${}_n\mathrm{C}_0+3{}_n\mathrm{C}_1+3^2{}_n\mathrm{C}_2+\cdots\cdots+3^n{}_n\mathrm{C}_n=4^n$$

6B 二項定理

$$(a+b)^n={}_n\mathrm{C}_0a^n+{}_n\mathrm{C}_1a^{n-1}b+{}_n\mathrm{C}_2a^{n-2}b^2+\cdots\cdots+{}_n\mathrm{C}_nb^n$$

において，$a=1$，$b=-\frac{1}{2}$ とおくと

$$\left(1-\frac{1}{2}\right)^n={}_n\mathrm{C}_0\cdot1^n+{}_n\mathrm{C}_1\cdot1^{n-1}\cdot\left(-\frac{1}{2}\right)+{}_n\mathrm{C}_2\cdot1^{n-2}\cdot\left(-\frac{1}{2}\right)^2+\cdots\cdots+{}_n\mathrm{C}_n\cdot\left(-\frac{1}{2}\right)^n$$

よって

$${}_n\mathrm{C}_0-\frac{{}_n\mathrm{C}_1}{2}+\frac{{}_n\mathrm{C}_2}{2^2}-\cdots\cdots+(-1)^n\cdot\frac{{}_n\mathrm{C}_n}{2^n}=\left(\frac{1}{2}\right)^n$$

7A (1) $(a+b+c)^4$ の展開式における a^2bc の項の係数は

$$\frac{4!}{2!1!1!}=\mathbf{12}$$

(2) $(2a-b+c)^5$ の展開式における $(2a)^1(-b)^2c^2$ の項は

$$\frac{5!}{1!2!2!}\times2\times(-1)^2\times ab^2c^2=60ab^2c^2$$

よって，求める係数は　**60**

7B (1) $(x+y+z)^7$ の展開式における x^2yz^4 の項の係数は

$$\frac{7!}{2!1!4!}=\mathbf{105}$$

(2) $(x-3y-2z)^6$ の展開式における $x^1(-3y)^0(-2z)^5$ の項は

$$\frac{6!}{1!0!5!}\times(-2)^5\times xz^5=-192xz^5$$

よって，求める係数は　**−192**

3 整式の除法

p.7

8A (1)

$$\begin{array}{r}
2x-1\\
x+3\,\overline{)\,2x^2+5x-6}\\
\underline{2x^2+6x}\\
-x-6\\
\underline{-x-3}\\
-3
\end{array}$$

商は $\mathbf{2x-1}$，余りは $\mathbf{-3}$

(2)

$$\begin{array}{r}
3x+4\\
x^2-2x-2\,\overline{)\,3x^3-2x^2+x-1}\\
\underline{3x^3-6x^2-6x}\\
4x^2+7x-1\\
\underline{4x^2-8x-8}\\
15x+7
\end{array}$$

商は $\mathbf{3x+4}$，余りは $\mathbf{15x+7}$

8B (1)

$$\begin{array}{r}
x+1\\
3x+1\,\overline{)\,3x^2+4x-6}\\
\underline{3x^2+x}\\
3x-6\\
\underline{3x+1}\\
-7
\end{array}$$

商は $\mathbf{x+1}$，余りは $\mathbf{-7}$

(2)

$$\begin{array}{r}
2x-3\\
x^2-2x+1\,\overline{)\,2x^3-7x^2+3}\\
\underline{2x^3-4x^2+2x}\\
-3x^2-2x+3\\
\underline{-3x^2+6x-3}\\
-8x+6
\end{array}$$

商は $\mathbf{2x-3}$，余りは $\mathbf{-8x+6}$

9A 整式の除法の関係式より

$$\begin{aligned}A&=(x+3)(x^2+2x-3)+5\\&=(x^3+2x^2-3x+3x^2+6x-9)+5\\&=\mathbf{x^3+5x^2+3x-4}\end{aligned}$$

9B 整式の除法の関係式より

$$\begin{aligned}A&=(x^2-3x-4)(x+1)+(2x+3)\\&=(x^3+x^2-3x^2-3x-4x-4)+2x+3\\&=\mathbf{x^3-2x^2-5x-1}\end{aligned}$$

10A 整式の除法の関係式より

$$2x^3-x^2+3x-1=B\times(2x+1)-3$$

よって　$2x^3-x^2+3x+2=B(2x+1)$

したがって，$2x^3-x^2+3x+2$ を $2x+1$ で割って

$B=\mathbf{x^2-x+2}$

$$\begin{array}{r}
x^2-x+2\\
2x+1\,\overline{)\,2x^3-x^2+3x+2}\\
\underline{2x^3+x^2}\\
-2x^2+3x\\
\underline{-2x^2-x}\\
4x+2\\
\underline{4x+2}\\
0
\end{array}$$

10B 整式の除法の関係式より

$x^3-x^2-3x+1=B\times(x-2)+(-3x+5)$

よって

$x^3-x^2-3x+1-(-3x+5)=B\times(x-2)$ より

$x^3-x^2-4=B(x-2)$

したがって，x^3-x^2-4 を $x-2$ で割って

$\boldsymbol{B=x^2+x+2}$

$$\begin{array}{r|l} & x^2+x+2 \\ x-2) & x^3-x^2\qquad-4 \\ & x^3-2x^2 \\ & \quad x^2 \\ & \quad x^2-2x \\ & \qquad 2x-4 \\ & \qquad 2x-4 \\ & \qquad\quad 0 \end{array}$$

4 分数式

p.9

11A (1) $\dfrac{6x^3y}{8x^2y^3}=\dfrac{2x^2y\times3x}{2x^2y\times4y^2}=\boldsymbol{\dfrac{3x}{4y^2}}$

(2) $\dfrac{3x+6}{x^2+4x+4}=\dfrac{3(x+2)}{(x+2)^2}=\boldsymbol{\dfrac{3}{x+2}}$

(3) $\dfrac{x^2-2x-3}{2x^2+x-1}=\dfrac{(x+1)(x-3)}{(x+1)(2x-1)}=\boldsymbol{\dfrac{x-3}{2x-1}}$

11B (1) $\dfrac{21x^2y^5}{15x^4y^3}=\dfrac{3x^2y^3\times7y^2}{3x^2y^3\times5x^2}=\boldsymbol{\dfrac{7y^2}{5x^2}}$

(2) $\dfrac{x^2-4}{x^2-3x+2}=\dfrac{(x+2)(x-2)}{(x-1)(x-2)}$

$=\boldsymbol{\dfrac{x+2}{x-1}}$

(3) $\dfrac{x^2-9}{x^3-27}=\dfrac{(x+3)(x-3)}{(x-3)(x^2+3x+9)}$

$=\boldsymbol{\dfrac{x+3}{x^2+3x+9}}$

12A (1) $\dfrac{5x-3}{4(x+2)}\times\dfrac{x+2}{(x+1)(5x-3)}$

$=\boldsymbol{\dfrac{1}{4(x+1)}}$

(2) $\dfrac{x^2-9}{x+2}\div\dfrac{2x-6}{x^2+2x}$

$=\dfrac{x^2-9}{x+2}\times\dfrac{x^2+2x}{2x-6}$

$=\dfrac{(x+3)(x-3)}{x+2}\times\dfrac{x(x+2)}{2(x-3)}$

$=\boldsymbol{\dfrac{x(x+3)}{2}}$

(3) $\dfrac{x^2+2x-3}{x^2-3x+2}\times\dfrac{x^2-x-2}{x^2+4x+3}$

$=\dfrac{(x-1)(x+3)}{(x-1)(x-2)}\times\dfrac{(x+1)(x-2)}{(x+1)(x+3)}$

$=\boldsymbol{1}$

12B (1) $\dfrac{x+4}{x^2-4}\times\dfrac{x+2}{x^2+4x}$

$=\dfrac{x+4}{(x+2)(x-2)}\times\dfrac{x+2}{x(x+4)}$

$=\boldsymbol{\dfrac{1}{x(x-2)}}$

(2) $\dfrac{x^2-2x+1}{3x^2+5x+2}\div\dfrac{x^3-1}{3x^2-4x-4}$

$=\dfrac{x^2-2x+1}{3x^2+5x+2}\times\dfrac{3x^2-4x-4}{x^3-1}$

$=\dfrac{(x-1)^2}{(x+1)(3x+2)}\times\dfrac{(x-2)(3x+2)}{(x-1)(x^2+x+1)}$

$=\boldsymbol{\dfrac{(x-1)(x-2)}{(x+1)(x^2+x+1)}}$

(3) $\dfrac{4x^2-1}{2x^2+5x-3}\div\dfrac{6x^2+7x+2}{3x^2+11x+6}$

$=\dfrac{4x^2-1}{2x^2+5x-3}\times\dfrac{3x^2+11x+6}{6x^2+7x+2}$

$=\dfrac{(2x+1)(2x-1)}{(x+3)(2x-1)}\times\dfrac{(x+3)(3x+2)}{(3x+2)(2x+1)}$

$=\boldsymbol{1}$

13A (1) $\dfrac{x+2}{x+3}+\dfrac{x+4}{x+3}$

$=\dfrac{x+2+x+4}{x+3}$

$=\dfrac{2x+6}{x+3}$

$=\dfrac{2(x+3)}{x+3}$

$=\boldsymbol{2}$

(2) $\dfrac{x^2}{x^2-x-6}+\dfrac{2x}{x^2-x-6}$

$=\dfrac{x^2+2x}{x^2-x-6}$

$=\dfrac{x(x+2)}{(x+2)(x-3)}$

$=\boldsymbol{\dfrac{x}{x-3}}$

(3) $\dfrac{x^2+2x}{x^3-1}-\dfrac{2x+1}{x^3-1}$

$=\dfrac{x^2+2x-(2x+1)}{x^3-1}$

$=\dfrac{x^2-1}{x^3-1}$

$=\dfrac{(x+1)(x-1)}{(x-1)(x^2+x+1)}$

$=\boldsymbol{\dfrac{x+1}{x^2+x+1}}$

13B (1) $\dfrac{2x+6}{x-1}-\dfrac{3x+5}{x-1}$

$=\dfrac{2x+6-(3x+5)}{x-1}$

$=\dfrac{-x+1}{x-1}$

$=\dfrac{-(x-1)}{x-1}$

$=\boldsymbol{-1}$

(2) $\dfrac{x^2}{3x^2+2x-1}-\dfrac{2x+3}{3x^2+2x-1}$

$=\dfrac{x^2-(2x+3)}{3x^2+2x-1}$

$=\dfrac{x^2-2x-3}{3x^2+2x-1}$

$=\dfrac{(x+1)(x-3)}{(x+1)(3x-1)}$

$=\boldsymbol{\dfrac{x-3}{3x-1}}$

(3) $\dfrac{x+5}{x^3+8}+\dfrac{x^2-3x-1}{x^3+8}$

$=\dfrac{x+5+x^2-3x-1}{x^3+8}$

$=\dfrac{x^2-2x+4}{x^3+8}$

$=\dfrac{x^2-2x+4}{(x+2)(x^2-2x+4)}$

$=\boldsymbol{\dfrac{1}{x+2}}$

14A (1) $\dfrac{3}{x+3}+\dfrac{5}{x-5}$

$=\dfrac{3(x-5)}{(x+3)(x-5)}+\dfrac{5(x+3)}{(x+3)(x-5)}$

$=\dfrac{3(x-5)+5(x+3)}{(x+3)(x-5)}$

$=\dfrac{3x-15+5x+15}{(x+3)(x-5)}$

$=\boldsymbol{\dfrac{8x}{(x+3)(x-5)}}$

(2) $\dfrac{2}{x(x-1)}-\dfrac{1}{(x-1)(x-2)}$

$=\dfrac{2(x-2)}{x(x-1)(x-2)}-\dfrac{x}{x(x-1)(x-2)}$

$=\dfrac{2x-4-x}{x(x-1)(x-2)}$

$=\boldsymbol{\dfrac{x-4}{x(x-1)(x-2)}}$

(3) $\dfrac{x-1}{x^2-2x-3}+\dfrac{x+5}{x^2-6x-7}$

$=\dfrac{x-1}{(x+1)(x-3)}+\dfrac{x+5}{(x+1)(x-7)}$

$=\dfrac{(x-1)(x-7)}{(x+1)(x-3)(x-7)}+\dfrac{(x+5)(x-3)}{(x+1)(x-3)(x-7)}$

$=\dfrac{(x-1)(x-7)+(x+5)(x-3)}{(x+1)(x-3)(x-7)}$

$=\dfrac{2x^2-6x-8}{(x+1)(x-3)(x-7)}$

$=\dfrac{2(x+1)(x-4)}{(x+1)(x-3)(x-7)}$

$=\boldsymbol{\dfrac{2(x-4)}{(x-3)(x-7)}}$

14B (1) $\dfrac{x-1}{x-2}-\dfrac{x}{x+1}$

$=\dfrac{(x-1)(x+1)}{(x-2)(x+1)}-\dfrac{x(x-2)}{(x-2)(x+1)}$

$=\dfrac{(x-1)(x+1)-x(x-2)}{(x-2)(x+1)}$

$=\dfrac{x^2-1-x^2+2x}{(x-2)(x+1)}$

$=\boldsymbol{\dfrac{2x-1}{(x-2)(x+1)}}$

(2) $\dfrac{1}{(x+1)(x+2)}+\dfrac{x+5}{(x+1)(x-3)}$

$=\dfrac{x-3}{(x+1)(x+2)(x-3)}+\dfrac{(x+5)(x+2)}{(x+1)(x+2)(x-3)}$

$=\dfrac{x-3+(x+5)(x+2)}{(x+1)(x+2)(x-3)}$

$=\dfrac{x^2+8x+7}{(x+1)(x+2)(x-3)}$

$=\dfrac{(x+1)(x+7)}{(x+1)(x+2)(x-3)}$

$=\boldsymbol{\dfrac{x+7}{(x+2)(x-3)}}$

(3) $\dfrac{x+8}{x^2+x-2}-\dfrac{x+5}{x^2-1}$

$=\dfrac{x+8}{(x-1)(x+2)}-\dfrac{x+5}{(x+1)(x-1)}$

$=\dfrac{(x+8)(x+1)}{(x-1)(x+2)(x+1)}-\dfrac{(x+5)(x+2)}{(x-1)(x+2)(x+1)}$

$=\dfrac{(x+8)(x+1)-(x+5)(x+2)}{(x-1)(x+2)(x+1)}$

$=\dfrac{2x-2}{(x-1)(x+2)(x+1)}$

$=\dfrac{2(x-1)}{(x-1)(x+2)(x+1)}$

$=\boldsymbol{\dfrac{2}{(x+2)(x+1)}}$

2節　複素数と方程式

5 複素数

p.13

15A (1) 実部は **3**，虚部は **7**

(2) 実部は **0**，虚部は **−6**

15B (1) 実部は **−2**，虚部は **−1**

(2) 実部は $\boldsymbol{1+\sqrt{2}}$，虚部は **0**

16A (1) $2x$，$3y+1$ は実数であるから

$2x=-8$ かつ $3y+1=4$

これを解いて　$\boldsymbol{x=-4,\ y=1}$

(2) $x+2y$，$-(2x-y)$ は実数であるから

$x+2y=4$ かつ $-(2x-y)=7$

これを解いて　$\boldsymbol{x=-2,\ y=3}$

16B (1) $3(x-2)$，$y+4$，$-y$ は実数であるから

$3(x-2)=6$ かつ $y+4=-y$

これを解いて　$\boldsymbol{x=4,\ y=-2}$

(2) $x-2y$，$y+4$ は実数であるから

$x-2y=0$ かつ $y+4=0$

これを解いて　$\boldsymbol{x=-8,\ y=-4}$

17A (1) $(2+5i)+(3+2i)$

$=(2+3)+(5+2)i$

$=\boldsymbol{5+7i}$

(2) $(3+8i)-(4+9i)$

$=(3-4)+(8-9)i$

$=\boldsymbol{-1-i}$

(3) $(2+3i)(1+4i)$

$=2+8i+3i+12i^2$

$=2+8i+3i+12\times(-1)$

$=2+11i-12$

$=\boldsymbol{-10+11i}$

(4) $(4+3i)(4-3i)$
$=16-9i^2$
$=16-9\times(-1)$
$=\mathbf{25}$

17B (1) $(4-3i)+(-3+2i)$
$=(4-3)+(-3+2)i$
$=\mathbf{1-i}$

(2) $(5i-4)-(-4i)$
$=-4+(5+4)i$
$=\mathbf{-4+9i}$

(3) $(3+5i)(2-i)$
$=6-3i+10i-5i^2$
$=6-3i+10i-5\times(-1)$
$=6+7i+5$
$=\mathbf{11+7i}$

(4) $(1+3i)^2$
$=1+6i+9i^2$
$=1+6i+9\times(-1)$
$=1+6i-9$
$=\mathbf{-8+6i}$

18A $\mathbf{3-i}$

18B $\mathbf{\dfrac{3+\sqrt{5}\,i}{2}}$

19A (1) $\dfrac{1+2i}{3+2i}=\dfrac{(1+2i)(3-2i)}{(3+2i)(3-2i)}$
$=\dfrac{3-2i+6i-4i^2}{9-4i^2}$
$=\dfrac{7+4i}{13}$
$=\mathbf{\dfrac{7}{13}+\dfrac{4}{13}i}$

(2) $\dfrac{2-i}{5i}=\dfrac{(2-i)\times i}{5i\times i}$
$=\dfrac{2i-i^2}{5i^2}$
$=\dfrac{2i+1}{-5}$
$=\mathbf{-\dfrac{1}{5}-\dfrac{2}{5}i}$

(3) $\dfrac{4}{1+i}+\dfrac{2i}{1-i}$
$=\dfrac{4(1-i)+2i(1+i)}{(1+i)(1-i)}$
$=\dfrac{4-4i+2i+2i^2}{1-i^2}$
$=\dfrac{2-2i}{2}$
$=\mathbf{1-i}$

19B (1) $\dfrac{3+2i}{1-2i}=\dfrac{(3+2i)(1+2i)}{(1-2i)(1+2i)}$
$=\dfrac{3+6i+2i+4i^2}{1-4i^2}$
$=\dfrac{-1+8i}{5}$
$=\mathbf{-\dfrac{1}{5}+\dfrac{8}{5}i}$

(2) $\dfrac{4}{3+i}=\dfrac{4(3-i)}{(3+i)(3-i)}$
$=\dfrac{12-4i}{9-i^2}$
$=\dfrac{12-4i}{10}$
$=\mathbf{\dfrac{6}{5}-\dfrac{2}{5}i}$

(3) $\dfrac{1+2i}{2+i}-\dfrac{1-2i}{2-i}$
$=\dfrac{(1+2i)(2-i)-(1-2i)(2+i)}{(2+i)(2-i)}$
$=\dfrac{(2-i+4i-2i^2)-(2+i-4i-2i^2)}{4-i^2}$
$=\dfrac{4+3i-(4-3i)}{5}$
$=\mathbf{\dfrac{6}{5}i}$

20A (1) $\sqrt{-2}\times\sqrt{-3}=\sqrt{2}\,i\times\sqrt{3}\,i$
$=\sqrt{6}\,i^2$
$=\mathbf{-\sqrt{6}}$

(2) $\dfrac{\sqrt{12}}{\sqrt{-4}}=\dfrac{2\sqrt{3}}{2i}=\dfrac{\sqrt{3}}{i}$
$=\dfrac{\sqrt{3}\times i}{i\times i}=\dfrac{\sqrt{3}\,i}{i^2}=\mathbf{-\sqrt{3}\,i}$

20B (1) $(\sqrt{-3}+1)^2=(\sqrt{3}\,i+1)^2$
$=3i^2+2\sqrt{3}\,i+1$
$=-3+2\sqrt{3}\,i+1$
$=\mathbf{-2+2\sqrt{3}\,i}$

(2) $(\sqrt{2}-\sqrt{-3})(\sqrt{-2}-\sqrt{3})$
$=(\sqrt{2}-\sqrt{3}\,i)(\sqrt{2}\,i-\sqrt{3})$
$=2i-\sqrt{6}-\sqrt{6}\,i^2+3i$
$=2i-\sqrt{6}+\sqrt{6}+3i$
$=\mathbf{5i}$

21A (1) $\mathbf{x=\pm\sqrt{-2}=\pm\sqrt{2}\,i}$

(2) $9x^2=-1$ より
$x^2=-\dfrac{1}{9}$
$\mathbf{x}=\pm\sqrt{-\dfrac{1}{9}}=\pm\sqrt{\dfrac{1}{9}}\,i=\mathbf{\pm\dfrac{1}{3}i}$

21B (1) $\mathbf{x}=\pm\sqrt{-16}=\pm\sqrt{16}\,i=\mathbf{\pm 4i}$

(2) $4x^2+9=0$ より
$x^2=-\dfrac{9}{4}$
$\mathbf{x}=\pm\sqrt{-\dfrac{9}{4}}=\pm\sqrt{\dfrac{9}{4}}\,i=\mathbf{\pm\dfrac{3}{2}i}$

6 2次方程式

p.17

22A (1) $\mathbf{x}=\dfrac{-5\pm\sqrt{5^2-4\times2\times1}}{2\times2}=\mathbf{\dfrac{-5\pm\sqrt{17}}{4}}$

(2) $\mathbf{x}=\dfrac{-12\pm\sqrt{12^2-4\times9\times4}}{2\times9}=\dfrac{-12\pm0}{18}=\mathbf{-\dfrac{2}{3}}$

(3) $\mathbf{x}=\dfrac{-(-1)\pm\sqrt{(-1)^2-4\times1\times1}}{2\times1}$

$=\dfrac{1\pm\sqrt{-3}}{2}=\dfrac{\mathbf{1\pm\sqrt{3}\,i}}{\mathbf{2}}$

22B (1) $x=\dfrac{-(-4)\pm\sqrt{(-4)^2-4\times1\times1}}{2\times1}$

$=\dfrac{4\pm\sqrt{12}}{2}=\dfrac{4\pm2\sqrt{3}}{2}=\mathbf{2\pm\sqrt{3}}$

(2) $x=\dfrac{-(-4)\pm\sqrt{(-4)^2-4\times2\times5}}{2\times2}$

$=\dfrac{4\pm\sqrt{-24}}{4}=\dfrac{4\pm2\sqrt{6}\,i}{4}=\dfrac{\mathbf{2\pm\sqrt{6}\,i}}{\mathbf{2}}$

(3) $x=\dfrac{-(-2)\pm\sqrt{(-2)^2-4\times3\times(-1)}}{2\times3}$

$=\dfrac{2\pm\sqrt{16}}{6}=\dfrac{2\pm4}{6}$

$\dfrac{2+4}{6}=1$, $\dfrac{2-4}{6}=-\dfrac{1}{3}$ より

$\boldsymbol{x=1,\ -\dfrac{1}{3}}$

23A 2次方程式の判別式をDとおく。

(1) $D=5^2-4\times2\times3=1>0$

よって，**異なる2つの実数解**をもつ。

(2) $D=(-10)^2-4\times25\times1=0$

よって，**重解**をもつ。

(3) $D=(2\sqrt{5})^2-4\times1\times5=0$

よって，**重解**をもつ。

23B 2次方程式の判別式をDとおく。

(1) $D=(-4)^2-4\times3\times2=-8<0$

よって，**異なる2つの虚数解**をもつ。

(2) $D=1^2-4\times1\times(-1)=5>0$

よって，**異なる2つの実数解**をもつ。

(3) $D=0^2-4\times4\times3=-48<0$

よって，**異なる2つの虚数解**をもつ。

24A この2次方程式の判別式をDとすると

$D=(m-3)^2-4\times1\times1$

$=m^2-6m+5$

(1) 2次方程式が異なる2つの実数解をもつのは$D>0$のときである。

ゆえに　$m^2-6m+5>0$

$(m-1)(m-5)>0$

よって，求める定数mの値の範囲は

$\boldsymbol{m<1,\ 5<m}$

(2) 2次方程式が異なる2つの虚数解をもつのは$D<0$のときである。

$m^2-6m+5<0$

$(m-1)(m-5)<0$

よって，求める定数mの値の範囲は

$\boldsymbol{1<m<5}$

24B この2次方程式の判別式をDとすると

$D=(2m)^2-4\times1\times(m+2)$

$=4m^2-4m-8$

(1) 2次方程式が実数解をもつのは$D\geqq0$のときである。

$4m^2-4m-8\geqq0$ より　$m^2-m-2\geqq0$

$(m+1)(m-2)\geqq0$

よって，求める定数mの値の範囲は

$\boldsymbol{m\leqq-1,\ 2\leqq m}$

(2) 2次方程式が異なる2つの虚数解をもつのは$D<0$のときである。

$4m^2-4m-8<0$ より　$m^2-m-2<0$

$(m+1)(m-2)<0$

よって，求める定数mの値の範囲は

$\boldsymbol{-1<m<2}$

7 解と係数の関係

p. 20

25A (1) $\boldsymbol{\alpha+\beta}=-\dfrac{-1}{2}=\dfrac{\mathbf{1}}{\mathbf{2}}$，$\boldsymbol{\alpha\beta}=\dfrac{-4}{2}=\mathbf{-2}$

(2) $(\alpha+3)(\beta+3)$

$=\alpha\beta+3(\alpha+\beta)+9$

$=-2+3\times\dfrac{1}{2}+9$

$=\dfrac{\mathbf{17}}{\mathbf{2}}$

(3) $\alpha^2-\alpha\beta+\beta^2$

$=(\alpha+\beta)^2-3\alpha\beta$

$=\left(\dfrac{1}{2}\right)^2-3\times(-2)$

$=\dfrac{\mathbf{25}}{\mathbf{4}}$

(4) $\alpha^3+\beta^3=(\alpha+\beta)(\alpha^2-\alpha\beta+\beta^2)$

であるから，(1)と(3)より

$\alpha^3+\beta^3=\dfrac{1}{2}\times\dfrac{25}{4}=\dfrac{\mathbf{25}}{\mathbf{8}}$

別解　$(\alpha+\beta)^3=\alpha^3+3\alpha^2\beta+3\alpha\beta^2+\beta^3$

より

$\alpha^3+\beta^3=(\alpha+\beta)^3-3\alpha\beta(\alpha+\beta)$

よって

$\alpha^3+\beta^3=\left(\dfrac{1}{2}\right)^3-3\times(-2)\times\dfrac{1}{2}=\dfrac{\mathbf{25}}{\mathbf{8}}$

25B (1) $\boldsymbol{\alpha+\beta}=\mathbf{-\dfrac{5}{3}}$，$\boldsymbol{\alpha\beta}=\mathbf{\dfrac{4}{3}}$

(2) $(\alpha-1)(\beta-1)$

$=\alpha\beta-(\alpha+\beta)+1$

$=\dfrac{4}{3}-\left(-\dfrac{5}{3}\right)+1$

$=\mathbf{4}$

(3) $(\alpha-\beta)^2$

$=\alpha^2-2\alpha\beta+\beta^2$

$=(\alpha+\beta)^2-4\alpha\beta$

$=\left(-\dfrac{5}{3}\right)^2-4\times\dfrac{4}{3}$

$=\mathbf{-\dfrac{23}{9}}$

(4) $\dfrac{1}{\alpha}+\dfrac{1}{\beta}$

$=\dfrac{\beta}{\alpha\beta}+\dfrac{\alpha}{\alpha\beta}$

$=\dfrac{\alpha+\beta}{\alpha\beta}$

$=\left(-\dfrac{5}{3}\right)\div\dfrac{4}{3}$

$=-\dfrac{\mathbf{5}}{\mathbf{4}}$

26A 2つの解は，α，3α と表せる。
解と係数の関係から
$\alpha+3\alpha=-8$，　$\alpha\times3\alpha=m$
よって　$\alpha+3\alpha=-8$　より　$\alpha=-2$
また　$\alpha\times3\alpha=m$　より　$m=12$
したがって，$\boldsymbol{m=12}$
2つの解は $\boldsymbol{x=-2,\ -6}$

26B 2つの解は，α，2α と表せる。
解と係数の関係から
$\alpha+2\alpha=9$，　$\alpha\times2\alpha=m$
よって　$\alpha+2\alpha=9$　より　$\alpha=3$
また　$\alpha\times2\alpha=m$　より　$m=18$
したがって，$\boldsymbol{m=18}$
2つの解は $\boldsymbol{x=3,\ 6}$

27A 2つの解は，α，$\alpha+4$ と表せる。
解と係数の関係から
$\alpha+(\alpha+4)=-10$，　$\alpha(\alpha+4)=m$
よって　$\alpha+(\alpha+4)=-10$　より　$\alpha=-7$
また　$\alpha(\alpha+4)=m$　より　$m=21$
したがって，$\boldsymbol{m=21}$
2つの解は $\boldsymbol{x=-7,\ -3}$

27B 2つの解は，α，$\alpha+3$ と表せる。
解と係数の関係から
$\alpha+(\alpha+3)=7$，　$\alpha(\alpha+3)=m$
よって　$\alpha+(\alpha+3)=7$　より　$\alpha=2$
また　$\alpha(\alpha+3)=m$　より　$m=10$
したがって，$\boldsymbol{m=10}$
2つの解は $\boldsymbol{x=2,\ 5}$

28A (1) 2次方程式 $2x^2-4x-1=0$ の解は

$$x=\frac{-(-4)\pm\sqrt{(-4)^2-4\times2\times(-1)}}{2\times2}$$

$$=\frac{4\pm2\sqrt{6}}{4}=\frac{2\pm\sqrt{6}}{2}$$

よって

$$2x^2-4x-1=\boldsymbol{2\left(x-\frac{2+\sqrt{6}}{2}\right)\left(x-\frac{2-\sqrt{6}}{2}\right)}$$

(2) 2次方程式 $3x^2-6x+5=0$ の解は

$$x=\frac{-(-6)\pm\sqrt{(-6)^2-4\times3\times5}}{2\times3}$$

$$=\frac{6\pm2\sqrt{6}\,i}{6}=\frac{3\pm\sqrt{6}\,i}{3}$$

よって

$$3x^2-6x+5=\boldsymbol{3\left(x-\frac{3+\sqrt{6}\,i}{3}\right)\left(x-\frac{3-\sqrt{6}\,i}{3}\right)}$$

28B (1) 2次方程式 $x^2-x+1=0$ の解は

$$x=\frac{-(-1)\pm\sqrt{(-1)^2-4\times1\times1}}{2\times1}=\frac{1\pm\sqrt{3}\,i}{2}$$

よって

$$x^2-x+1=\boldsymbol{\left(x-\frac{1+\sqrt{3}\,i}{2}\right)\left(x-\frac{1-\sqrt{3}\,i}{2}\right)}$$

(2) 2次方程式 $x^2+4=0$ の解は　$x=\pm2i$
よって
$x^2+4=\boldsymbol{(x+2i)(x-2i)}$

29A (1) 解の和　$3+(-4)=-1$
解の積　$3\times(-4)=-12$
より　$\boldsymbol{x^2+x-12=0}$

(2) 解の和　$(1+4i)+(1-4i)=2$
解の積　$(1+4i)(1-4i)=1-16i^2=17$
より　$\boldsymbol{x^2-2x+17=0}$

29B (1) 解の和　$(2+\sqrt{5})+(2-\sqrt{5})=4$
解の積　$(2+\sqrt{5})(2-\sqrt{5})=4-5=-1$
より　$\boldsymbol{x^2-4x-1=0}$

(2) 解の和　$(3+2i)+(3-2i)=6$
解の積　$(3+2i)(3-2i)=9-4i^2=13$
より　$\boldsymbol{x^2-6x+13=0}$

30A 解と係数の関係より

$\alpha+\beta=-\dfrac{1}{2}$，$\alpha\beta=\dfrac{-2}{2}=-1$

$2\alpha+1$，$2\beta+1$ の和と積をそれぞれ求めると

$$(2\alpha+1)+(2\beta+1)=2(\alpha+\beta)+2$$
$$=2\times\left(-\frac{1}{2}\right)+2$$
$$=1$$

$$(2\alpha+1)(2\beta+1)=4\alpha\beta+2(\alpha+\beta)+1$$
$$=4\times(-1)+2\times\left(-\frac{1}{2}\right)+1$$
$$=-4$$

よって，求める2次方程式の1つは
$\boldsymbol{x^2-x-4=0}$

30B 解と係数の関係より
$\alpha+\beta=5$，$\alpha\beta=2$

$\dfrac{4}{\alpha}$，$\dfrac{4}{\beta}$ の和と積をそれぞれ求めると

$$\frac{4}{\alpha}+\frac{4}{\beta}=\frac{4(\alpha+\beta)}{\alpha\beta}=\frac{4\times5}{2}=10$$

$$\frac{4}{\alpha}\times\frac{4}{\beta}=\frac{16}{\alpha\beta}=\frac{16}{2}=8$$

よって，求める2次方程式の1つは
$\boldsymbol{x^2-10x+8=0}$

8 剰余の定理

p.24

31A (1) $P(x)=2x^3+x^2-4x-3$ を $x-1$ で割ったときの余りは
$P(1)=2\times1^3+1^2-4\times1-3=\boldsymbol{-4}$

(2) $P(x)=2x^3+x^2-4x-3$ を $x+2$ で割ったときの余りは
$P(-2)=2\times(-2)^3+(-2)^2-4\times(-2)-3=\boldsymbol{-7}$

31B (1) $P(x)=x^3+3x^2-4x+5$ を $x-2$ で割ったときの余りは

$P(2)=2^3+3\times2^2-4\times2+5=\mathbf{17}$

(2) $P(x)=x^3+3x^2-4x+5$ を $x+3$ で割ったときの余りは

$P(-3)=(-3)^3+3\times(-3)^2-4\times(-3)+5=\mathbf{17}$

32A (1) 剰余の定理より　$P(2)=-5$

ここで　$P(2)=2^3-3\times2^2-4\times2+k$

$=k-12$

よって，$k-12=-5$ より　$\boldsymbol{k=7}$

(2) 剰余の定理より　$P(1)=0$

ここで　$P(1)=1^3-2\times1^2-k\times1-5$

$=-k-6$

よって，$-k-6=0$ より　$\boldsymbol{k=-6}$

32B (1) 剰余の定理より　$P(-1)=3$

ここで　$P(-1)=(-1)^3+k\times(-1)^2-2\times(-1)+3$

$=k+4$

よって，$k+4=3$ より　$\boldsymbol{k=-1}$

(2) 剰余の定理より　$P(-2)=0$

ここで

$P(-2)=2\times(-2)^3+4\times(-2)^2-5\times(-2)+k$

$=k+10$

よって，$k+10=0$ より　$\boldsymbol{k=-10}$

33A $P(x)$ を $(x-2)(x-3)$ で割ったときの商を $Q(x)$ とする。$(x-2)(x-3)$ は2次式であるから，余りは1次以下の整式となる。この余りを $ax+b$ とおくと，次の等式が成り立つ。

$P(x)=(x-2)(x-3)Q(x)+ax+b$　……①

①に $x=2,\ 3$ をそれぞれ代入すると

$P(2)=2a+b$

$P(3)=3a+b$

一方，与えられた条件から剰余の定理より

$P(2)=-1,\ P(3)=2$

よって $\begin{cases}2a+b=-1\\3a+b=2\end{cases}$

これを解くと　$a=3,\ b=-7$

したがって，求める余りは $\mathbf{3x-7}$

33B $P(x)$ を $(x+2)(x+4)$ で割ったときの商を $Q(x)$ とする。$(x+2)(x+4)$ は2次式であるから，余りは1次以下の整式となる。この余りを $ax+b$ とおくと，次の等式が成り立つ。

$P(x)=(x+2)(x+4)Q(x)+ax+b$　……①

①に $x=-2,\ -4$ をそれぞれ代入すると

$P(-2)=-2a+b$

$P(-4)=-4a+b$

一方，与えられた条件から剰余の定理より

$P(-2)=3,\ P(-4)=5$

よって $\begin{cases}-2a+b=3\\-4a+b=5\end{cases}$

これを解くと　$a=-1,\ b=1$

したがって，求める余りは $\mathbf{-x+1}$

9 因数定理

p.26

34A $P(-1)=(-1)^3-2\times(-1)^2-5\times(-1)+10$

$=12$

$P(2)=2^3-2\times2^2-5\times2+10$

$=0$

$P(-3)=(-3)^3-2\times(-3)^2-5\times(-3)+10$

$=-20$

よって　$\mathbf{x-2}$

34B $P(-1)=2\times(-1)^3+5\times(-1)^2-6\times(-1)-9$

$=0$

$P(2)=2\times2^3+5\times2^2-6\times2-9$

$=15$

$P(-3)=2\times(-3)^3+5\times(-3)^2-6\times(-3)-9$

$=0$

よって　$\mathbf{x+1}$ と $\mathbf{x+3}$

35A (1) $P(-1)=(-1)^3-3\times(-1)^2+m\times(-1)+6=0$

となればよいから　$\boldsymbol{m=2}$

(2) $P(3)=3^3-3\times3^2+m\times3+6=0$

となればよいから　$\boldsymbol{m=-2}$

35B (1) $P(-2)=(-2)^3-m\times(-2)^2+5\times(-2)-6=0$

となればよいから　$\boldsymbol{m=-6}$

(2) $P(1)=1^3-m\times1^2+5\times1-6=0$

となればよいから　$\boldsymbol{m=0}$

36A (1) $P(x)=x^3-4x^2+x+6$ とおくと

$P(-1)=(-1)^3-4\times(-1)^2-1+6=0$

よって，$P(x)$ は $x+1$ を因数にもつ。

$P(x)$ を $x+1$ で割ると，次の計算より商が x^2-5x+6 であるから

$$\begin{array}{r|l}
 & x^2-5x+6 \\
\hline
x+1 & x^3-4x^2+x+6 \\
 & x^3+x^2 \\
\hline
 & -5x^2+x \\
 & -5x^2-5x \\
\hline
 & 6x+6 \\
 & 6x+6 \\
\hline
 & 0
\end{array}$$

x^3-4x^2+x+6

$=(x+1)(x^2-5x+6)$

$=\mathbf{(x+1)(x-2)(x-3)}$

(2) $P(x)=x^3-6x^2+12x-8$ とおくと

$P(2)=2^3-6\times2^2+12\times2-8=0$

よって，$P(x)$ は $x-2$ を因数にもつ。

$P(x)$ を $x-2$ で割ると，次の計算より商が x^2-4x+4 であるから

$$\begin{array}{r} x^2-4x+4 \\ x-2\,\big)\,\overline{x^3-6x^2+12x-8} \\ \underline{x^3-2x^2} \\ -4x^2+12x \\ \underline{-4x^2+8x} \\ 4x-8 \\ \underline{4x-8} \\ 0 \end{array}$$

$x^3-6x^2+12x-8$
$=(x-2)(x^2-4x+4)$
$=\boldsymbol{(x-2)^3}$

36B (1) $P(x)=x^3+4x^2-3x-18$ とおくと
$P(2)=2^3+4\times2^2-3\times2-18=0$
よって，$P(x)$ は $x-2$ を因数にもつ。
$P(x)$ を $x-2$ で割ると，次の計算より商が
x^2+6x+9 であるから

$$\begin{array}{r} x^2+6x+9 \\ x-2\,\big)\,\overline{x^3+4x^2-3x-18} \\ \underline{x^3-2x^2} \\ 6x^2-3x \\ \underline{6x^2-12x} \\ 9x-18 \\ \underline{9x-18} \\ 0 \end{array}$$

$x^3+4x^2-3x-18$
$=(x-2)(x^2+6x+9)$
$=\boldsymbol{(x-2)(x+3)^2}$

(2) $P(x)=2x^3-3x^2-11x+6$ とおくと
$P(-2)=2\times(-2)^3-3\times(-2)^2-11\times(-2)+6$
$=0$
よって，$P(x)$ は $x+2$ を因数にもつ。
$P(x)$ を $x+2$ で割ると，次の計算より商が
$2x^2-7x+3$ であるから

$$\begin{array}{r} 2x^2-7x+3 \\ x+2\,\big)\,\overline{2x^3-3x^2-11x+6} \\ \underline{2x^3+4x^2} \\ -7x^2-11x \\ \underline{-7x^2-14x} \\ 3x+6 \\ \underline{3x+6} \\ 0 \end{array}$$

$2x^3-3x^2-11x+6$
$=(x+2)(2x^2-7x+3)$
$=\boldsymbol{(x+2)(x-3)(2x-1)}$

10 高次方程式

p. 28

37A (1) $x^3=27$
$x^3-27=0$ として左辺を因数分解すると
$(x-3)(x^2+3x+9)=0$
ゆえに　$x-3=0$　または　$x^2+3x+9=0$
よって　$\boldsymbol{x=3,\ \dfrac{-3\pm3\sqrt{3}\,i}{2}}$

(2) $8x^3-1=0$ の左辺を因数分解すると
$(2x-1)(4x^2+2x+1)=0$
ゆえに　$2x-1=0$　または　$4x^2+2x+1=0$
よって　$\boldsymbol{x=\dfrac{1}{2},\ \dfrac{-1\pm\sqrt{3}\,i}{4}}$

37B (1) $x^3=-125$
$x^3+125=0$ として左辺を因数分解すると
$(x+5)(x^2-5x+25)=0$
ゆえに　$x+5=0$　または　$x^2-5x+25=0$
よって　$\boldsymbol{x=-5,\ \dfrac{5\pm5\sqrt{3}\,i}{2}}$

(2) $27x^3+8=0$ の左辺を因数分解すると
$(3x+2)(9x^2-6x+4)=0$
ゆえに　$3x+2=0$　または　$9x^2-6x+4=0$
よって　$\boldsymbol{x=-\dfrac{2}{3},\ \dfrac{1\pm\sqrt{3}\,i}{3}}$

38A (1) 左辺を因数分解すると
$(x^2+4)(x^2-1)=0$
ゆえに　$x^2+4=0$
または　$x^2-1=0$
よって　$\boldsymbol{x=\pm2i,\ \pm1}$

$x^2=A$ とおくと
x^4+3x^2-4
$=A^2+3A-4$
$=(A+4)(A-1)$

(2) 左辺を因数分解すると
$(x^2+4)(x^2-4)=0$
ゆえに　$x^2+4=0$
または　$x^2-4=0$
よって　$\boldsymbol{x=\pm2i,\ \pm2}$

$x^2=A$ とおくと
x^4-16
$=A^2-16$
$=(A+4)(A-4)$

38B (1) 左辺を因数分解すると
$(x^2+5)(x^2-6)=0$
ゆえに　$x^2+5=0$
または　$x^2-6=0$
よって　$\boldsymbol{x=\pm\sqrt{5}\,i,\ \pm\sqrt{6}}$

$x^2=A$ とおくと
x^4-x^2-30
$=A^2-A-30$
$=(A+5)(A-6)$

(2) 左辺を因数分解すると
$(9x^2+1)(9x^2-1)=0$
ゆえに　$9x^2+1=0$
または　$9x^2-1=0$
よって　$\boldsymbol{x=\pm\dfrac{1}{3}i,\ \pm\dfrac{1}{3}}$

$x^2=A$ とおくと
$81x^4-1$
$=81A^2-1$
$=(9A+1)(9A-1)$

39A (1) $P(x)=x^3-7x^2+x+5$ とおくと
$P(1)=1^3-7\times1^2+1+5=0$
よって，$P(x)$ は $x-1$ を因数にもち
$P(x)=(x-1)(x^2-6x-5)$
と因数分解できる。
ゆえに，$P(x)=0$ より
$(x-1)(x^2-6x-5)=0$
よって　$x-1=0$
または　$x^2-6x-5=0$
したがって　$\boldsymbol{x=1,\ 3\pm\sqrt{14}}$

$$\begin{array}{r} x^2-6x-5 \\ x-1\,\big)\,\overline{x^3-7x^2+x+5} \\ \underline{x^3-x^2} \\ -6x^2+x \\ \underline{-6x^2+6x} \\ -5x+5 \\ \underline{-5x+5} \\ 0 \end{array}$$

(2) $P(x)=x^3-2x^2+x+4$ とおくと

$P(-1)=(-1)^3-2\times(-1)^2+(-1)+4=0$

よって，$P(x)$ は $x+1$ を因数にもち

$P(x)=(x+1)(x^2-3x+4)$

と因数分解できる。

$$\begin{array}{r}x^2-3x+4\\ x+1\overline{)x^3-2x^2+x+4}\\ \underline{x^3+x^2}\\ -3x^2+x\\ \underline{-3x^2-3x}\\ 4x+4\\ \underline{4x+4}\\ 0\end{array}$$

ゆえに，$P(x)=0$ より

$(x+1)(x^2-3x+4)=0$

よって　$x+1=0$

または　$x^2-3x+4=0$

したがって　$\boldsymbol{x=-1,\ \dfrac{3\pm\sqrt{7}i}{2}}$

39B (1) $P(x)=x^3+4x^2-8$ とおくと

$P(-2)=(-2)^3+4\times(-2)^2-8=0$

よって，$P(x)$ は $x+2$ を因数にもち

$P(x)=(x+2)(x^2+2x-4)$

と因数分解できる。

$$\begin{array}{r}x^2+2x-4\\ x+2\overline{)x^3+4x^2-8}\\ \underline{x^3+2x^2}\\ 2x^2\\ \underline{2x^2+4x}\\ -4x-8\\ \underline{-4x-8}\\ 0\end{array}$$

ゆえに，$P(x)=0$ より

$(x+2)(x^2+2x-4)=0$

よって　$x+2=0$

または　$x^2+2x-4=0$

したがって　$\boldsymbol{x=-2,\ -1\pm\sqrt{5}}$

(2) $P(x)=2x^3-3x^2-3x+2$ とおくと

$P(2)=2\times2^3-3\times2^2-3\times2+2=0$

よって　$P(x)$ は $x-2$ を因数にもち

$P(x)=(x-2)(2x^2+x-1)$

$\quad=(x-2)(2x-1)(x+1)$

と因数分解できる。

$$\begin{array}{r}2x^2+x-1\\ x-2\overline{)2x^3-3x^2-3x+2}\\ \underline{2x^3-4x^2}\\ x^2-3x\\ \underline{x^2-2x}\\ -x+2\\ \underline{-x+2}\\ 0\end{array}$$

ゆえに，

$P(x)=0$ より

$(x-2)(2x-1)(x+1)=0$

よって　$x-2=0$

または　$2x-1=0$

または　$x+1=0$

したがって　$\boldsymbol{x=2,\ \dfrac{1}{2},\ -1}$

40A $x^3+px^2+qx+20=0$ の解の1つが

$1-3i$ であるから

$(1-3i)^3+p(1-3i)^2+q(1-3i)+20=0$

これを展開して整理すると

$(-8p+q-6)+(-6p-3q+18)i=0$

$-8p+q-6$，$-6p-3q+18$ は実数であるから

$-8p+q-6=0$，$-6p-3q+18=0$

これを解くと　$p=0$，$q=6$

このとき，与えられた方程式は

$x^3+6x+20=0$

左辺を因数分解すると

$(x+2)(x^2-2x+10)=0$

より　$x=-2,\ 1\pm3i$

したがって　$\boldsymbol{p=0,\ q=6}$

他の解は　$\boldsymbol{x=-2,\ 1+3i}$

40B $x^3-3x^2+px+q=0$ の解の1つが

$2+3i$ であるから

$(2+3i)^3-3(2+3i)^2+p(2+3i)+q=0$

これを展開して整理すると

$(2p+q-31)+(3p-27)i=0$

$2p+q-31$，$3p-27$ は実数であるから

$2p+q-31=0$，$3p-27=0$

これを解くと　$p=9$，$q=13$

このとき，与えられた方程式は

$x^3-3x^2+9x+13=0$

左辺を因数分解すると

$(x+1)(x^2-4x+13)=0$

より　$x=-1,\ 2\pm3i$

したがって　$\boldsymbol{p=9,\ q=13}$

他の解は　$\boldsymbol{x=-1,\ 2-3i}$

3節　式と証明

11 恒等式

p.31

41A (1) 与えられた等式について，右辺を展開して整理すると

$2x+6=(a+b)x+(a-3b)$

両辺の同じ次数の項の係数を比べて

$$\begin{cases}2=a+b\\6=a-3b\end{cases}$$

これを解くと　$\boldsymbol{a=3,\ b=-1}$

(2) 与えられた等式について，右辺を展開して整理すると

$2x^2-3x+4=ax^2+(-2a+b)x+(a-b+c)$

両辺の同じ次数の項の係数を比べて

$$\begin{cases}2=a\\-3=-2a+b\\4=a-b+c\end{cases}$$

これを解くと　$\boldsymbol{a=2,\ b=1,\ c=3}$

41B (1) 与えられた等式について，右辺を展開して整理すると

$x^2+4x+6=ax^2+(2a+b)x+(a+b+c)$

両辺の同じ次数の項の係数を比べて

$$\begin{cases}1=a\\4=2a+b\\6=a+b+c\end{cases}$$

これを解くと　$\boldsymbol{a=1,\ b=2,\ c=3}$

(2) $(2a+b)x^2+(c-3)x+(a+c)=0$

x についての恒等式であるから

$$\begin{cases}2a+b=0\\c-3=0\\a+c=0\end{cases}$$

これを解くと　$\boldsymbol{a=-3,\ b=6,\ c=3}$

12 等式の証明

p.32

42A (1) (左辺)$=a^2+4ab+4b^2-(a^2-4ab+4b^2)$

$\quad=8ab=$(右辺)

よって　$(a+2b)^2-(a-2b)^2=8ab$

(2)　$(左辺)=a^2b^2+a^2+b^2+1$

$(右辺)=a^2b^2-2ab+1+a^2+2ab+b^2$

$=a^2b^2+a^2+b^2+1$

よって　$(a^2+1)(b^2+1)=(ab-1)^2+(a+b)^2$

42B (1)　$(左辺)=a^3-3a^2b+3ab^2-b^3+3a^2b-3ab^2$

$=a^3-b^3=(右辺)$

よって　$(a-b)^3+3ab(a-b)=a^3-b^3$

(2)　$(左辺)=a^2x^2+a^2+b^2x^2+b^2$

$(右辺)=a^2x^2+2abx+b^2+a^2-2abx+b^2x^2$

$=a^2x^2+a^2+b^2x^2+b^2$

よって　$(a^2+b^2)(x^2+1)=(ax+b)^2+(a-bx)^2$

43A (1)　$a+b=1$ であるから，$b=1-a$

このとき　$(左辺)=a^2+(1-a)^2$

$=2a^2-2a+1$

$(右辺)=1-2a(1-a)$

$=1-2a+2a^2$

$=2a^2-2a+1$

よって　$a^2+b^2=1-2ab$

(2)　$a+b=1$ であるから，$b=1-a$

このとき　$(左辺)=a^2+2(1-a)$

$=a^2-2a+2$

$(右辺)=(1-a)^2+1$

$=1-2a+a^2+1$

$=a^2-2a+2$

よって　$a^2+2b=b^2+1$

43B (1)　$a+b+3=0$ であるから，$b=-a-3$

このとき　$(左辺)=a^2-3(-a-3)$

$=a^2+3a+9$

$(右辺)=(-a-3)^2-3a$

$=a^2+6a+9-3a$

$=a^2+3a+9$

よって　$a^2-3b=b^2-3a$

(2)　$a+b+3=0$ であるから，$b=-a-3$

このとき

(左辺)

$=(-a-3+3)(a+3)(a-a-3)+3a(-a-3)$

$=-a(a+3)\times(-3)+3a(-a-3)$

$=3a(a+3)-3a(a+3)$

$=0=(右辺)$

よって　$(b+3)(a+3)(a+b)+3ab=0$

44A (1)　$\dfrac{x}{a}=\dfrac{y}{b}=k$ とおくと　$x=ak,\ y=bk$

このとき　$(左辺)=(a^2+b^2)(a^2k^2+b^2k^2)$

$=a^4k^2+2a^2b^2k^2+b^4k^2$

$(右辺)=(a^2k+b^2k)^2$

$=a^4k^2+2a^2b^2k^2+b^4k^2$

よって　$(a^2+b^2)(x^2+y^2)=(ax+by)^2$

(2)　$\dfrac{x}{a}=\dfrac{y}{b}=k$ とおくと　$x=ak,\ y=bk$

このとき

$(左辺)=\dfrac{a^2k^2}{a^2}+\dfrac{b^2k^2}{b^2}=k^2+k^2=2k^2$

$(右辺)=\dfrac{2(ak+bk)^2}{(a+b)^2}=\dfrac{2k^2(a+b)^2}{(a+b)^2}=2k^2$

よって　$\dfrac{x^2}{a^2}+\dfrac{y^2}{b^2}=\dfrac{2(x+y)^2}{(a+b)^2}$

44B (1)　$\dfrac{a}{b}=\dfrac{c}{d}=k$ とおくと　$a=bk,\ c=dk$

このとき　$(左辺)=\dfrac{bk+dk}{b+d}=\dfrac{k(b+d)}{b+d}=k$

$(右辺)=\dfrac{bk\times d+b\times dk}{2bd}=\dfrac{2bdk}{2bd}=k$

よって　$\dfrac{a+c}{b+d}=\dfrac{ad+bc}{2bd}$

(2)　$\dfrac{a}{b}=\dfrac{c}{d}=k$ とおくと　$a=bk,\ c=dk$

このとき

$(左辺)=\dfrac{bk\times dk}{(bk)^2-(dk)^2}=\dfrac{bdk^2}{(b^2-d^2)k^2}=\dfrac{bd}{b^2-d^2}$

$=(右辺)$

よって　$\dfrac{ac}{a^2-c^2}=\dfrac{bd}{b^2-d^2}$

13 不等式の証明

p.35

45A (1)　$(左辺)-(右辺)=3a-b-(a+b)$

$=2a-2b=2(a-b)$

ここで，$a>b$ のとき，$a-b>0$ であるから

$2(a-b)>0$

ゆえに　$3a-b-(a+b)>0$

よって　$3a-b>a+b$

(2)　$(左辺)-(右辺)=\dfrac{a+3b}{4}-\dfrac{a+4b}{5}$

$=\dfrac{5(a+3b)-4(a+4b)}{20}$

$=\dfrac{a-b}{20}$

ここで，$a>b$ のとき，$a-b>0$ であるから

$\dfrac{a-b}{20}>0$

ゆえに　$\dfrac{a+3b}{4}-\dfrac{a+4b}{5}>0$

よって　$\dfrac{a+3b}{4}>\dfrac{a+4b}{5}$

45B (1)　(左辺)−(右辺)

$=x^2+2xy-(2y^2+xy)$

$=x^2+xy-2y^2$

$=(x-y)(x+2y)$

ここで，$x>y>0$ のとき，$x-y>0$，

$x+2y>0$ であるから　$(x-y)(x+2y)>0$

ゆえに　$x^2+2xy-(2y^2+xy)>0$

よって　$x^2+2xy>2y^2+xy$

(2)　$x-\dfrac{x+2y}{3}=\dfrac{3x-x-2y}{3}=\dfrac{2(x-y)}{3}$

$\dfrac{x+2y}{3}-y=\dfrac{x+2y-3y}{3}=\dfrac{x-y}{3}$

ここで，$x>y$ のとき，$x-y>0$ であるから

$\dfrac{2(x-y)}{3}>0$，$\dfrac{x-y}{3}>0$

ゆえに　$x-\dfrac{x+2y}{3}>0$，$\dfrac{x+2y}{3}-y>0$

よって　$x>\dfrac{x+2y}{3}>y$

46A (1) (左辺)−(右辺)$=x^2+9-6x$

$=(x-3)^2\geqq 0$

よって　$x^2+9\geqq 6x$

等号が成り立つのは，$x-3=0$ より $x=3$ のときである。

(2) (左辺)−(右辺)$=9x^2+4y^2-12xy$

$=(3x-2y)^2\geqq 0$

よって　$9x^2+4y^2\geqq 12xy$

等号が成り立つのは，$3x-2y=0$ より $3x=2y$ のときである。

46B (1) (左辺)−(右辺)$=x^2+1-2x$

$=(x-1)^2\geqq 0$

よって　$x^2+1\geqq 2x$

等号が成り立つのは，$x-1=0$ より $x=1$ のときである。

(2) (左辺)−(右辺)$=(2x+3y)^2-24xy$

$=4x^2-12xy+9y^2$

$=(2x-3y)^2\geqq 0$

よって　$(2x+3y)^2\geqq 24xy$

等号が成り立つのは，$2x-3y=0$ より $2x=3y$ のときである。

47A (1) 両辺の平方の差を考えると

$(a+1)^2-(2\sqrt{a})^2=a^2+2a+1-4a$

$=a^2-2a+1$

$=(a-1)^2\geqq 0$

よって　$(a+1)^2\geqq(2\sqrt{a})^2$

ここで，$a+1>0$，$2\sqrt{a}\geqq 0$ であるから

$a+1\geqq 2\sqrt{a}$

等号が成り立つのは，$a-1=0$ より $a=1$ のときである。

(2) 両辺の平方の差を考えると

$(\sqrt{a}+2\sqrt{b})^2-(\sqrt{a+4b})^2$

$=a+4\sqrt{ab}+4b-(a+4b)$

$=4\sqrt{ab}\geqq 0$

よって　$(\sqrt{a}+2\sqrt{b})^2\geqq(\sqrt{a+4b})^2$

$\sqrt{a}+2\sqrt{b}\geqq 0$，$\sqrt{a+4b}\geqq 0$ であるから

$\sqrt{a}+2\sqrt{b}\geqq\sqrt{a+4b}$

等号が成り立つのは，$\sqrt{ab}=0$ より　$ab=0$

すなわち　$a=0$ または $b=0$ のときである。

47B (1) 両辺の平方の差を考えると

$(a+1)^2-(\sqrt{2a+1})^2=a^2+2a+1-(2a+1)$

$=a^2\geqq 0$

よって　$(a+1)^2\geqq(\sqrt{2a+1})^2$

$a+1>0$，$\sqrt{2a+1}>0$ であるから

$a+1\geqq\sqrt{2a+1}$

等号が成り立つのは $a=0$ のときである。

(2) 両辺の平方の差を考えると

$\{\sqrt{2(a^2+4b^2)}\}^2-(a+2b)^2$

$=2(a^2+4b^2)-(a^2+4ab+4b^2)$

$=a^2-4ab+4b^2$

$=(a-2b)^2\geqq 0$

よって　$\{\sqrt{2(a^2+4b^2)}\}^2\geqq(a+2b)^2$

$\sqrt{2(a^2+4b^2)}\geqq 0$，$a+2b\geqq 0$ であるから

$\sqrt{2(a^2+4b^2)}\geqq a+2b$

等号が成り立つのは，$a-2b=0$ より $a=2b$ のときである。

48A (1) $a>0$ より，$2a>0$，$\dfrac{1}{a}>0$ であるから，

相加平均と相乗平均の大小関係より

$2a+\dfrac{1}{a}\geqq 2\sqrt{2a\times\dfrac{1}{a}}=2\sqrt{2}$

ゆえに　$2a+\dfrac{1}{a}\geqq 2\sqrt{2}$

また，等号が成り立つのは $2a=\dfrac{1}{a}$

すなわち $2a^2=1$ のときである。

よって　$a=\pm\dfrac{\sqrt{2}}{2}$

ここで，$a>0$ であるから，$a=\dfrac{\sqrt{2}}{2}$ のときである。

(2) $a>0$，$b>0$ より，$\dfrac{b}{2a}>0$，$\dfrac{a}{2b}>0$ であるから，相加平均と相乗平均の大小関係より

$\dfrac{b}{2a}+\dfrac{a}{2b}\geqq 2\sqrt{\dfrac{b}{2a}\times\dfrac{a}{2b}}=1$

ゆえに，$\dfrac{b}{2a}+\dfrac{a}{2b}\geqq 1$ より　$\dfrac{b}{2a}+\dfrac{a}{2b}-1\geqq 0$

また，等号が成り立つのは $\dfrac{b}{2a}=\dfrac{a}{2b}$

すなわち $a^2=b^2$ のときである。

ここで，$a>0$，$b>0$ であるから $a=b$ のときである。

48B (1) $a>0$，$b>0$ より，$a+b>0$，$\dfrac{1}{a+b}>0$ であるから，相加平均と相乗平均の大小関係より

$a+b+\dfrac{1}{a+b}\geqq 2\sqrt{(a+b)\times\dfrac{1}{a+b}}=2$

ゆえに　$a+b+\dfrac{1}{a+b}\geqq 2$

また，等号が成り立つのは $a+b=\dfrac{1}{a+b}$

すなわち $(a+b)^2=1$ のときである。

よって　$a+b=\pm 1$

ここで，$a>0$，$b>0$ であるから，$a+b=1$ のときである。

(2)　$a>0$，$\frac{1}{a}>0$ であるから，

相加平均と相乗平均の大小関係より

$a+\frac{1}{a}\geqq 2\sqrt{a\times\frac{1}{a}}=2$

ゆえに，$a+\frac{1}{a}\geqq 2$

また，等号が成り立つのは $a=\frac{1}{a}$

すなわち $a^2=1$ のときである。

よって　$a=\pm 1$

ここで，$a>0$ であるから，$a=1$ のときである。

同様に

$b+\frac{1}{b}\geqq 2$

また，等号が成り立つのは $b=1$ のときである。

よって　$a+b+\frac{1}{a}+\frac{1}{b}\geqq 4$

また，等号が成り立つのは $a=b=1$ のときである。

演習問題

49A　$(分母)=x-\frac{3}{x+2}=\frac{x(x+2)-3}{x+2}=\frac{x^2+2x-3}{x+2}$

よって　$\dfrac{x-1}{x-\frac{3}{x+2}}$

$=(x-1)\div\frac{x^2+2x-3}{x+2}$

$=(x-1)\times\frac{x+2}{x^2+2x-3}$

$=(x-1)\times\frac{x+2}{(x-1)(x+3)}$

$=\boldsymbol{\frac{x+2}{x+3}}$

別解　分母，分子に $x+2$ を掛けて

$\dfrac{x-1}{x-\frac{3}{x+2}}=\dfrac{(x-1)\times(x+2)}{\left(x-\frac{3}{x+2}\right)\times(x+2)}$

$=\frac{(x-1)(x+2)}{x(x+2)-3}$

$=\frac{(x-1)(x+2)}{x^2+2x-3}$

$=\frac{(x-1)(x+2)}{(x-1)(x+3)}$

$=\boldsymbol{\frac{x+2}{x+3}}$

49B　$(分子)=x-\frac{2}{x+1}=\frac{x(x+1)-2}{x+1}=\frac{x^2+x-2}{x+1}$

$(分母)=1-\frac{2}{x+1}=\frac{x+1-2}{x+1}=\frac{x-1}{x+1}$

よって

$\dfrac{x-\frac{2}{x+1}}{1-\frac{2}{x+1}}=\frac{x^2+x-2}{x+1}\div\frac{x-1}{x+1}$

$=\frac{x^2+x-2}{x+1}\times\frac{x+1}{x-1}$

$=\frac{(x-1)(x+2)}{x+1}\times\frac{x+1}{x-1}$

$=\boldsymbol{x+2}$

別解　分母，分子に $x+1$ を掛けて

$\dfrac{x-\frac{2}{x+1}}{1-\frac{2}{x+1}}=\dfrac{\left(x-\frac{2}{x+1}\right)\times(x+1)}{\left(1-\frac{2}{x+1}\right)\times(x+1)}$

$=\frac{x(x+1)-2}{x+1-2}$

$=\frac{x^2+x-2}{x-1}$

$=\frac{(x-1)(x+2)}{x-1}$

$=\boldsymbol{x+2}$

50A　2次方程式 $x^2+2mx-m+12=0$ の判別式を D とすると

$D=(2m)^2-4\times1\times(-m+12)$

$=4(m^2+m-12)$

$=4(m-3)(m+4)$

異なる2つの負の実数解を α，β とすると，解と係数の関係より

$\alpha+\beta=-2m$，$\alpha\beta=-m+12$

$D>0$，$\alpha+\beta<0$，$\alpha\beta>0$ であればよいから

$(m-3)(m+4)>0$ より

$m<-4$，$3<m$　……①

$-2m<0$ より

$m>0$　……②

$-m+12>0$ より

$m<12$　……③

①，②，③より，求める定数 m の値の範囲は

$\boldsymbol{3<m<12}$

50B　2次方程式 $x^2+2(m-1)x-m+3=0$ の異なる符号の解を α，β とすると，解と係数の関係より

$\alpha\beta=-m+3$

$\alpha\beta<0$ であればよいから　$-m+3<0$

よって，求める定数 m の値の範囲は　$\boldsymbol{3<m}$

51A　$|a|+|b|$ と $\sqrt{a^2+b^2}$ の平方の差を考えると

$(|a|+|b|)^2-(\sqrt{a^2+b^2})^2$

$=|a|^2+2|a||b|+|b|^2-(a^2+b^2)$

$=a^2+2|a||b|+b^2-a^2-b^2$

$=2|a||b|=2|ab|\geqq 0$

よって　$(|a|+|b|)^2\geqq(\sqrt{a^2+b^2})^2$

$|a|+|b|\geqq 0$，$\sqrt{a^2+b^2}\geqq 0$ であるから

$|a|+|b|\geqq\sqrt{a^2+b^2}$

等号が成り立つのは $|ab|=0$ より $ab=0$ のときである。

51B　$\sqrt{2(a^2+b^2)}$ と $|a|+|b|$ の平方の差を考えると

$\{\sqrt{2(a^2+b^2)}\}^2-(|a|+|b|)^2$

$=2(a^2+b^2)-(|a|^2+2|a||b|+|b|^2)$

$=2a^2+2b^2-a^2-2|a||b|-b^2$

$=a^2-2|a||b|+b^2$

$=|a|^2-2|a||b|+|b|^2$

$=(|a|-|b|)^2 \geqq 0$

よって　$\{\sqrt{2(a^2+b^2)}\}^2 \geqq (|a|+|b|)^2$

$\sqrt{2(a^2+b^2)} \geqq 0$，$|a|+|b| \geqq 0$ であるから

$\sqrt{2(a^2+b^2)} \geqq |a|+|b|$

等号が成り立つのは $|a|-|b|=0$ より $|a|=|b|$ のときである。

2章　図形と方程式

1節　点と直線

14 直線上の点

p.42

52A $AB=|(-2)-3|=|-5|=\mathbf{5}$

52B $AB=|(-1)-(-4)|=|3|=\mathbf{3}$

53A (1) $\dfrac{2\times(-6)+3\times4}{3+2}=\dfrac{0}{5}=0$ より　$\mathbf{C(0)}$

(2) $\dfrac{3\times(-6)+2\times4}{2+3}=-\dfrac{10}{5}=-2$ より　$\mathbf{D(-2)}$

(3) $\dfrac{-6+4}{2}=-\dfrac{2}{2}=-1$ より　$\mathbf{E(-1)}$

53B (1) $\dfrac{3\times(-3)+7\times7}{7+3}=\dfrac{40}{10}=4$ より　$\mathbf{C(4)}$

(2) $\dfrac{7\times(-3)+3\times7}{3+7}=\dfrac{0}{10}=0$ より　$\mathbf{D(0)}$

(3) $\dfrac{-3+7}{2}=\dfrac{4}{2}=2$ より　$\mathbf{E(2)}$

54A (1) $\dfrac{-1\times(-2)+2\times6}{2-1}=14$ より　$\mathbf{C(14)}$

(2) $\dfrac{-1\times(-2)+5\times6}{5-1}=\dfrac{32}{4}=8$ より　$\mathbf{D(8)}$

(3) $\dfrac{-5\times(-2)+1\times6}{1-5}=\dfrac{16}{-4}=-4$ より　$\mathbf{E(-4)}$

54B (1) $\dfrac{-2\times2+1\times5}{1-2}=\dfrac{1}{-1}=-1$ より　$\mathbf{C(-1)}$

(2) $\dfrac{-3\times2+5\times5}{5-3}=\dfrac{19}{2}$ より　$\mathbf{D\left(\dfrac{19}{2}\right)}$

(3) $\dfrac{-5\times2+3\times5}{3-5}=\dfrac{5}{-2}=-\dfrac{5}{2}$ より　$\mathbf{E\left(-\dfrac{5}{2}\right)}$

15 平面上の点

p.44

55A 点 A(3, −4) は**第 4 象限**の点

点 B, C, D の座標は

B(3, 4), C(−3, −4), D(−3, 4)

55B 点 A(−2, −5) は**第 3 象限**の点

点 B, C, D の座標は

B(−2, 5), C(2, −5), D(2, 5)

56A (1) $AB=\sqrt{(5-1)^2+(5-2)^2}=\sqrt{16+9}$

$=\sqrt{25}=\mathbf{5}$

(2) $CD=\sqrt{(-2-3)^2+(-4-8)^2}=\sqrt{25+144}$

$=\sqrt{169}=\mathbf{13}$

56B (1) $OA=\sqrt{3^2+(-4)^2}=\sqrt{9+16}=\sqrt{25}=\mathbf{5}$

(2) $BC=\sqrt{(7-6)^2+\{-3-(-3)\}^2}=\sqrt{1+0}=\mathbf{1}$

別解　点 B と点 C の y 座標が一致しているから

$BC=|7-6|=\mathbf{1}$

57A AB=5 より

$\sqrt{(x-0)^2+\{1-(-2)\}^2}=5$

ゆえに　$x^2+\{1-(-2)\}^2=5^2$

よって，$x^2=16$ より　$\boldsymbol{x=\pm4}$

57B CD=10 より

$\sqrt{\{x-(-1)\}^2+\{4-(-2)\}^2}=10$

ゆえに　$(x+1)^2+\{4-(-2)\}^2=10^2$

よって，$(x+1)^2=64$ より　$x+1=\pm8$

したがって　$\boldsymbol{x=7,\ -9}$

58 右の図のように，E を原点，3 点 B, C, D を x 軸上にとり

A(a, b), B($-2c$, 0)

C(c, 0), D($-c$, 0)

とする。このとき，

AB^2+AC^2

$=\{(a+2c)^2+b^2\}+\{(a-c)^2+b^2\}$

$=2a^2+2b^2+5c^2+2ac$

$AD^2+AE^2+4DE^2$

$=\{(a+c)^2+b^2\}+(a^2+b^2)+4c^2$

$=2a^2+2b^2+5c^2+2ac$

よって　$AB^2+AC^2=AD^2+AE^2+4DE^2$

59A (1) $\left(\dfrac{1\times(-1)+2\times5}{2+1},\ \dfrac{1\times4+2\times(-2)}{2+1}\right)$

より　**(3, 0)**

(2) $\left(\dfrac{5\times(-1)+1\times5}{1+5},\ \dfrac{5\times4+1\times(-2)}{1+5}\right)$

より　**(0, 3)**

(3) $\left(\dfrac{-1+5}{2},\ \dfrac{4+(-2)}{2}\right)$ より　**(2, 1)**

(4) $\left(\dfrac{-5\times(-1)+2\times5}{2-5},\ \dfrac{-5\times4+2\times(-2)}{2-5}\right)$

より　**(−5, 8)**

59B (1) $\left(\dfrac{3\times2+2\times6}{2+3},\ \dfrac{3\times(-3)+2\times5}{2+3}\right)$

より　$\left(\mathbf{\dfrac{18}{5}},\ \mathbf{\dfrac{1}{5}}\right)$

(2) $\left(\dfrac{1\times2+4\times6}{4+1},\ \dfrac{1\times(-3)+4\times5}{4+1}\right)$

より　$\left(\mathbf{\dfrac{26}{5}},\ \mathbf{\dfrac{17}{5}}\right)$

(3) $\left(\dfrac{2+6}{2},\ \dfrac{-3+5}{2}\right)$ より　**(4, 1)**

(4) $\left(\dfrac{-1\times2+5\times6}{5-1},\ \dfrac{-1\times(-3)+5\times5}{5-1}\right)$

より　**(7, 7)**

60A $\left(\dfrac{0+3+6}{3},\ \dfrac{1+4+(-2)}{3}\right)$

より　**G(3, 1)**

60B $\left(\dfrac{5+(-2)+3}{3},\ \dfrac{-2+1+(-5)}{3}\right)$

より　**G(2, −2)**

61A $\mathrm{C}(a,\ b)$ とおくと

$$\frac{5+2+a}{3}=1,\quad \frac{-2+6+b}{3}=2$$

ゆえに　$a=-4,\ b=2$

よって　$\mathbf{C(-4,\ 2)}$

61B $\mathrm{C}(a,\ b)$ とおくと

$$\frac{2+(-3)+a}{3}=2,\quad \frac{5+(-4)+b}{3}=0$$

ゆえに　$a=7,\ b=-1$

よって　$\mathbf{C(7,\ -1)}$

16 直線の方程式

p.48

62A

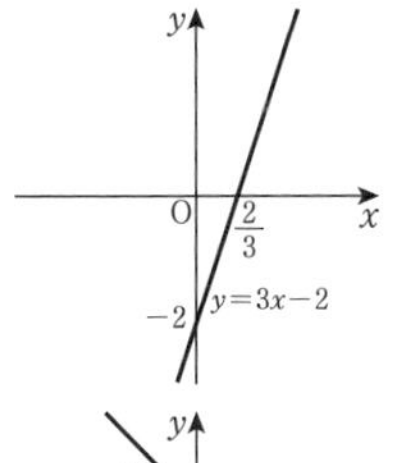

62B

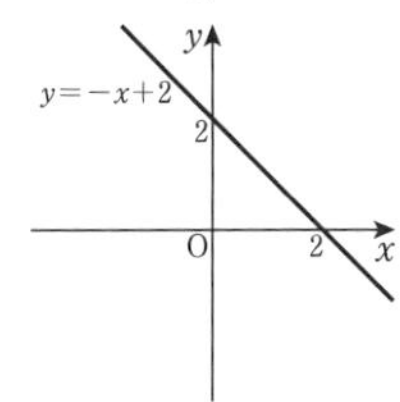

63A (1)　$y-3=2(x-4)$ すなわち　$\boldsymbol{y=2x-5}$

(2)　$y-1=-4\{x-(-2)\}$ すなわち　$\boldsymbol{y=-4x-7}$

63B (1)　$y-(-2)=3\{x-(-3)\}$ すなわち　$\boldsymbol{y=3x+7}$

(2)　$y-5=-3\{x-(-1)\}$ すなわち　$\boldsymbol{y=-3x+2}$

64A (1)　$y-2=\dfrac{6-2}{5-4}(x-4)$ すなわち　$\boldsymbol{y=4x-14}$

(2)　$y-4=\dfrac{-4-4}{1-(-1)}\{x-(-1)\}$ すなわち

$\boldsymbol{y=-4x}$

(3)　$y-(-1)=\dfrac{-1-(-1)}{3-(-3)}\{x-(-3)\}$ すなわち

$\boldsymbol{y=-1}$

64B (1)　$y-3=\dfrac{-5-3}{3-2}(x-2)$ すなわち　$\boldsymbol{y=-8x+19}$

(2)　$y-0=\dfrac{6-0}{0-(-2)}\{x-(-2)\}$ すなわち

$\boldsymbol{y=3x+6}$

(3)　2点の x 座標が一致しているから　$\boldsymbol{x=2}$

65A $x-3y+6=0$ を変形すると

$$y=\frac{1}{3}x+2$$

よって，**傾きは $\boldsymbol{\frac{1}{3}}$，$\boldsymbol{y}$ 切片は 2**

65B $4x+2y+5=0$ を変形すると

$$y=-2x-\frac{5}{2}$$

よって，**傾きは $\boldsymbol{-2}$，$\boldsymbol{y}$ 切片は $\boldsymbol{-\frac{5}{2}}$**

66A 連立方程式 $\begin{cases} x-y-4=0 \\ x+2y-1=0 \end{cases}$

を解くと　$x=3,\ y=-1$

よって，2直線の交点は $(3,\ -1)$

したがって，求める直線は2点 $(-1,\ 2)$，$(3,\ -1)$ を通るから，その方程式は

$$y-2=\frac{-1-2}{3-(-1)}\{x-(-1)\}$$

より　$y-2=-\dfrac{3}{4}(x+1)$

すなわち　$\boldsymbol{3x+4y-5=0}$

66B 連立方程式 $\begin{cases} 4x-y-10=0 \\ x-3y+3=0 \end{cases}$

を解くと　$x=3,\ y=2$

よって，2直線の交点は $(3,\ 2)$

したがって，求める直線は2点 $(-1,\ -2)$，$(3,\ 2)$ を通るから，その方程式は

$$y-(-2)=\frac{2-(-2)}{3-(-1)}\{x-(-1)\}$$

より　$y+2=x+1$

すなわち　$\boldsymbol{x-y-1=0}$

17 2直線の関係

p.51

67A それぞれの直線の傾きは

① 3　　② −1

③ $3x+y-5=0$ を変形すると

$y=-3x+5$ より　-3

④ $4x-4y-3=0$ を変形すると

$y=x-\dfrac{3}{4}$ より　1

⑤ $12x-4y+5=0$ を変形すると

$y=3x+\dfrac{5}{4}$ より　3

傾きが等しいのは①と⑤である。

傾きの積が -1 であるものは②と④である。

よって，互いに平行であるものは　**①と⑤**

互いに垂直であるものは　**②と④**

67B それぞれの直線の傾きは

① 2　　② −4

③ $2x+y-3=0$ を変形すると

$y=-2x+3$ より　-2

④ $4x+y+3=0$ を変形すると

$y=-4x-3$ より　-4

⑤ $3x+6y-2=0$ を変形すると

$y=-\dfrac{1}{2}x+\dfrac{1}{3}$ より　$-\dfrac{1}{2}$

傾きが等しいのは②と④である。

傾きの積が -1 であるものは①と⑤である。

よって，互いに平行であるものは　**②と④**

互いに垂直であるものは　**①と⑤**

68A 直線 $2x+y+1=0$ を l とする。

$2x+y+1=0$ を変形すると　$y=-2x-1$ であるから，直線 l の傾きは -2 である。

よって，点 $(1,\ 2)$ を通り，直線 l に平行な直線の

方程式は

$y-2=-2(x-1)$

すなわち　$\boldsymbol{2x+y-4=0}$

また，直線 l に垂直な直線の傾きを m とすると

$-2\times m=-1$ より　$m=\frac{1}{2}$

したがって，点 $(1,\ 2)$ を通り，直線 l に垂直な直線の方程式は

$y-2=\frac{1}{2}(x-1)$

すなわち　$\boldsymbol{x-2y+3=0}$

68B 直線 $3x+2y+4=0$ を l とする。

$3x+2y+4=0$ を変形すると　$y=-\frac{3}{2}x-2$ であるから，直線 l の傾きは $-\frac{3}{2}$ である。

よって，点 $(-2,\ 3)$ を通り，直線 l に平行な直線の方程式は

$y-3=-\frac{3}{2}\{x-(-2)\}$

すなわち　$\boldsymbol{3x+2y=0}$

また，直線 l に垂直な直線の傾きを m とすると

$-\frac{3}{2}\times m=-1$ より　$m=\frac{2}{3}$

したがって，点 $(-2,\ 3)$ を通り，直線 l に垂直な直線の方程式は

$y-3=\frac{2}{3}\{x-(-2)\}$

すなわち　$\boldsymbol{2x-3y+13=0}$

69A 直線 $x+y+1=0$ を l とする。

直線 l に関して点 $\mathrm{A}(3,\ 2)$ と対称な点Bの座標を $(a,\ b)$ とする。

直線 l の傾きは　-1

直線 AB の傾きは　$\frac{b-2}{a-3}$

直線 l と直線 AB は垂直であるから

$-1\times\frac{b-2}{a-3}=-1$ より

$a-b=1$　……①

また，線分 AB の中点 $\left(\frac{a+3}{2},\ \frac{b+2}{2}\right)$ は直線 l 上の点であるから

$\frac{a+3}{2}+\frac{b+2}{2}+1=0$ より

$a+b=-7$　……②

①，②より　$\begin{cases} a-b=1 \\ a+b=-7 \end{cases}$

これを解いて　$a=-3,\ b=-4$

したがって，点Bの座標は　$\boldsymbol{(-3,\ -4)}$

69B 直線 $4x-2y-3=0$ を l とする。

直線 l に関して点 $\mathrm{A}(4,\ -1)$ と対称な点Bの座標を $(a,\ b)$ とする。

直線 l の傾きは　2

直線 AB の傾きは　$\frac{b-(-1)}{a-4}=\frac{b+1}{a-4}$

直線 l と直線 AB は垂直であるから

$2\times\frac{b+1}{a-4}=-1$ より

$a+2b=2$　……①

また，線分 AB の中点 $\left(\frac{a+4}{2},\ \frac{b-1}{2}\right)$ は直線 l 上の点であるから

$4\times\frac{a+4}{2}-2\times\frac{b-1}{2}-3=0$ より

$2a-b=-6$　……②

①，②より　$\begin{cases} a+2b=2 \\ 2a-b=-6 \end{cases}$

これを解いて　$a=-2,\ b=2$

したがって，点Bの座標は　$\boldsymbol{(-2,\ 2)}$

70A (1)　原点と直線 $4x+3y-1=0$ の距離 d は

$d=\frac{|-1|}{\sqrt{4^2+3^2}}=\frac{1}{\sqrt{25}}=\boldsymbol{\frac{1}{5}}$

(2)　$y=3x+5$ を変形すると $3x-y+5=0$

よって，原点と直線 $y=3x+5$ の距離 d は

$d=\frac{|5|}{\sqrt{3^2+(-1)^2}}=\frac{5}{\sqrt{10}}=\boldsymbol{\frac{\sqrt{10}}{2}}$

70B (1)　原点と直線 $x-y+2=0$ の距離 d は

$d=\frac{|2|}{\sqrt{1^2+(-1)^2}}=\frac{2}{\sqrt{2}}=\boldsymbol{\sqrt{2}}$

(2)　$x=-2$ は $x+0\times y+2=0$ と表せる。

よって，原点と直線 $x=-2$ の距離 d は

$d=\frac{|2|}{\sqrt{1^2+0^2}}=\boldsymbol{2}$

71A (1)　点 $(3,\ 2)$ と直線 $x-y+3=0$ の距離 d は

$d=\frac{|1\times3-1\times2+3|}{\sqrt{1^2+(-1)^2}}=\frac{4}{\sqrt{2}}=\boldsymbol{2\sqrt{2}}$

(2)　$y=2x+1$ を変形すると $2x-y+1=0$

よって，点 $(3,\ 2)$ と直線 $y=2x+1$ の距離 d は

$d=\frac{|2\times3-1\times2+1|}{\sqrt{2^2+(-1)^2}}=\frac{5}{\sqrt{5}}=\boldsymbol{\sqrt{5}}$

71B (1)　点 $(3,\ 2)$ と直線 $5x-12y-4=0$ の距離 d は

$d=\frac{|5\times3-12\times2-4|}{\sqrt{5^2+(-12)^2}}=\frac{13}{\sqrt{169}}=\boldsymbol{1}$

(2)　$y=6$ は $0\times x+y-6=0$ と表せる。

よって，点 $(3,\ 2)$ と直線 $y=6$ の距離 d は

$d=\frac{|0\times3+1\times2-6|}{\sqrt{0^2+1^2}}=\boldsymbol{4}$

72A 2直線の交点を通る直線の方程式は，k を定数として，次のように表される。

$2x+5y-3+k(3x-2y+8)=0$　……①

この直線が点 $(-2,\ 3)$ を通るから

$2\times(-2)+5\times3-3+k\{3\times(-2)-2\times3+8\}=0$

より　$k=2$

これを①に代入して整理すると

$\boldsymbol{8x+y+13=0}$

72B 2直線の交点を通る直線の方程式は，k を定数と

して，次のように表される。

$2x+y-1+k(x+3y-2)=0$ ……①

この直線が点 (2, 3) を通るから

$2\times2+3-1+k(2+3\times3-2)=0$

より　$k=-\dfrac{2}{3}$

これを①に代入して整理すると

$\boldsymbol{4x-3y+1=0}$

2節　円

18 円の方程式

p.56

73A (1) $\{x-(-2)\}^2+(y-1)^2=4^2$

すなわち　$\boldsymbol{(x+2)^2+(y-1)^2=16}$

(2) $x^2+y^2=1^2$ すなわち　$\boldsymbol{x^2+y^2=1}$

73B (1) $\{x-(-3)\}^2+(y-4)^2=(\sqrt{5})^2$

すなわち　$\boldsymbol{(x+3)^2+(y-4)^2=5}$

(2) $x^2+y^2=4^2$ すなわち　$\boldsymbol{x^2+y^2=16}$

74A (1) この円の半径を r とすると

$r=\sqrt{2^2+1^2}=\sqrt{5}$

よって　$(x-2)^2+(y-1)^2=(\sqrt{5})^2$

すなわち　$\boldsymbol{(x-2)^2+(y-1)^2=5}$

(2) 円が x 軸に接しているから，この円の半径 r は中心の y 座標の絶対値と等しい。

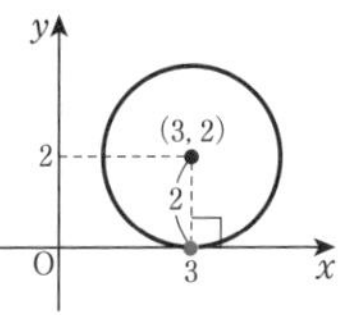

ゆえに　$r=|2|=2$

よって　$(x-3)^2+(y-2)^2=2^2$

すなわち　$\boldsymbol{(x-3)^2+(y-2)^2=4}$

74B (1) この円の半径を r とすると

$r=\sqrt{(-2-1)^2+\{1-(-3)\}^2}=5$

よって　$(x-1)^2+\{y-(-3)\}^2=5^2$

すなわち　$\boldsymbol{(x-1)^2+(y+3)^2=25}$

(2) 円が y 軸に接しているから，この円の半径 r は中心の x 座標の絶対値と等しい。

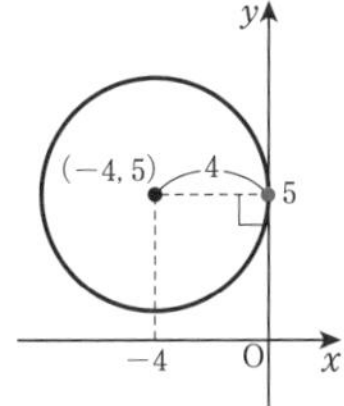

ゆえに

$r=|-4|=4$

よって

$\{x-(-4)\}^2+(y-5)^2=4^2$

すなわち　$\boldsymbol{(x+4)^2+(y-5)^2=16}$

75A 円の中心を $\mathrm{C}(a,\ b)$，半径を r とする。

中心Cは線分 AB の中点であるから

$a=\dfrac{3+(-5)}{2}=-1,\ b=\dfrac{7+1}{2}=4$ より

$\mathrm{C}(-1,\ 4)$

また，$r=\mathrm{CA}$ より

$r=\sqrt{\{3-(-1)\}^2+(7-4)^2}=\sqrt{25}=5$

よって，求める円の方程式は

$\{x-(-1)\}^2+(y-4)^2=5^2$

すなわち　$\boldsymbol{(x+1)^2+(y-4)^2=25}$

75B 円の中心を $\mathrm{C}(a,\ b)$，半径を r とする。

中心Cは線分 AB の中点であるから

$a=\dfrac{-1+3}{2}=1,\ b=\dfrac{2+4}{2}=3$ より　$\mathrm{C}(1,\ 3)$

また，$r=\mathrm{CA}$ より

$r=\sqrt{(-1-1)^2+(2-3)^2}=\sqrt{5}$

よって，求める円の方程式は

$(x-1)^2+(y-3)^2=(\sqrt{5})^2$

すなわち　$\boldsymbol{(x-1)^2+(y-3)^2=5}$

76A (1) $x^2+y^2-6x+10y+16=0$ を変形すると

$x^2-6x+y^2+10y+16=0$

$(x-3)^2-9+(y+5)^2-25+16=0$

すなわち　$(x-3)^2+(y+5)^2=(3\sqrt{2})^2$

これは，**中心が点 (3, −5) で，半径 $3\sqrt{2}$ の円**を表す。

(2) $x^2+y^2=2y$ を変形すると

$x^2+y^2-2y=0$

$x^2+(y-1)^2-1=0$

すなわち　$x^2+(y-1)^2=1^2$

これは，**中心が点 (0, 1) で，半径 1 の円**を表す。

76B (1) $x^2+y^2-4x-6y+4=0$ を変形すると

$x^2-4x+y^2-6y+4=0$

$(x-2)^2-4+(y-3)^2-9+4=0$

すなわち　$(x-2)^2+(y-3)^2=3^2$

これは，**中心が点 (2, 3) で，半径 3 の円**を表す。

(2) $x^2+y^2+8x-9=0$ を変形すると

$x^2+8x+y^2-9=0$

$(x+4)^2-16+y^2-9=0$

すなわち　$(x+4)^2+y^2=5^2$

これは，**中心が点 (−4, 0) で，半径 5 の円**を表す。

77A 求める円の方程式を

$x^2+y^2+lx+my+n=0$

とおく。

この円が点 O(0, 0) を通るから　$n=0$

点 A(1, 3) を通るから　$1+9+l+3m+n=0$

点 B(−1, −1) を通るから　$1+1-l-m+n=0$

これらを整理すると

$$\begin{cases} n=0 & \cdots\cdots① \\ l+3m+n=-10 & \cdots\cdots② \\ l+m-n=2 & \cdots\cdots③ \end{cases}$$

①を②，③に代入して

$l+3m=-10$

$l+m=2$

これを解いて　$l=8,\ m=-6$

よって，求める円の方程式は

$\boldsymbol{x^2+y^2+8x-6y=0}$

77B 求める円の方程式を

$x^2+y^2+lx+my+n=0$

とおく。

この円が点 A(1, 2) を通るから

$1+4+l+2m+n=0$

点 B(5, 2) を通るから　$25+4+5l+2m+n=0$

点 C(3, 0) を通るから　$9+3l+n=0$

これらを整理すると

$$\begin{cases} l+2m+n=-5 & \cdots\cdots① \\ 5l+2m+n=-29 & \cdots\cdots② \\ 3l+n=-9 & \cdots\cdots③ \end{cases}$$

②−①より　$4l=-24$　ゆえに　$l=-6$　……④

④を③に代入して　$n=9$

$l=-6$, $n=9$ を①に代入して　$m=-4$

よって，求める円の方程式は

$\boldsymbol{x^2+y^2-6x-4y+9=0}$

19 円と直線

p.59

78A　共有点の座標は，次の連立方程式の解である。

$$\begin{cases} x^2+y^2=25 & \cdots\cdots① \\ y=x+1 & \cdots\cdots② \end{cases}$$

②を①に代入して

$x^2+(x+1)^2=25$

これを整理して，$x^2+x-12=0$ より

$(x+4)(x-3)=0$

よって　$x=-4$, 3

②より，$x=-4$ のとき　$y=-3$

$x=3$ のとき　$y=4$

したがって，共有点の座標は

$(-4,\ -3)$, $(3,\ 4)$

78B　共有点の座標は，次の連立方程式の解である。

$$\begin{cases} (x-1)^2+y^2=5 & \cdots\cdots① \\ 2x-y+3=0 & \cdots\cdots② \end{cases}$$

②より　$y=2x+3$　……③

③を①に代入すると

$(x-1)^2+(2x+3)^2=5$

これを整理して，$x^2+2x+1=0$ より

$(x+1)^2=0$

よって　$x=-1$

③より，$x=-1$ のとき　$y=1$

したがって，共有点の座標は **$(-1,\ 1)$**

79A　$y=2x+m$ を $x^2+y^2=5$

に代入して整理すると

$5x^2+4mx+m^2-5=0$

この2次方程式の判別式を D とすると

$D=(4m)^2-4\times5\times(m^2-5)$

$=-4m^2+100$

円と直線が共有点をもつためには，$D\geqq0$ であればよい。

よって，$-4m^2+100\geqq0$ より

$(m+5)(m-5)\leqq0$

したがって，求める m の値の範囲は

$\boldsymbol{-5\leqq m\leqq5}$

別解　円の中心 $(0,\ 0)$ と直線 $y=2x+m$

すなわち　$2x-y+m=0$ との距離 d は

$$d=\frac{|m|}{\sqrt{2^2+(-1)^2}}=\frac{|m|}{\sqrt{5}}$$

であるから，$d\leqq$(円の半径) ならば共有点をもつ。

円の半径は $\sqrt{5}$ より

$\dfrac{|m|}{\sqrt{5}}\leqq\sqrt{5}$　　ゆえに　$|m|\leqq5$

すなわち　$\boldsymbol{-5\leqq m\leqq5}$

79B　$3x+y=m$　すなわち　$y=-3x+m$ を

$x^2+y^2=10$ に代入して整理すると

$10x^2-6mx+m^2-10=0$

この2次方程式の判別式を D とすると

$D=(-6m)^2-4\times10\times(m^2-10)$

$=-4m^2+400$

円と直線が共有点をもつためには，$D\geqq0$ であればよい。

よって，$-4m^2+400\geqq0$ より

$(m+10)(m-10)\leqq0$

したがって，求める m の値の範囲は

$\boldsymbol{-10\leqq m\leqq10}$

別解　円の中心 $(0,\ 0)$ と直線 $3x+y=m$

すなわち　$3x+y-m=0$ との距離 d は

$$d=\frac{|-m|}{\sqrt{3^2+1^2}}=\frac{|m|}{\sqrt{10}}$$

であるから，$d\leqq$(円の半径) ならば共有点をもつ。

円の半径は $\sqrt{10}$ より

$\dfrac{|m|}{\sqrt{10}}\leqq\sqrt{10}$　　ゆえに　$|m|\leqq10$

すなわち　$\boldsymbol{-10\leqq m\leqq10}$

80A　円 $x^2+y^2=r^2$ の中心は原点であり，原点と直線 $y=x+2$　すなわち　$x-y+2=0$　の距離 d は

$$d=\frac{|2|}{\sqrt{1^2+(-1)^2}}=\frac{2}{\sqrt{2}}=\sqrt{2}$$

ここで，円と直線が接するのは，$d=r$ のときであるから　$\boldsymbol{r=\sqrt{2}}$

80B　円 $x^2+y^2=r^2$ の中心は原点であり，原点と直線 $3x-4y-15=0$ の距離 d は

$$d=\frac{|-15|}{\sqrt{3^2+(-4)^2}}=\frac{15}{5}=3$$

ここで，円と直線が接するのは，$d=r$ のときであるから　$\boldsymbol{r=3}$

20 円の接線

p.62

81A　(1)　$\boldsymbol{-3x+4y=25}$

(2)　$2x+4y=20$　すなわち　$\boldsymbol{x+2y=10}$

(3)　$0\times x+3y=9$　すなわち　$\boldsymbol{y=3}$

(4)　$\boldsymbol{-3x+\sqrt{7}\,y=16}$

81B　(1)　$\boldsymbol{2x-y=5}$

(2)　$0\times x-4y=16$　すなわち　$\boldsymbol{y=-4}$

(3)　$\boldsymbol{2x-3y=13}$

(4)　$\sqrt{5}\,x+0\times y=5$　すなわち　$\boldsymbol{x=\sqrt{5}}$

82A 接点を $\mathrm{P}(x_1,\ y_1)$ とすると，点Pにおける接線の方程式は　$x_1x+y_1y=1$　……①

これが点 $\mathrm{A}(2,\ 1)$ を通るから

$2x_1+y_1=1$　……②

また，点Pは円 $x^2+y^2=1$ 上の点であるから

${x_1}^2+{y_1}^2=1$　……③

②より　$y_1=-2x_1+1$　……④

④を③に代入すると

${x_1}^2+(-2x_1+1)^2=1$

整理すると　$5{x_1}^2-4x_1=0$　より　$x_1(5x_1-4)=0$

ゆえに　$x_1=0,\ \dfrac{4}{5}$

④より　$x_1=0$ のとき　$y_1=1$

$x_1=\dfrac{4}{5}$ のとき　$y_1=-\dfrac{3}{5}$

よって，接点Pの座標は $(0,\ 1)$ または $\left(\dfrac{4}{5},\ -\dfrac{3}{5}\right)$ である。したがって，求める接線は2本あり，①よりその方程式は

$0\times x+y=1,\ \dfrac{4}{5}x-\dfrac{3}{5}y=1$

すなわち　$\boldsymbol{y=1,\ 4x-3y=5}$

82B 接点を $\mathrm{P}(x_1,\ y_1)$ とすると，点Pにおける接線の方程式は　$x_1x+y_1y=20$　……①

これが点 $\mathrm{A}(-6,\ 2)$ を通るから

$-6x_1+2y_1=20$　……②

また，点Pは円 $x^2+y^2=20$ 上の点であるから

${x_1}^2+{y_1}^2=20$　……③

②より　$y_1=3x_1+10$　……④

④を③に代入すると

${x_1}^2+(3x_1+10)^2=20$

整理すると　${x_1}^2+6x_1+8=0$　より

$(x_1+4)(x_1+2)=0$

ゆえに　$x_1=-4,\ -2$

④より　$x_1=-4$ のとき　$y_1=-2$

$x_1=-2$ のとき　$y_1=4$

よって，接点Pの座標は $(-4,\ -2)$ または $(-2,\ 4)$ である。したがって，求める接線は2本あり，①よりその方程式は

$-4x-2y=20,\ -2x+4y=20$

すなわち　$\boldsymbol{2x+y=-10,\ x-2y=-10}$

21 2つの円の位置関係

p.64

83A 円 $x^2+y^2=8$ の中心は $(0,\ 0)$，半径は $2\sqrt{2}$

円 $(x+1)^2+(y-1)^2=2$ の中心は $(-1,\ 1)$，半径は $\sqrt{2}$

ここで，中心間の距離 d は

$d=\sqrt{(-1)^2+1^2}=\sqrt{2}$

よって

$\sqrt{2}=2\sqrt{2}-\sqrt{2}$

が成り立つ。

したがって，**円 $\boldsymbol{(x+1)^2+(y-1)^2=2}$ は円 $\boldsymbol{x^2+y^2=8}$ に内接する。**

83B 円 $x^2+y^2=4$ の中心は $(0,\ 0)$，半径は2

円 $(x+4)^2+(y-3)^2=4$ の中心は $(-4,\ 3)$，半径は2

ここで，中心間の距離 d は

$d=\sqrt{(-4)^2+3^2}=5$

よって

$5>2+2$

が成り立つ。

したがって，**2つの円は互いに外部にある。**

84A 2つの円の中心の座標は $(1,\ 0)$，$(4,\ -4)$ であるから中心間の距離 d は

$d=\sqrt{(4-1)^2+(-4-0)^2}=5$

ここで，円①の半径は2，円②の半径は r であるから，2つの円が外接しているときの r の値は

$d=r+2$ すなわち $5=r+2$ より　$\boldsymbol{r=3}$

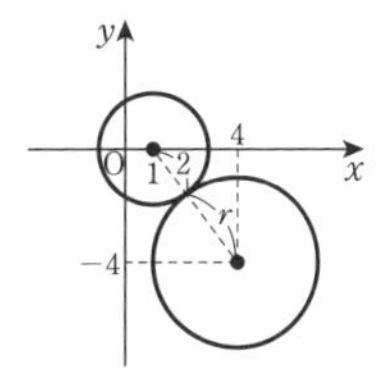

84B 2つの円の中心の座標は $(1,\ 0)$，$(4,\ -4)$ であるから中心間の距離 d は

$d=\sqrt{(4-1)^2+(-4-0)^2}=5$

ここで，円①の半径は2，円②の半径は r であるから，円①が円②に内接しているときの r の値は，$r>2$ から

$d=r-2$ すなわち $5=r-2$ より　$\boldsymbol{r=7}$

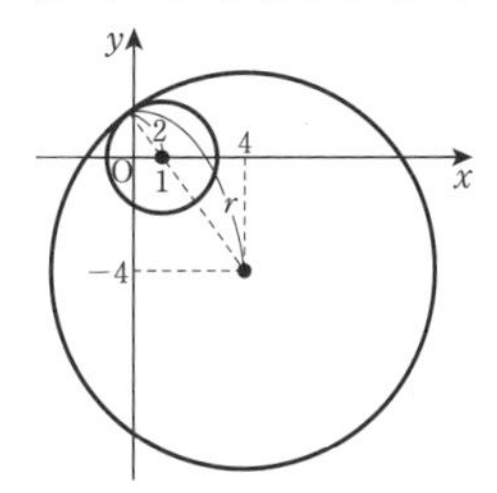

3節　軌跡と領域

22 軌跡と方程式

p.66

85A 点Pの座標を $(x,\ y)$ とする。

AP=BP より

$\sqrt{(x-4)^2+y^2}=\sqrt{x^2+(y-2)^2}$

両辺を2乗すると

$x^2-8x+16+y^2=x^2+y^2-4y+4$

ゆえに　$2x-y-3=0$

よって，点Pの軌跡は**直線 $\boldsymbol{2x-y-3=0}$** である。

85B 点Pの座標を $(x,\ y)$ とする。

AP=BP より

$$\sqrt{(x+1)^2+(y-2)^2}=\sqrt{(x+2)^2+(y+5)^2}$$

両辺を2乗すると

$$x^2+2x+y^2-4y+5=x^2+4x+y^2+10y+29$$

ゆえに　$x+7y+12=0$

よって，点Pの軌跡は**直線 $x+7y+12=0$** である。

86 点Pの座標を$(x,\ y)$とする。

$$\{(x+3)^2+y^2\}+\{(x-3)^2+y^2\}=20$$

ゆえに　$x^2+y^2=1$

よって，点Pの軌跡は

原点を中心とする半径1の円である。

87 点Pの座標を$(x,\ y)$とする。

AP：BP＝1：3 より　3AP＝BP

ゆえに

$$3\sqrt{(x+2)^2+y^2}=\sqrt{(x-6)^2+y^2}$$

この両辺を2乗して整理すると

$$x^2+6x+y^2=0$$

より　$(x+3)^2+y^2=3^2$

よって，点Pの軌跡は

点$(-3,\ 0)$を中心とする半径3の円である。

88A 2点M，Qの座標をそれぞれ$(x,\ y)$，$(s,\ t)$とすると，点Qは円 $x^2+y^2=16$ 上の点であるから

$s^2+t^2=16$　……①

一方，点Mは線分AQの中点であるから

$$x=\frac{8+s}{2},\ y=\frac{t}{2}$$

よって

$$\begin{cases} s=2x-8 & \cdots\cdots② \\ t=2y & \cdots\cdots③ \end{cases}$$

②，③を①に代入すると

$$(2x-8)^2+(2y)^2=16$$

すなわち　$4(x-4)^2+4y^2=16$

ゆえに　$(x-4)^2+y^2=2^2$

したがって，点Mの軌跡は

点$(4,\ 0)$を中心とする半径2の円である。

88B 2点P，Qの座標をそれぞれ$(x,\ y)$，$(s,\ t)$とすると，点Qは円 $x^2+y^2=16$ 上の点であるから

$s^2+t^2=16$　……①

一方，点Pは線分AQを3：1に内分するから

$$x=\frac{1\times8+3\times s}{3+1}=\frac{8+3s}{4}$$

$$y=\frac{1\times0+3\times t}{3+1}=\frac{3t}{4}$$

よって

$$\begin{cases} s=\dfrac{4x-8}{3} & \cdots\cdots② \\ t=\dfrac{4y}{3} & \cdots\cdots③ \end{cases}$$

②，③を①に代入すると

$$\left(\frac{4x-8}{3}\right)^2+\left(\frac{4y}{3}\right)^2=16$$

すなわち　$\dfrac{16}{9}(x-2)^2+\dfrac{16}{9}y^2=16$

ゆえに　$(x-2)^2+y^2=3^2$

したがって，点Pの軌跡は

点$(2,\ 0)$を中心とする半径3の円である。

23 不等式の表す領域

p.69

89A (1) 不等式 $y>2x-5$ の表す領域は，

直線 $y=2x-5$ の上側である。

すなわち，右の図の斜線部分である。

ただし，境界線を含まない。

(2) 不等式 $y\geqq x+1$ の表す領域は，

直線 $y=x+1$ およびその上側である。

すなわち，右の図の斜線部分である。

ただし，境界線を含む。

89B (1) 不等式 $y<-x-2$ の表す領域は，

直線 $y=-x-2$ の下側である。

すなわち，右の図の斜線部分である。

ただし，境界線を含まない。

(2) 不等式 $y\leqq-3x+6$ の表す領域は，

直線 $y=-3x+6$ およびその下側である。

すなわち，右の図の斜線部分である。

ただし，境界線を含む。

90A (1) 不等式 $3x+y-2<0$ は $y<-3x+2$ と変形できる。

よって，不等式 $3x+y-2<0$ の表す領域は，直線 $y=-3x+2$ の下側である。

すなわち，右の図の斜線部分である。

ただし，境界線を含まない。

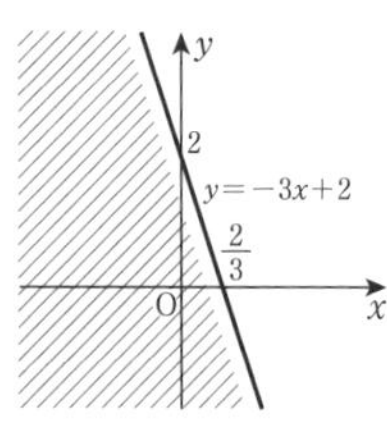

(2) 不等式 $2x-3y-6>0$ は $y<\dfrac{2}{3}x-2$ と変形できる。

よって，不等式 $2x-3y-6>0$ の表す領域は，

直線 $y=\dfrac{2}{3}x-2$ の下側である。

すなわち，右の図の斜線部分である。

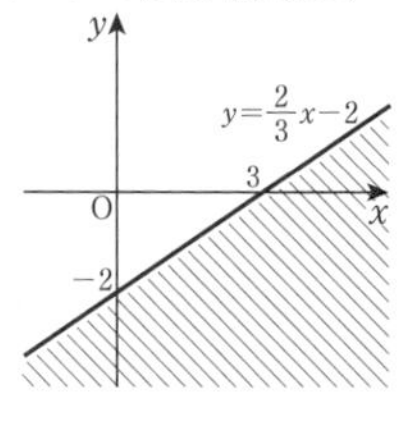

ただし，境界線を含まない。

90B (1) 不等式 $4x-2y+1\leqq 0$ は $y\geqq 2x+\dfrac{1}{2}$ と変形できる。

よって，不等式 $4x-2y+1\leqq 0$ の表す領域は，直線 $y=2x+\dfrac{1}{2}$ およびその上側である。
すなわち，右の図の斜線部分である。
ただし，境界線を含む。

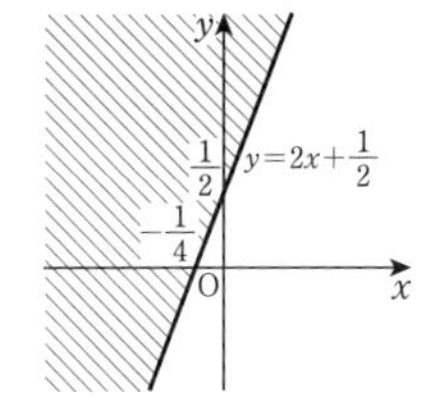

(2) 不等式 $x-2y+4\geqq 0$ は $y\leqq \dfrac{1}{2}x+2$ と変形できる。

よって，不等式 $x-2y+4\geqq 0$ の表す領域は，直線 $y=\dfrac{1}{2}x+2$ およびその下側である。
すなわち，右の図の斜線部分である。
ただし，境界線を含む。

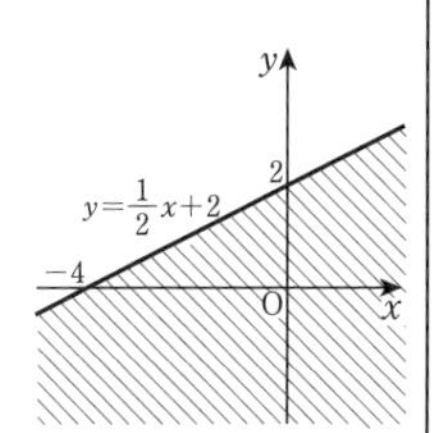

91A (1) 不等式 $x<2$ の表す領域は，直線 $x=2$ の左側である。
すなわち，右の図の斜線部分である。
ただし，境界線を含まない。

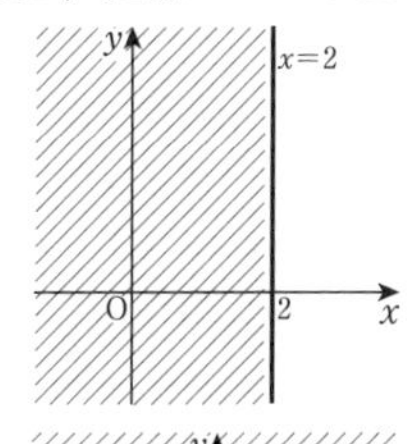

(2) 不等式 $y>-3$ の表す領域は，直線 $y=-3$ の上側である。
すなわち，右の図の斜線部分である。
ただし，境界線を含まない。

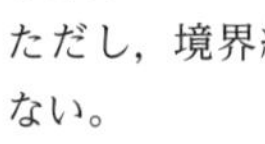

91B (1) 不等式 $x+4\geqq 0$ は $x\geqq -4$ と変形できる。
よって，不等式 $x+4\geqq 0$ の表す領域は，直線 $x=-4$ およびその右側である。
すなわち，右の図の斜線部分である。
ただし，境界線を含む。

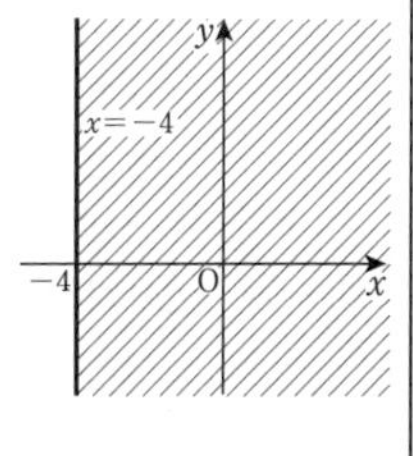

(2) 不等式 $2y-3\leqq 0$ は $y\leqq \dfrac{3}{2}$ と変形できる。

よって，不等式 $2y-3\leqq 0$ の表す領域は，直線 $y=\dfrac{3}{2}$ およびその下側である。
すなわち，右の図の斜線部分である。
ただし，境界線を含む。

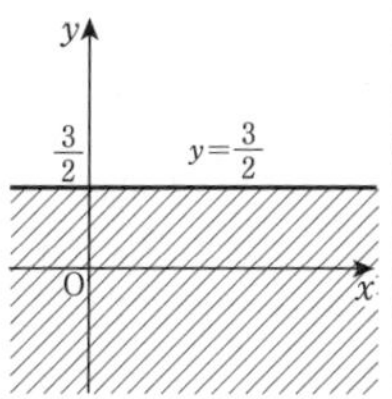

92A (1) 不等式 $(x-1)^2+(y+3)^2\leqq 9$ の表す領域は，円 $(x-1)^2+(y+3)^2=9$ の周およびその内部である。
すなわち，右の図の斜線部分である。
ただし，境界線を含む。

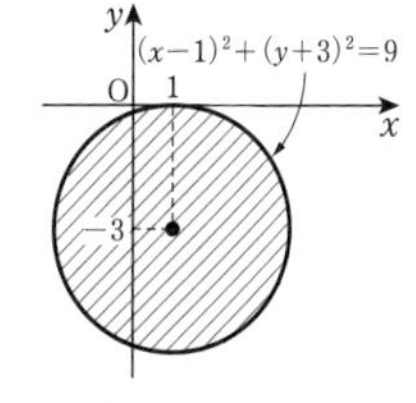

(2) 不等式 $x^2+y^2>1$ の表す領域は，円 $x^2+y^2=1$ の外部である。
すなわち，右の図の斜線部分である。
ただし，境界線を含まない。

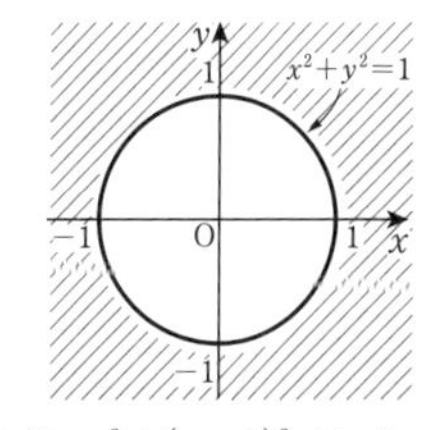

(3) 不等式 $x^2+y^2-2y<0$ は $x^2+(y-1)^2<1$ と変形できる。
よって，不等式 $x^2+y^2-2y<0$ の表す領域は，円 $x^2+(y-1)^2=1$ の内部である。
すなわち，右の図の斜線部分である。
ただし，境界線を含まない。

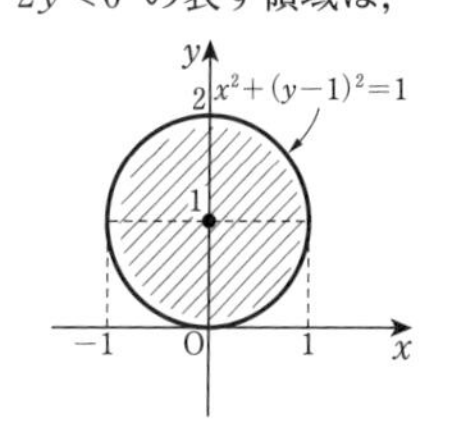

92B (1) 不等式 $x^2+(y-1)^2<4$ の表す領域は，円 $x^2+(y-1)^2=4$ の内部である。
すなわち，右の図の斜線部分である。
ただし，境界線を含まない。

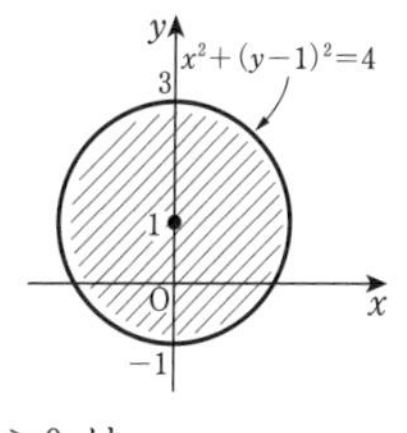

(2) 不等式 $x^2+y^2+4x-2y>0$ は $(x+2)^2+(y-1)^2>5$ と変形できる。
よって，不等式 $x^2+y^2+4x-2y>0$ の表す領域は，円 $(x+2)^2+(y-1)^2=5$ の外部である。
すなわち，右の図の斜線部分である。
ただし，境界線を含まない。

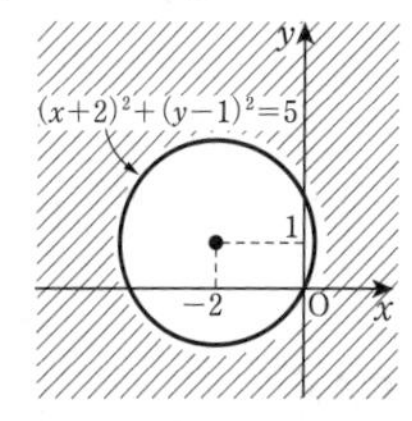

(3) 不等式 $x^2+y^2-6x-2y+1\leqq 0$ は $(x-3)^2+(y-1)^2\leqq 9$ と変形できる。
よって，不等式 $x^2+y^2-6x-2y+1\leqq 0$ の表す領域は，円 $(x-3)^2+(y-1)^2=9$ の周およびその内部である。
すなわち，右の図の斜線部分である。
ただし，境界線を含む。

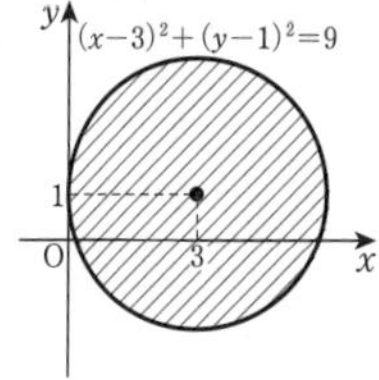

24 連立不等式の表す領域

p.73

93A (1) $y>x+1$ の表す領域は，直線 $y=x+1$ の上側である。$y<-2x+3$ の表す領域は，直線 $y=-2x+3$ の下側である。
よって，求める領域は，右の図の斜線部分である。
ただし，境界線を含まない。

(2) 不等式 $x-y-4<0$ は $y>x-4$
不等式 $2x+y-8<0$ は $y<-2x+8$
と変形できる。

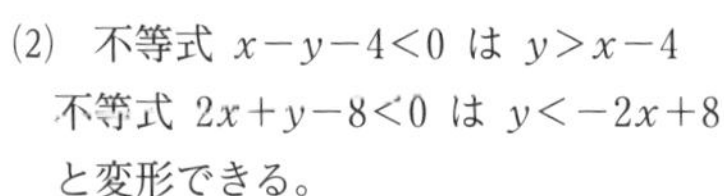

よって，$x-y-4<0$ の表す領域は，直線 $y=x-4$ の上側である。
$2x+y-8<0$ の表す領域は，直線 $y=-2x+8$ の下側である。
ゆえに，求める領域は，右の図の斜線部分である。
ただし，境界線を含まない。

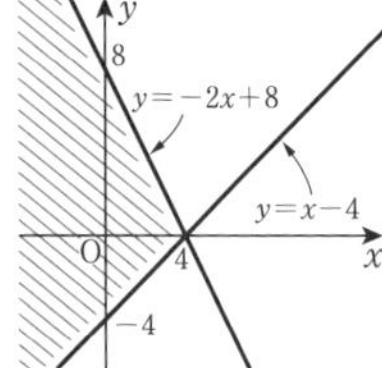

93B (1) $y \geqq -x+3$ の表す領域は，直線 $y=-x+3$ およびその上側である。$y \geqq 2x-3$ の表す領域は，直線 $y=2x-3$ およびその上側である。
よって，求める領域は，右の図の斜線部分である。
ただし，境界線を含む。

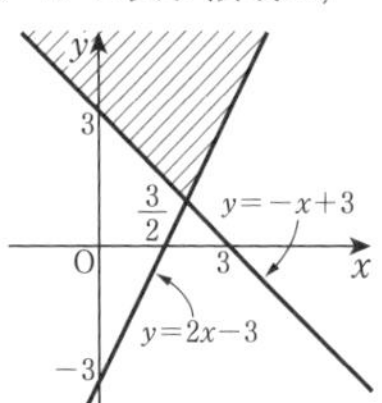

(2) 不等式 $x-y+2 \geqq 0$ は $y \leqq x+2$
不等式 $3x-y+6 \leqq 0$ は $y \geqq 3x+6$
と変形できる。
よって，$x-y+2 \geqq 0$ の表す領域は，直線 $y=x+2$ およびその下側である。
$3x-y+6 \leqq 0$ の表す領域は，直線 $y=3x+6$ およびその上側である。
ゆえに，求める領域は，右の図の斜線部分である。
ただし，境界線を含む。

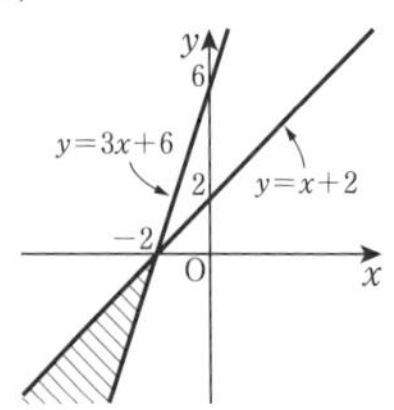

94A (1) $x^2+y^2>4$ の表す領域は，円 $x^2+y^2=4$ の外部であり，$y>x-1$ の表す領域は，直線 $y=x-1$ の上側である。
よって，求める領域は，右の図の斜線部分である。
ただし，境界線を含まない。

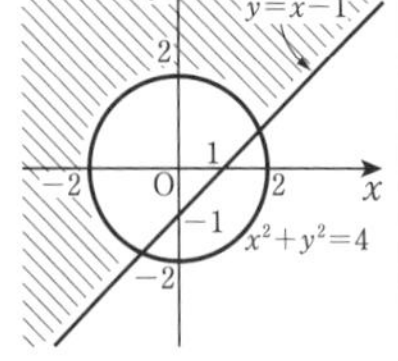

(2) 不等式 $x-y+1>0$ は $y<x+1$ と変形できる。
$x^2+(y-1)^2>4$ の表す領域は，円 $x^2+(y-1)^2=4$ の外部であり，
$x-y+1>0$ の表す領域は，直線 $y=x+1$ の下側である。
よって，求める領域は，右の図の斜線部分である。
ただし，境界線を含まない。

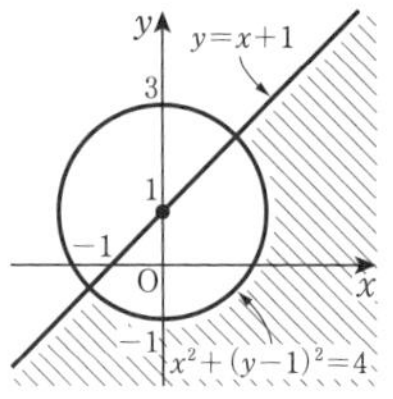

94B (1) 不等式 $x+y \geqq 2$ は $y \geqq -x+2$ と変形できる。
$x^2+y^2 \leqq 9$ の表す領域は，円 $x^2+y^2=9$ の周およびその内部であり，
$x+y \geqq 2$ の表す領域は，直線 $y=-x+2$ およびその上側である。
よって，求める領域は，右の図の斜線部分である。
ただし，境界線を含む。

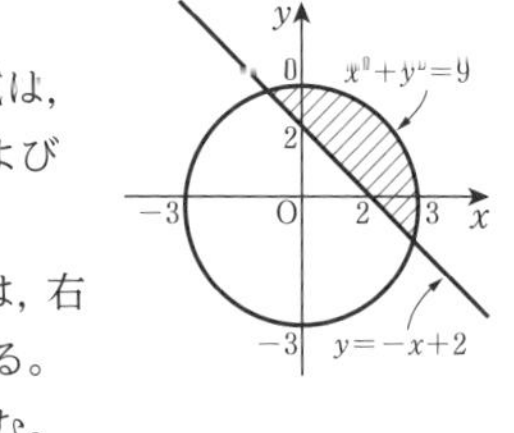

(2) 不等式 $2x-y-1 \leqq 0$ は $y \geqq 2x-1$ と変形できる。
$(x-1)^2+y^2 \leqq 1$ の表す領域は，円 $(x-1)^2+y^2=1$ の周およびその内部であり，
$2x-y-1 \leqq 0$ の表す領域は，直線 $y=2x-1$ およびその上側である。
よって，求める領域は，右の図の斜線部分である。
ただし，境界線を含む。

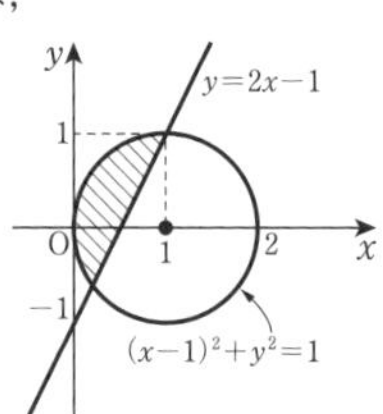

95A (1) 不等式 $(x-y)(x+y)>0$ が成り立つことは連立不等式

$$\begin{cases} x-y>0 \\ x+y>0 \end{cases} \quad \cdots\cdots①$$

または

$$\begin{cases} x-y<0 \\ x+y<0 \end{cases} \quad \cdots\cdots②$$

が成り立つことと同じである。
よって，求める領域は，①の表す領域と②の表す領域の和集合の右の図の斜線部分である。
ただし，境界線を含まない。

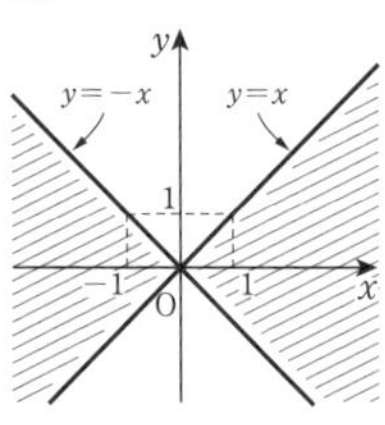

(2) 不等式 $x(y-2) \geqq 0$ が成り立つことは，連立不等式

$$\begin{cases} x \geqq 0 \\ y-2 \geqq 0 \end{cases} \quad \cdots\cdots①$$

または

$$\begin{cases} x \leqq 0 \\ y-2 \leqq 0 \end{cases} \quad \cdots\cdots②$$

が成り立つことと同じである。

よって，求める領域は，①の表す領域と②の表す領域の和集合の右の図の斜線部分である。
ただし，境界線を含む。

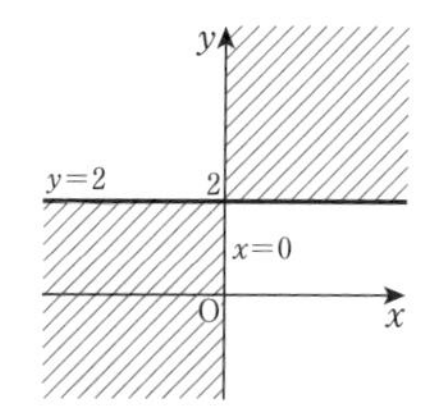

95B (1) 不等式 $(x+y+1)(x-2y+4)\leqq 0$ が成り立つことは，連立不等式

$$\begin{cases} x+y+1\geqq 0 \\ x-2y+4\leqq 0 \end{cases} \quad \cdots\cdots①$$

または

$$\begin{cases} x+y+1\leqq 0 \\ x-2y+4\geqq 0 \end{cases} \quad \cdots\cdots②$$

が成り立つことと同じである。

よって，求める領域は，①の表す領域と②の表す領域の和集合の右の図の斜線部分である。
ただし，境界線を含む。

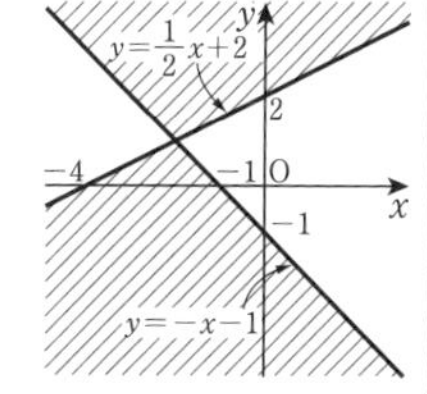

(2) 不等式 $(x-y)(x^2+y^2-4)<0$ が成り立つことは，連立不等式

$$\begin{cases} x-y>0 \\ x^2+y^2-4<0 \end{cases} \quad \cdots\cdots①$$

または

$$\begin{cases} x-y<0 \\ x^2+y^2-4>0 \end{cases} \quad \cdots\cdots②$$

が成り立つことと同じである。

よって，求める領域は，①の表す領域と②の表す領域の和集合の右の図の斜線部分である。
ただし，境界線を含まない。

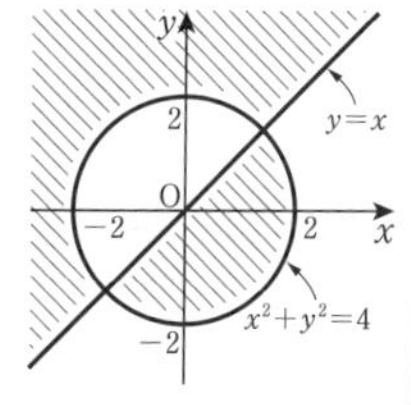

96 与えられた連立不等式の表す領域 D は，4点 $(0,\ 0)$, $(3,\ 0)$, $(2,\ 2)$, $(0,\ 3)$ を頂点とする四角形の周および内部である。

$2x+3y=k$ ……①

とおくと，①は

$$y=-\frac{2}{3}x+\frac{k}{3}$$

と変形できるから，

傾き $-\dfrac{2}{3}$，y 切片 $\dfrac{k}{3}$

の直線を表す。

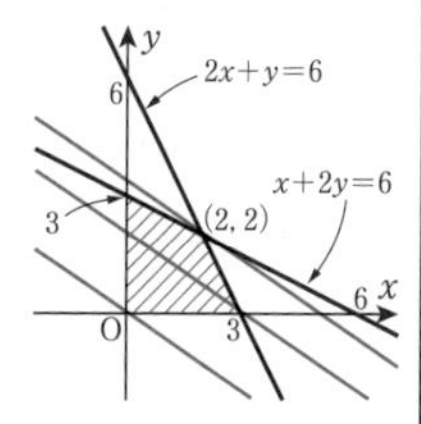

この直線①が，領域 D 内の点を通るときの y 切片 $\dfrac{k}{3}$ の最大値と最小値を調べればよい。

①が点 $(2,\ 2)$ を通るとき $\dfrac{k}{3}$ は最大となる。このとき k も最大となるから $k=10$

①が点 $(0,\ 0)$ を通るとき $\dfrac{k}{3}$ は最小となる。このとき k も最小となるから $k=0$

したがって，$2x+3y$ は

$x=2$，$y=2$ のとき，**最大値 10** をとり

$x=0$，$y=0$ のとき，**最小値 0** をとる。

演習問題

97 $y=x^2+2ax+2a^2+5a-4$

$\quad =(x+a)^2+a^2+5a-4$ より

放物線の頂点Pの座標は

$\mathrm{P}(-a,\ a^2+5a-4)$

ここで，$\mathrm{P}(x,\ y)$ とすると

$$\begin{cases} x=-a & \cdots\cdots① \\ y=a^2+5a-4 & \cdots\cdots② \end{cases}$$

①より $a=-x$ であるから，これを②に代入すると

$y=x^2-5x-4$

よって，求める軌跡は

放物線 $y=x^2-5x-4$ である。

3章　三角関数

1節　三角関数

25 一般角

p.78

98A **98B**

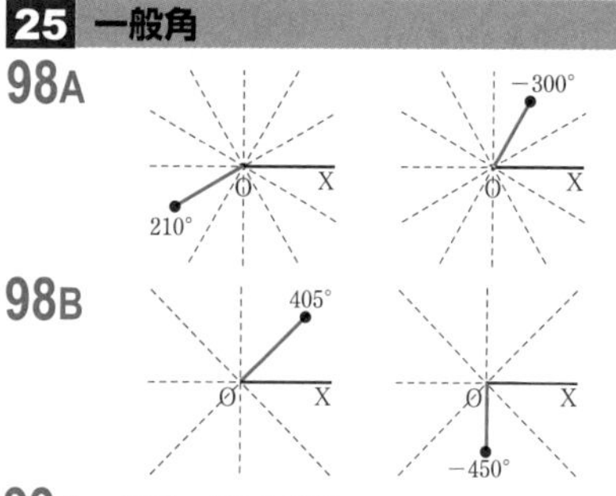

99A $420°=60°+360°$

$660°=300°+360°$

$-120°=240°+360°\times(-1)$

$-300°=60°+360°\times(-1)$

$-720°=360°\times(-2)$

より **420° と −300°**

99B $510°=150°+360°$

$570°=210°+360°$

$-120°=240°+360°\times(-1)$

$-150°=210°+360°\times(-1)$

$-240°=120°+360°\times(-1)$

より **570° と −150°**

100A (1) $-45°\times\dfrac{\pi}{180°}=\boldsymbol{-\dfrac{\pi}{4}}$

(2) $210°\times\dfrac{\pi}{180°}=\boldsymbol{\dfrac{7}{6}\pi}$

(3) $\dfrac{5}{3}\pi\times\dfrac{180°}{\pi}=\mathbf{300°}$

(4) $-\dfrac{7}{6}\pi\times\dfrac{180°}{\pi}=\mathbf{-210°}$

100B (1) $75^\circ\times\dfrac{\pi}{180^\circ}=\mathbf{\dfrac{5}{12}\pi}$

(2) $-315^\circ\times\dfrac{\pi}{180^\circ}=\mathbf{-\dfrac{7}{4}\pi}$

(3) $\dfrac{11}{3}\pi\times\dfrac{180^\circ}{\pi}=\mathbf{660^\circ}$

(4) $-\dfrac{5}{4}\pi\times\dfrac{180^\circ}{\pi}=\mathbf{-225^\circ}$

101A $l=4\times\dfrac{3}{4}\pi=\mathbf{3\pi}$, $S=\dfrac{1}{2}\times3\pi\times4=\mathbf{6\pi}$

101B $l=6\times\dfrac{5}{6}\pi=\mathbf{5\pi}$, $S=\dfrac{1}{2}\times5\pi\times6=\mathbf{15\pi}$

26 三角関数

p.80

102A (1) 右の図より

$\sin\dfrac{5}{4}\pi=\dfrac{-1}{\sqrt{2}}=\mathbf{-\dfrac{1}{\sqrt{2}}}$

$\cos\dfrac{5}{4}\pi=\dfrac{-1}{\sqrt{2}}=\mathbf{-\dfrac{1}{\sqrt{2}}}$

$\tan\dfrac{5}{4}\pi=\dfrac{-1}{-1}=\mathbf{1}$

(2) 右の図より

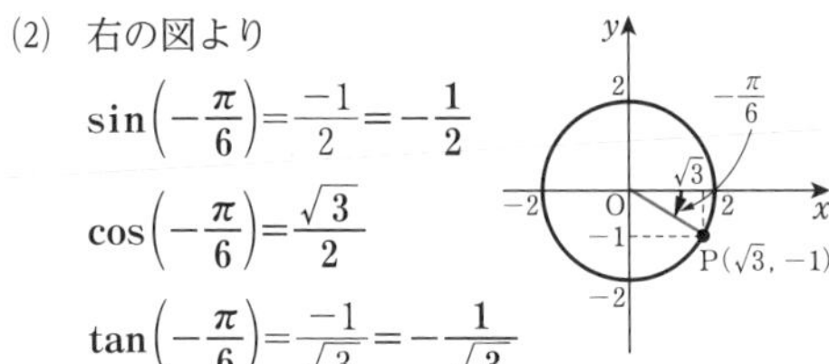

$\sin\left(-\dfrac{\pi}{6}\right)=\dfrac{-1}{2}=\mathbf{-\dfrac{1}{2}}$

$\cos\left(-\dfrac{\pi}{6}\right)=\mathbf{\dfrac{\sqrt{3}}{2}}$

$\tan\left(-\dfrac{\pi}{6}\right)=\dfrac{-1}{\sqrt{3}}=\mathbf{-\dfrac{1}{\sqrt{3}}}$

102B (1) 右の図より

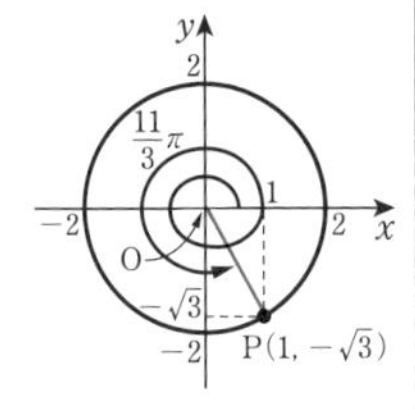

$\sin\dfrac{11}{3}\pi=\dfrac{-\sqrt{3}}{2}$

$=\mathbf{-\dfrac{\sqrt{3}}{2}}$

$\cos\dfrac{11}{3}\pi=\mathbf{\dfrac{1}{2}}$

$\tan\dfrac{11}{3}\pi=\dfrac{-\sqrt{3}}{1}=\mathbf{-\sqrt{3}}$

(2) -3π の動径と原点Oを中心とする半径1の円との交点Pの座標は $(-1,\ 0)$ であるから

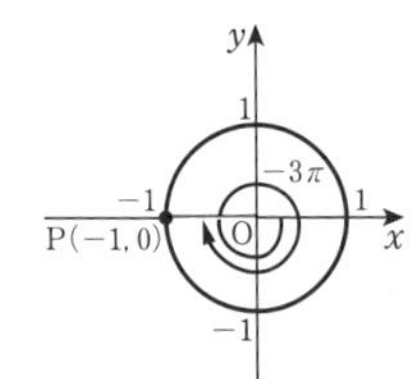

$\sin(-3\pi)=\dfrac{0}{1}=\mathbf{0}$

$\cos(-3\pi)=\dfrac{-1}{1}=\mathbf{-1}$

$\tan(-3\pi)=\dfrac{0}{-1}=\mathbf{0}$

103A (1) $\sin^2\theta+\cos^2\theta=1$ より

$\cos^2\theta=1-\sin^2\theta=1-\left(-\dfrac{3}{5}\right)^2=\dfrac{16}{25}$

ここで，θ は第3象限の角であるから

$\cos\theta<0$

よって　$\cos\theta=-\sqrt{\dfrac{16}{25}}=\mathbf{-\dfrac{4}{5}}$

$\tan\theta=\dfrac{\sin\theta}{\cos\theta}=\left(-\dfrac{3}{5}\right)\div\left(-\dfrac{4}{5}\right)$

$=\left(-\dfrac{3}{5}\right)\times\left(-\dfrac{5}{4}\right)=\mathbf{\dfrac{3}{4}}$

(2) $\sin^2\theta+\cos^2\theta=1$ より

$\sin^2\theta=1-\cos^2\theta=1-\left(-\dfrac{2}{3}\right)^2=\dfrac{5}{9}$

ここで，θ は第2象限の角であるから

$\sin\theta>0$

よって　$\sin\theta=\sqrt{\dfrac{5}{9}}=\mathbf{\dfrac{\sqrt{5}}{3}}$

$\tan\theta=\dfrac{\sin\theta}{\cos\theta}=\dfrac{\sqrt{5}}{3}\div\left(-\dfrac{2}{3}\right)$

$=\dfrac{\sqrt{5}}{3}\times\left(-\dfrac{3}{2}\right)=\mathbf{-\dfrac{\sqrt{5}}{2}}$

103B (1) $\sin^2\theta+\cos^2\theta=1$ より

$\sin^2\theta=1-\cos^2\theta=1-\left(\dfrac{3}{4}\right)^2=\dfrac{7}{16}$

ここで，θ は第4象限の角であるから

$\sin\theta<0$

よって　$\sin\theta=-\sqrt{\dfrac{7}{16}}=\mathbf{-\dfrac{\sqrt{7}}{4}}$

$\tan\theta=\dfrac{\sin\theta}{\cos\theta}=\left(-\dfrac{\sqrt{7}}{4}\right)\div\dfrac{3}{4}$

$=\left(-\dfrac{\sqrt{7}}{4}\right)\times\dfrac{4}{3}=\mathbf{-\dfrac{\sqrt{7}}{3}}$

(2) $\sin^2\theta+\cos^2\theta=1$ より

$\cos^2\theta=1-\sin^2\theta=1-\left(-\dfrac{1}{4}\right)^2=\dfrac{15}{16}$

ここで，θ は第3象限の角であるから

$\cos\theta<0$

よって　$\cos\theta=-\sqrt{\dfrac{15}{16}}=\mathbf{-\dfrac{\sqrt{15}}{4}}$

$\tan\theta=\dfrac{\sin\theta}{\cos\theta}=\left(-\dfrac{1}{4}\right)\div\left(-\dfrac{\sqrt{15}}{4}\right)$

$=\left(-\dfrac{1}{4}\right)\times\left(-\dfrac{4}{\sqrt{15}}\right)=\mathbf{\dfrac{1}{\sqrt{15}}}$

104A $1+\tan^2\theta=\dfrac{1}{\cos^2\theta}$　より

$\dfrac{1}{\cos^2\theta}=1+(\sqrt{2})^2=3$　ゆえに　$\cos^2\theta=\dfrac{1}{3}$

ここで，θ は第3象限の角であるから

$\cos\theta<0$

よって　$\cos\theta=-\sqrt{\dfrac{1}{3}}=\mathbf{-\dfrac{\sqrt{3}}{3}}$

$\sin\theta=\tan\theta\cos\theta=\sqrt{2}\times\left(-\dfrac{\sqrt{3}}{3}\right)=\mathbf{-\dfrac{\sqrt{6}}{3}}$

104B $1+\tan^2\theta=\dfrac{1}{\cos^2\theta}$ より

$\dfrac{1}{\cos^2\theta}=1+\left(-\dfrac{3}{4}\right)^2=\dfrac{25}{16}$　ゆえに　$\cos^2\theta=\dfrac{16}{25}$

ここで，θ は第4象限の角であるから

$\cos\theta>0$

よって　$\cos\theta=\sqrt{\dfrac{16}{25}}=\mathbf{\dfrac{4}{5}}$

$$\sin\boldsymbol{\theta}=\tan\theta\cos\theta=\left(-\frac{3}{4}\right)\times\frac{4}{5}=\boldsymbol{-\frac{3}{5}}$$

105A $\sin\theta+\cos\theta=\dfrac{1}{5}$ の両辺を2乗すると

$$\sin^2\theta+2\sin\theta\cos\theta+\cos^2\theta=\frac{1}{25}$$

ここで，$\sin^2\theta+\cos^2\theta=1$ であるから

$$2\sin\theta\cos\theta=\frac{1}{25}-1=-\frac{24}{25}$$

よって　$\sin\theta\cos\theta=\boldsymbol{-\dfrac{12}{25}}$

105B $\sin\theta-\cos\theta=-\dfrac{1}{3}$ の両辺を2乗すると

$$\sin^2\theta-2\sin\theta\cos\theta+\cos^2\theta=\frac{1}{9}$$

ここで，$\sin^2\theta+\cos^2\theta=1$ であるから

$$2\sin\theta\cos\theta=1-\frac{1}{9}=\frac{8}{9}$$

よって　$\sin\theta\cos\theta=\boldsymbol{\dfrac{4}{9}}$

106A (左辺)$=\dfrac{\cos^2\theta+(1+\sin\theta)^2}{(1+\sin\theta)\cos\theta}$

$$=\frac{\cos^2\theta+\sin^2\theta+2\sin\theta+1}{(1+\sin\theta)\cos\theta}$$

$$=\frac{2(1+\sin\theta)}{(1+\sin\theta)\cos\theta}=\frac{2}{\cos\theta}=(\text{右辺})$$

106B (左辺)$=\dfrac{\sin\theta}{\cos\theta}+\dfrac{\cos\theta}{\sin\theta}$

$$=\frac{\sin^2\theta+\cos^2\theta}{\cos\theta\sin\theta}$$

$$=\frac{1}{\sin\theta\cos\theta}=(\text{右辺})$$

27 三角関数の性質

p.84

107A (1) $\cos\dfrac{13}{6}\pi=\cos\left(\dfrac{\pi}{6}+2\pi\right)$

$$=\cos\frac{\pi}{6}=\boldsymbol{\frac{\sqrt{3}}{2}}$$

(2) $\sin\left(-\dfrac{15}{4}\pi\right)=\sin\left\{\dfrac{\pi}{4}+2\pi\times(-2)\right\}$

$$=\sin\frac{\pi}{4}=\boldsymbol{\frac{1}{\sqrt{2}}}$$

(3) $\tan\dfrac{15}{4}\pi=\tan\left(-\dfrac{\pi}{4}+2\pi\times2\right)$

$$=\tan\left(-\frac{\pi}{4}\right)=-\tan\frac{\pi}{4}$$

$$=\boldsymbol{-1}$$

107B (1) $\sin\dfrac{7}{3}\pi=\sin\left(\dfrac{\pi}{3}+2\pi\right)$

$$=\sin\frac{\pi}{3}=\boldsymbol{\frac{\sqrt{3}}{2}}$$

(2) $\cos\left(-\dfrac{9}{4}\pi\right)=\cos\left\{-\dfrac{\pi}{4}+2\pi\times(-1)\right\}$

$$=\cos\left(-\frac{\pi}{4}\right)=\cos\frac{\pi}{4}$$

$$=\boldsymbol{\frac{1}{\sqrt{2}}}$$

(3) $\tan\left(-\dfrac{13}{6}\pi\right)=\tan\left\{-\dfrac{\pi}{6}+2\pi\times(-1)\right\}$

$$=\tan\left(-\frac{\pi}{6}\right)=-\tan\frac{\pi}{6}$$

$$=\boldsymbol{-\frac{1}{\sqrt{3}}}$$

28 三角関数のグラフ

p.85

108A $a=\dfrac{\sqrt{3}}{2}$，$b=-1$，$\theta_1=\dfrac{\pi}{2}$，$\theta_2=\dfrac{5}{6}\pi$，

$\theta_3=\pi$，$\theta_4=\dfrac{4}{3}\pi$

108B $a=\sqrt{3}$，$b=-1$，$\theta_1=\dfrac{\pi}{4}$，$\theta_2=\pi$，$\theta_3=\dfrac{4}{3}\pi$

109 **周期は 2π**

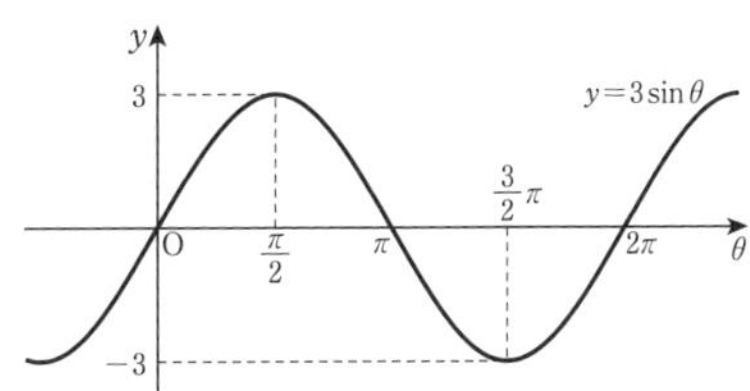

110 **周期は 4π**

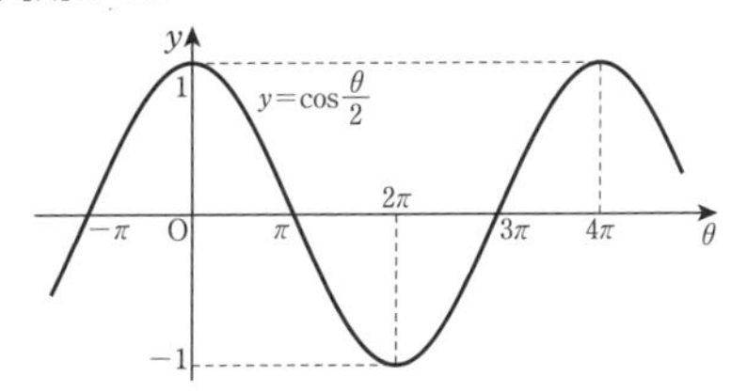

111A $y=\sin\left(\theta+\dfrac{\pi}{4}\right)$ のグラフは，$y=\sin\theta$ のグラフを

θ 軸方向に $-\dfrac{\pi}{4}$ だけ平行移動した次のようなグラフとなる。**周期は 2π** である。

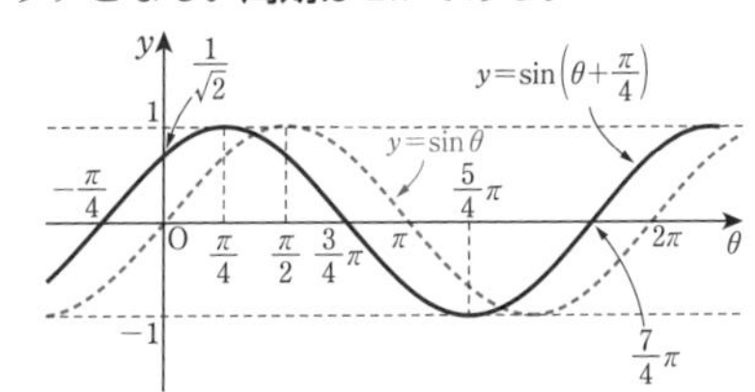

111B $y=\cos\left(\theta-\dfrac{\pi}{6}\right)$ のグラフは，$y=\cos\theta$ のグラフを

θ 軸方向に $\dfrac{\pi}{6}$ だけ平行移動した次のようなグラフとなる。**周期は 2π** である。

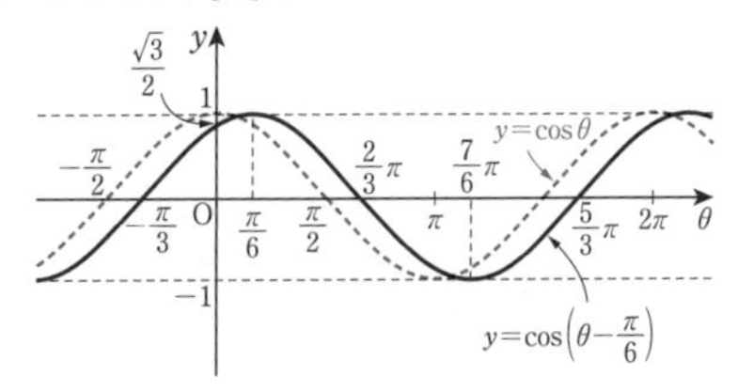

29 三角関数を含む方程式・不等式

p.88

112A (1) 右の図のように，

単位円と直線 $y=-\frac{1}{2}$

との交点をP，Qとすると，動径OP，OQの表す角が求めるθである。

よって，$0\leqq\theta<2\pi$

の範囲において　$\boldsymbol{\theta=\frac{7}{6}\pi,\ \frac{11}{6}\pi}$

(2) $2\cos\theta-\sqrt{3}=0$ より　$\cos\theta=\frac{\sqrt{3}}{2}$

右の図のように，

単位円と直線

$x=\frac{\sqrt{3}}{2}$

との交点をP，Qとすると，動径OP，OQの表す角が求めるθである。

よって，$0\leqq\theta<2\pi$ の範囲において

$\boldsymbol{\theta=\frac{\pi}{6},\ \frac{11}{6}\pi}$

(3) $\sqrt{3}\tan\theta-1=0$ より　$\tan\theta=\frac{1}{\sqrt{3}}$

右の図のように，点$\mathrm{T}\left(1,\ \frac{1}{\sqrt{3}}\right)$をとり，単位円と直線OTとの交点をP，Qとすると，動径OP，OQの表す角が求めるθである。

よって，$0\leqq\theta<2\pi$ の範囲において

$\boldsymbol{\theta=\frac{\pi}{6},\ \frac{7}{6}\pi}$

112B (1) $2\sin\theta=-\sqrt{3}$ より

$\sin\theta=-\frac{\sqrt{3}}{2}$

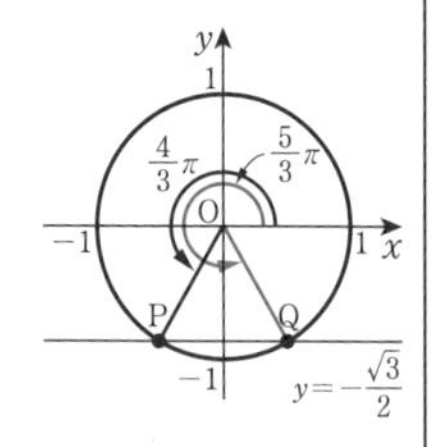

右の図のように，

単位円と直線

$y=-\frac{\sqrt{3}}{2}$

との交点をP，Qとすると，動径OP，OQの表す角が求めるθである。

よって，$0\leqq\theta<2\pi$ の範囲において

$\boldsymbol{\theta=\frac{4}{3}\pi,\ \frac{5}{3}\pi}$

(2) $\sqrt{2}\cos\theta+1=0$ より　$\cos\theta=-\frac{1}{\sqrt{2}}$

右の図のように，

単位円と直線 $x=-\frac{1}{\sqrt{2}}$

との交点をP，Qとすると，動径OP，

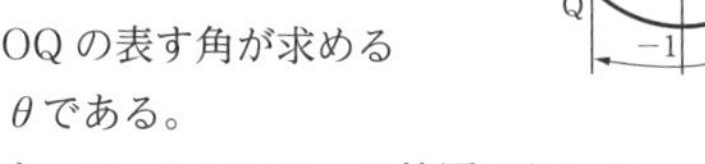

OQの表す角が求めるθである。

よって，$0\leqq\theta<2\pi$ の範囲において

$\boldsymbol{\theta=\frac{3}{4}\pi,\ \frac{5}{4}\pi}$

(3) $\sqrt{3}\tan\theta+3=0$ より　$\tan\theta=-\sqrt{3}$

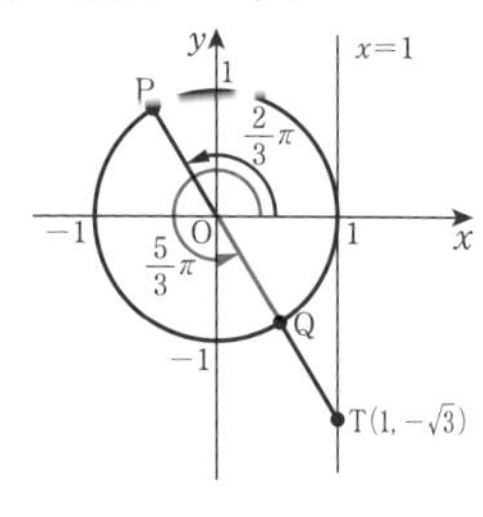

右の図のように，点$\mathrm{T}(1,\ -\sqrt{3})$をとり，単位円と直線OTとの交点をP，Qとすると，動径OP，OQの表す角が求めるθである。

よって，$0\leqq\theta<2\pi$ の範囲において

$\boldsymbol{\theta=\frac{2}{3}\pi,\ \frac{5}{3}\pi}$

113A (1) $\cos^2\theta=1-\sin^2\theta$ より，与えられた方程式を変形すると

$2(1-\sin^2\theta)-\sin\theta-1=0$

$2\sin^2\theta+\sin\theta-1=0$

因数分解すると　$(2\sin\theta-1)(\sin\theta+1)=0$

ゆえに　$\sin\theta=\frac{1}{2},\ -1$

よって，$0\leqq\theta<2\pi$ の範囲において

$\boldsymbol{\theta=\frac{\pi}{6},\ \frac{5}{6}\pi,\ \frac{3}{2}\pi}$

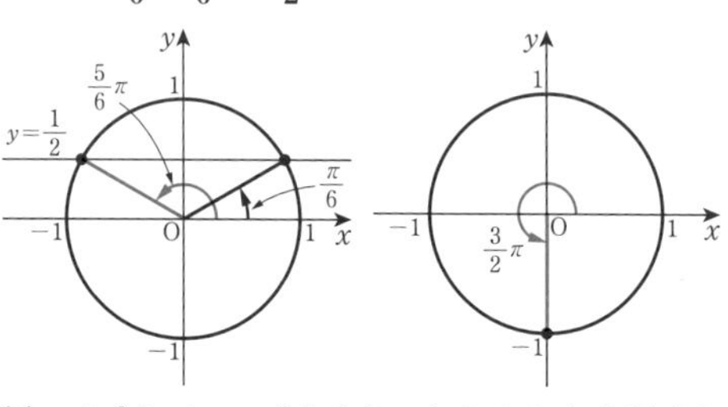

(2) $\sin^2\theta=1-\cos^2\theta$ より，与えられた方程式を変形すると

$2(1-\cos^2\theta)-5\cos\theta+5=0$

$2\cos^2\theta+5\cos\theta-7=0$

因数分解すると　$(2\cos\theta+7)(\cos\theta-1)=0$

ここで，$0\leqq\theta<2\pi$ のとき，$-1\leqq\cos\theta\leqq1$

より　$2\cos\theta+7\neq0$

ゆえに　$\cos\theta=1$

よって，$0\leqq\theta<2\pi$ の範囲において

$\boldsymbol{\theta=0}$

113B (1) $\sin^2\theta=1-\cos^2\theta$ より，与えられた方程式を変形すると

$2(1-\cos^2\theta)-\cos\theta-2=0$

$$2\cos^2\theta+\cos\theta=0$$

因数分解すると　$\cos\theta(2\cos\theta+1)=0$

ゆえに　$\cos\theta=0,\ -\dfrac{1}{2}$

よって，$0\leqq\theta<2\pi$ の範囲において

$$\boldsymbol{\theta=\frac{\pi}{2},\ \frac{2}{3}\pi,\ \frac{4}{3}\pi,\ \frac{3}{2}\pi}$$

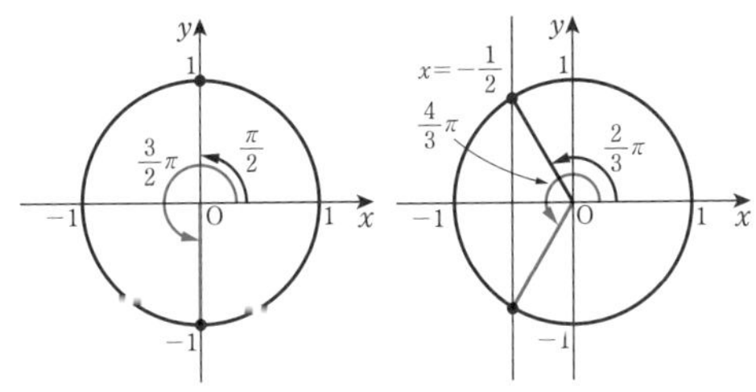

(2)　$\cos^2\theta=1-\sin^2\theta$ より，与えられた方程式を変形すると

$$4(1-\sin^2\theta)-4\sin\theta-5=0$$
$$4\sin^2\theta+4\sin\theta+1=0$$

因数分解すると　$(2\sin\theta+1)^2=0$

ゆえに　$\sin\theta=-\dfrac{1}{2}$

よって，$0\leqq\theta<2\pi$ の範囲において

$$\boldsymbol{\theta=\frac{7}{6}\pi,\ \frac{11}{6}\pi}$$

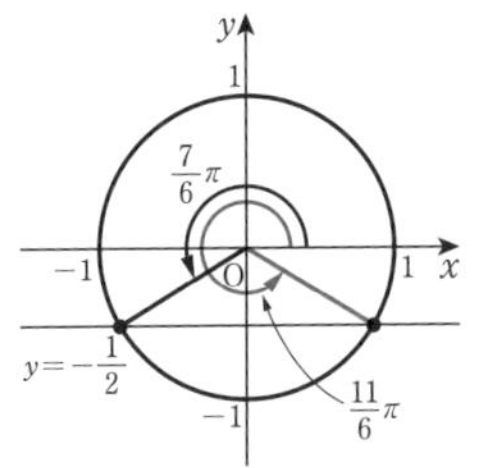

114A (1)　求める θ の値の範囲は，単位円と角 θ の動径との交点の y 座標が $\dfrac{1}{2}$ より大きい範囲である。

ここで，単位円と直線 $y=\dfrac{1}{2}$ との交点をP，Qとすると，動径OP，OQの表す角は $0\leqq\theta<2\pi$ の範囲において $\dfrac{\pi}{6}$，$\dfrac{5}{6}\pi$ である。

よって，求める θ の範囲は

$$\boldsymbol{\frac{\pi}{6}<\theta<\frac{5}{6}\pi}$$

(2)　$2\sin\theta\leqq-\sqrt{3}$ より　$\sin\theta\leqq-\dfrac{\sqrt{3}}{2}$

求める θ の値の範囲は，単位円と角 θ の動径との交点の y 座標が $-\dfrac{\sqrt{3}}{2}$ 以下であるような範囲である。

ここで，単位円と直線 $y=-\dfrac{\sqrt{3}}{2}$ との交点をP，Qとすると，動径OP，OQの表す角は $0\leqq\theta<2\pi$ の範囲において $\dfrac{4}{3}\pi$，$\dfrac{5}{3}\pi$ である。

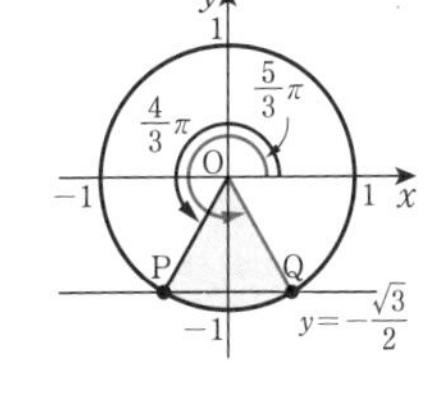

よって，求める θ の範囲は

$$\boldsymbol{\frac{4}{3}\pi\leqq\theta\leqq\frac{5}{3}\pi}$$

114B (1)　求める θ の値の範囲は，単位円と角 θ の動径との交点の x 座標が $\dfrac{\sqrt{3}}{2}$ より小さい範囲である。

ここで，単位円と直線 $x=\dfrac{\sqrt{3}}{2}$ との交点をP，Qとすると，動径OP，OQの表す角は $0\leqq\theta<2\pi$ の範囲において $\dfrac{\pi}{6}$，$\dfrac{11}{6}\pi$ である。

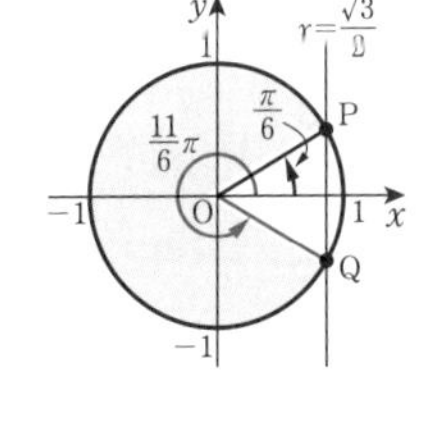

よって，求める θ の範囲は

$$\boldsymbol{\frac{\pi}{6}<\theta<\frac{11}{6}\pi}$$

(2)　$2\cos\theta-\sqrt{2}\geqq0$ より　$\cos\theta\geqq\dfrac{\sqrt{2}}{2}$

求める θ の値の範囲は，単位円と角 θ の動径との交点の x 座標が $\dfrac{\sqrt{2}}{2}$ 以上であるような範囲である。

ここで，単位円と直線 $x=\dfrac{\sqrt{2}}{2}$ との交点をP，Qとすると，動径OP，OQの表す角は $0\leqq\theta<2\pi$ の範囲において $\dfrac{\pi}{4}$，$\dfrac{7}{4}\pi$ である。

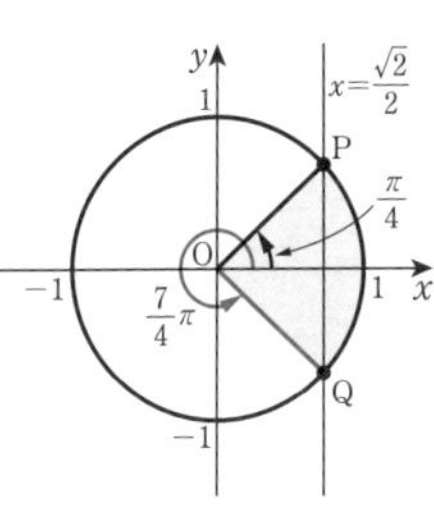

よって，求める θ の範囲は

$$\boldsymbol{0\leqq\theta\leqq\frac{\pi}{4},\ \frac{7}{4}\pi\leqq\theta<2\pi}$$

2節　加法定理

30 加法定理

p.92

115A (1)　$\cos105^\circ=\cos(45^\circ+60^\circ)$

$$=\cos45^\circ\cos60^\circ-\sin45^\circ\sin60^\circ$$
$$=\frac{1}{\sqrt{2}}\times\frac{1}{2}-\frac{1}{\sqrt{2}}\times\frac{\sqrt{3}}{2}$$
$$=\frac{1-\sqrt{3}}{2\sqrt{2}}=\boldsymbol{\frac{\sqrt{2}-\sqrt{6}}{4}}$$

(2)　$\sin285^\circ=\sin(240^\circ+45^\circ)$

$$=\sin240^\circ\cos45^\circ+\cos240^\circ\sin45^\circ$$

$$=-\frac{\sqrt{3}}{2}\times\frac{1}{\sqrt{2}}+\left(-\frac{1}{2}\right)\times\frac{1}{\sqrt{2}}$$

$$=-\frac{\sqrt{3}+1}{2\sqrt{2}}=\boldsymbol{-\frac{\sqrt{6}+\sqrt{2}}{4}}$$

115B (1) $\sin 165^\circ=\sin(45^\circ+120^\circ)$

$$=\sin 45^\circ\cos 120^\circ+\cos 45^\circ\sin 120^\circ$$

$$=\frac{1}{\sqrt{2}}\times\left(-\frac{1}{2}\right)+\frac{1}{\sqrt{2}}\times\frac{\sqrt{3}}{2}$$

$$=\frac{-1+\sqrt{3}}{2\sqrt{2}}=\boldsymbol{\frac{-\sqrt{2}+\sqrt{6}}{4}}$$

(2) $\cos 195^\circ=\cos(150^\circ+45^\circ)$

$$=\cos 150^\circ\cos 45^\circ-\sin 150^\circ\sin 45^\circ$$

$$=-\frac{\sqrt{3}}{2}\times\frac{1}{\sqrt{2}}-\frac{1}{2}\times\frac{1}{\sqrt{2}}$$

$$=-\frac{\sqrt{3}+1}{2\sqrt{2}}=\boldsymbol{-\frac{\sqrt{6}+\sqrt{2}}{4}}$$

116A (1) $\sin^2\alpha+\cos^2\alpha=1$ より

$$\sin^2\alpha=1-\left(\frac{1}{3}\right)^2=\frac{8}{9}$$

α は第 1 象限の角であるから，$\sin\alpha>0$

よって　$\sin\alpha=\sqrt{\frac{8}{9}}=\boldsymbol{\frac{2\sqrt{2}}{3}}$

(2) $\sin^2\beta+\cos^2\beta=1$ より

$$\sin^2\beta=1-\left(-\frac{7}{9}\right)^2=\frac{32}{81}$$

β は第 3 象限の角であるから，$\sin\beta<0$

よって　$\sin\beta=-\sqrt{\frac{32}{81}}=\boldsymbol{-\frac{4\sqrt{2}}{9}}$

(3) $\sin(\alpha+\beta)=\sin\alpha\cos\beta+\cos\alpha\sin\beta$

$$=\frac{2\sqrt{2}}{3}\times\left(-\frac{7}{9}\right)+\frac{1}{3}\times\left(-\frac{4\sqrt{2}}{9}\right)$$

$$=\frac{-14\sqrt{2}-4\sqrt{2}}{27}=\boldsymbol{-\frac{2\sqrt{2}}{3}}$$

(4) $\cos(\alpha+\beta)=\cos\alpha\cos\beta-\sin\alpha\sin\beta$

$$=\frac{1}{3}\times\left(-\frac{7}{9}\right)-\frac{2\sqrt{2}}{3}\times\left(-\frac{4\sqrt{2}}{9}\right)$$

$$=\frac{-7+16}{27}=\boldsymbol{\frac{1}{3}}$$

116B (1) $\sin^2\alpha+\cos^2\alpha=1$ より

$$\cos^2\alpha=1-\left(\frac{2}{3}\right)^2=\frac{5}{9}$$

α は第 2 象限の角であるから，$\cos\alpha<0$

よって　$\cos\alpha=-\sqrt{\frac{5}{9}}=\boldsymbol{-\frac{\sqrt{5}}{3}}$

(2) $\sin^2\beta+\cos^2\beta=1$ より

$$\sin^2\beta=1-\left(\frac{\sqrt{30}}{6}\right)^2=\frac{6}{36}=\frac{1}{6}$$

β は第 4 象限の角であるから，$\sin\beta<0$

よって　$\sin\beta=-\sqrt{\frac{1}{6}}=\boldsymbol{-\frac{\sqrt{6}}{6}}$

(3) $\sin(\alpha-\beta)=\sin\alpha\cos\beta-\cos\alpha\sin\beta$

$$=\frac{2}{3}\times\frac{\sqrt{30}}{6}-\left(-\frac{\sqrt{5}}{3}\right)\times\left(-\frac{\sqrt{6}}{6}\right)$$

$$=\frac{2\sqrt{30}-\sqrt{30}}{18}=\boldsymbol{\frac{\sqrt{30}}{18}}$$

(4) $\cos(\alpha-\beta)=\cos\alpha\cos\beta+\sin\alpha\sin\beta$

$$=-\frac{\sqrt{5}}{3}\times\frac{\sqrt{30}}{6}+\frac{2}{3}\times\left(-\frac{\sqrt{6}}{6}\right)$$

$$=\frac{-5\sqrt{6}-2\sqrt{6}}{18}=\boldsymbol{-\frac{7\sqrt{6}}{18}}$$

117 $\tan 165^\circ=\tan(120^\circ+45^\circ)$

$$=\frac{\tan 120^\circ+\tan 45^\circ}{1-\tan 120^\circ\tan 45^\circ}$$

$$=\frac{-\sqrt{3}+1}{1-(-\sqrt{3})\times 1}$$

$$=\frac{1-\sqrt{3}}{1+\sqrt{3}}$$

$$=\frac{(1-\sqrt{3})^2}{(1+\sqrt{3})(1-\sqrt{3})}=\boldsymbol{-2+\sqrt{3}}$$

118 2 直線 $y=3x$，$y=\frac{1}{2}x$ と x 軸の正の部分のなす角をそれぞれ α，β とすると

$$\tan\alpha=3,\ \tan\beta=\frac{1}{2}$$

右の図より，2 直線のなす角 θ は

$$\theta=\alpha-\beta$$

よって

$$\tan\theta=\tan(\alpha-\beta)$$

$$=\frac{\tan\alpha-\tan\beta}{1+\tan\alpha\tan\beta}$$

$$=\frac{3-\frac{1}{2}}{1+3\times\frac{1}{2}}$$

$$=\frac{5}{2}\div\frac{5}{2}=1$$

$0<\theta<\frac{\pi}{2}$ であるから　$\boldsymbol{\theta=\frac{\pi}{4}}$

31 加法定理の応用

p.95

119A α が第 1 象限のとき，$\cos\alpha>0$ であるから

$$\cos\alpha=\sqrt{1-\sin^2\alpha}=\sqrt{1-\left(\frac{2}{3}\right)^2}=\frac{\sqrt{5}}{3}$$

よって

$$\boldsymbol{\sin 2\alpha}=2\sin\alpha\cos\alpha=2\times\frac{2}{3}\times\frac{\sqrt{5}}{3}=\boldsymbol{\frac{4\sqrt{5}}{9}}$$

$$\boldsymbol{\cos 2\alpha}=1-2\sin^2\alpha=1-2\times\left(\frac{2}{3}\right)^2=\boldsymbol{\frac{1}{9}}$$

$$\boldsymbol{\tan 2\alpha}=\frac{\sin 2\alpha}{\cos 2\alpha}$$

$$=\frac{4\sqrt{5}}{9}\div\frac{1}{9}$$

$$=\frac{4\sqrt{5}}{9}\times\frac{9}{1}=\boldsymbol{4\sqrt{5}}$$

119B α が第 2 象限のとき，$\sin\alpha>0$ であるから

$$\sin\alpha=\sqrt{1-\cos^2\alpha}=\sqrt{1-\left(-\frac{1}{3}\right)^2}=\frac{2\sqrt{2}}{3}$$

よって

$$\boldsymbol{\sin 2\alpha}=2\sin\alpha\cos\alpha=2\times\frac{2\sqrt{2}}{3}\times\left(-\frac{1}{3}\right)$$

$=-\dfrac{4\sqrt{2}}{9}$

$\cos 2\alpha=2\cos^2\alpha-1$

$=2\times\left(-\dfrac{1}{3}\right)^2-1$

$=-\dfrac{7}{9}$

$\tan 2\alpha=\dfrac{\sin 2\alpha}{\cos 2\alpha}$

$=-\dfrac{4\sqrt{2}}{9}\div\left(-\dfrac{7}{9}\right)$

$=-\dfrac{4\sqrt{2}}{9}\times\left(-\dfrac{9}{7}\right)=\dfrac{4\sqrt{2}}{7}$

120A (1) $\cos 2\theta=2\cos^2\theta-1$ より

$2\cos^2\theta-1-\cos\theta=-1$

ゆえに　$\cos\theta(2\cos\theta-1)=0$

よって　$\cos\theta=0,\ \dfrac{1}{2}$

$0\leqq\theta<2\pi$ の範囲において

$\cos\theta=0$ のとき

$\theta=\dfrac{\pi}{2},\ \dfrac{3}{2}\pi$

$\cos\theta=\dfrac{1}{2}$ のとき

$\theta=\dfrac{\pi}{3},\ \dfrac{5}{3}\pi$

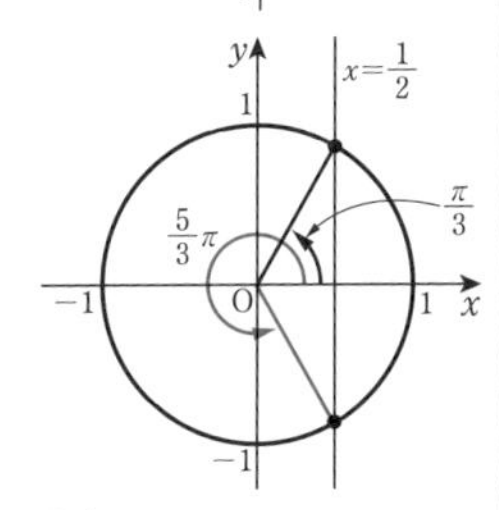

したがって

$\boldsymbol{\theta=\dfrac{\pi}{3},\ \dfrac{\pi}{2},\ \dfrac{3}{2}\pi,\ \dfrac{5}{3}\pi}$

(2) $\sin 2\theta=2\sin\theta\cos\theta$ より

$2\sin\theta\cos\theta=\sqrt{3}\sin\theta$

ゆえに　$\sin\theta(2\cos\theta-\sqrt{3})=0$

よって

$\sin\theta=0,\ \cos\theta=\dfrac{\sqrt{3}}{2}$

$0\leqq\theta<2\pi$ の範囲において

$\sin\theta=0$ のとき

$\theta=0,\ \pi$

$\cos\theta=\dfrac{\sqrt{3}}{2}$ のとき

$\theta=\dfrac{\pi}{6},\ \dfrac{11}{6}\pi$

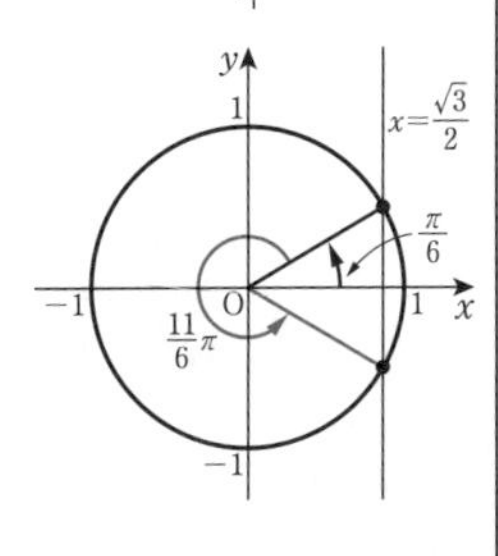

したがって

$\boldsymbol{\theta=0,\ \dfrac{\pi}{6},\ \pi,\ \dfrac{11}{6}\pi}$

120B (1) $\cos 2\theta=2\cos^2\theta-1$ より

$2\cos^2\theta-1-5\cos\theta+3=0$

ゆえに　$(\cos\theta-2)(2\cos\theta-1)=0$

$-1\leqq\cos\theta\leqq1$ より　$\cos\theta-2\neq0$

よって　$\cos\theta=\dfrac{1}{2}$

$0\leqq\theta<2\pi$ の範囲において

$\boldsymbol{\theta=\dfrac{\pi}{3},\ \dfrac{5}{3}\pi}$

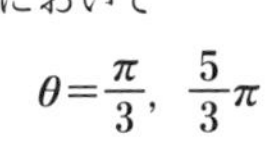

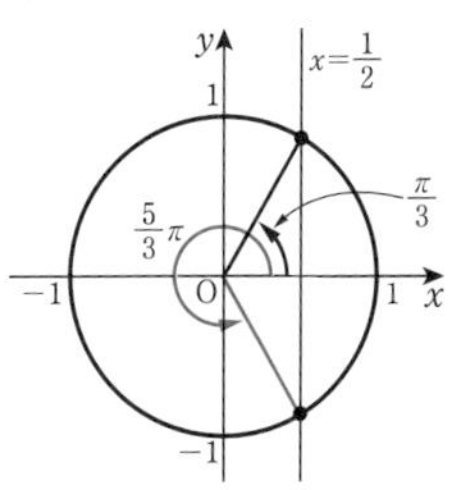

(2) $\cos 2\theta=1-2\sin^2\theta$ より

$1-2\sin^2\theta=\sin\theta$

ゆえに　$(\sin\theta+1)(2\sin\theta-1)=0$

よって　$\sin\theta=-1,\ \dfrac{1}{2}$

$0\leqq\theta<2\pi$ の範囲において

$\sin\theta=-1$ のとき

$\theta=\dfrac{3}{2}\pi$

$\sin\theta=\dfrac{1}{2}$ のとき

$\theta=\dfrac{\pi}{6},\ \dfrac{5}{6}\pi$

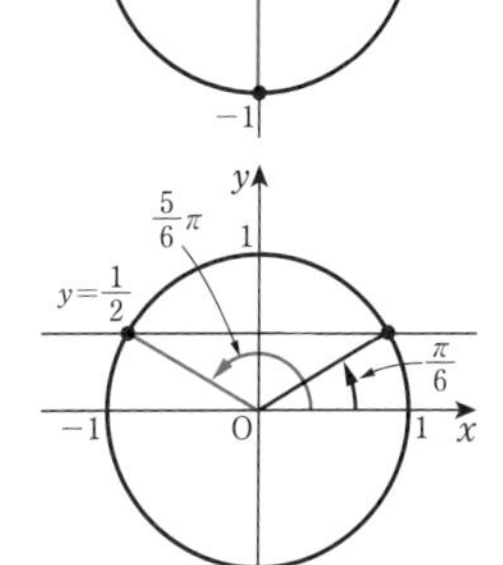

したがって

$\boldsymbol{\theta=\dfrac{\pi}{6},\ \dfrac{5}{6}\pi,\ \dfrac{3}{2}\pi}$

121A (1) $\sin^2 67.5^\circ=\dfrac{1-\cos 135^\circ}{2}$

$=\dfrac{1}{2}\left\{1-\left(-\dfrac{\sqrt{2}}{2}\right)\right\}$

$=\dfrac{2+\sqrt{2}}{4}$

ここで，$\sin 67.5^\circ>0$ より

$\sin 67.5^\circ=\dfrac{\sqrt{2+\sqrt{2}}}{2}$

(2) $\cos^2 112.5^\circ=\dfrac{1+\cos 225^\circ}{2}$

$=\dfrac{1}{2}\left\{1+\left(-\dfrac{\sqrt{2}}{2}\right)\right\}$

$=\dfrac{2-\sqrt{2}}{4}$

ここで，$\cos 112.5^\circ<0$ より

$\cos 112.5^\circ=-\dfrac{\sqrt{2-\sqrt{2}}}{2}$

121B (1) $\sin^2\dfrac{3}{8}\pi=\dfrac{1-\cos\dfrac{3}{4}\pi}{2}$

$=\dfrac{1}{2}\left\{1-\left(-\dfrac{\sqrt{2}}{2}\right)\right\}$

$=\dfrac{2+\sqrt{2}}{4}$

ここで，$\sin\dfrac{3}{8}\pi>0$ より

$\sin\dfrac{3}{8}\pi=\dfrac{\sqrt{2+\sqrt{2}}}{2}$

(2) $\cos^2\dfrac{5}{12}\pi=\dfrac{1+\cos\dfrac{5}{6}\pi}{2}$

$=\dfrac{1}{2}\left\{1+\left(-\dfrac{\sqrt{3}}{2}\right)\right\}$

$=\dfrac{2-\sqrt{3}}{4}$

ここで，$\cos\dfrac{5}{12}\pi>0$ より

$\cos\dfrac{5}{12}\pi=\dfrac{\sqrt{2-\sqrt{3}}}{2}$

32 三角関数の合成

p.98

122A (1) $\sqrt{3^2+(\sqrt{3})^2}=\sqrt{12}=2\sqrt{3}$ より

$3\sin\theta+\sqrt{3}\cos\theta$

$=2\sqrt{3}\left\{\sin\theta\times\dfrac{\sqrt{3}}{2}+\cos\theta\times\dfrac{1}{2}\right\}$

$=2\sqrt{3}\left(\sin\theta\cos\dfrac{\pi}{6}+\cos\theta\sin\dfrac{\pi}{6}\right)$

$=\mathbf{2\sqrt{3}\sin\left(\theta+\dfrac{\pi}{6}\right)}$

(2) $\sqrt{(-1)^2+1^2}=\sqrt{2}$ より

$-\sin\theta+\cos\theta$

$=\sqrt{2}\left\{\sin\theta\times\left(-\dfrac{1}{\sqrt{2}}\right)+\cos\theta\times\dfrac{1}{\sqrt{2}}\right\}$

$=\sqrt{2}\left(\sin\theta\cos\dfrac{3}{4}\pi+\cos\theta\sin\dfrac{3}{4}\pi\right)$

$=\mathbf{\sqrt{2}\sin\left(\theta+\dfrac{3}{4}\pi\right)}$

122B (1) $\sqrt{3^2+(-\sqrt{3})^2}=\sqrt{12}=2\sqrt{3}$ より

$3\sin\theta-\sqrt{3}\cos\theta$

$=2\sqrt{3}\left\{\sin\theta\times\dfrac{\sqrt{3}}{2}+\cos\theta\times\left(-\dfrac{1}{2}\right)\right\}$

$=2\sqrt{3}\left\{\sin\theta\cos\left(-\dfrac{\pi}{6}\right)+\cos\theta\sin\left(-\dfrac{\pi}{6}\right)\right\}$

$=\mathbf{2\sqrt{3}\sin\left(\theta-\dfrac{\pi}{6}\right)}$

(2) $\sqrt{(-1)^2+(-\sqrt{3})^2}=\sqrt{4}=2$ より

$-\sin\theta-\sqrt{3}\cos\theta$

$=2\left\{\sin\theta\times\left(-\dfrac{1}{2}\right)+\cos\theta\times\left(-\dfrac{\sqrt{3}}{2}\right)\right\}$

$=2\left\{\sin\theta\cos\left(-\dfrac{2}{3}\pi\right)+\cos\theta\sin\left(-\dfrac{2}{3}\pi\right)\right\}$

$=\mathbf{2\sin\left(\theta-\dfrac{2}{3}\pi\right)}$

123A $\sqrt{2^2+1^2}=\sqrt{5}$ より

$y=2\sin\theta+\cos\theta=\sqrt{5}\sin(\theta+\alpha)$

ただし　$\cos\alpha=\dfrac{2}{\sqrt{5}}$，$\sin\alpha=\dfrac{1}{\sqrt{5}}$

ここで，$-1\leqq\sin(\theta+\alpha)\leqq1$ であるから

$-\sqrt{5}\leqq y\leqq\sqrt{5}$

よって，この関数 y の**最大値は $\sqrt{5}$**

最小値は $-\sqrt{5}$

123B $\sqrt{2^2+(-\sqrt{5})^2}=\sqrt{9}=3$ より

$y=2\sin\theta-\sqrt{5}\cos\theta=3\sin(\theta+\alpha)$

ただし　$\cos\alpha=\dfrac{2}{3}$，$\sin\alpha=-\dfrac{\sqrt{5}}{3}$

ここで，$-1\leqq\sin(\theta+\alpha)\leqq1$ であるから

$-3\leqq y\leqq3$

よって，この関数 y の**最大値は 3**

最小値は -3

124A 左辺を変形すると

$\sin\theta+\cos\theta=\sqrt{2}\sin\left(\theta+\dfrac{\pi}{4}\right)$

よって，$\sqrt{2}\sin\left(\theta+\dfrac{\pi}{4}\right)=-1$ より

$\sin\left(\theta+\dfrac{\pi}{4}\right)=-\dfrac{1}{\sqrt{2}}$

ここで，$0\leqq\theta<2\pi$ のとき

$\dfrac{\pi}{4}\leqq\theta+\dfrac{\pi}{4}<\dfrac{9}{4}\pi$

であるから

$\theta+\dfrac{\pi}{4}=\dfrac{5}{4}\pi$

または

$\theta+\dfrac{\pi}{4}=\dfrac{7}{4}\pi$

したがって　$\boldsymbol{\theta=\pi,\ \dfrac{3}{2}\pi}$

124B $\sqrt{3}\sin\theta-\cos\theta-\sqrt{2}=0$ より

$\sqrt{3}\sin\theta-\cos\theta=\sqrt{2}$

左辺を変形すると

$\sqrt{3}\sin\theta-\cos\theta=2\sin\left(\theta-\dfrac{\pi}{6}\right)$

よって，$2\sin\left(\theta-\dfrac{\pi}{6}\right)=\sqrt{2}$ より

$\sin\left(\theta-\dfrac{\pi}{6}\right)=\dfrac{\sqrt{2}}{2}$

ここで，$0\leqq\theta<2\pi$ のとき

$-\dfrac{\pi}{6}\leqq\theta-\dfrac{\pi}{6}<\dfrac{11}{6}\pi$

であるから

$\theta-\dfrac{\pi}{6}=\dfrac{\pi}{4}$

または

$\theta-\dfrac{\pi}{6}=\dfrac{3}{4}\pi$

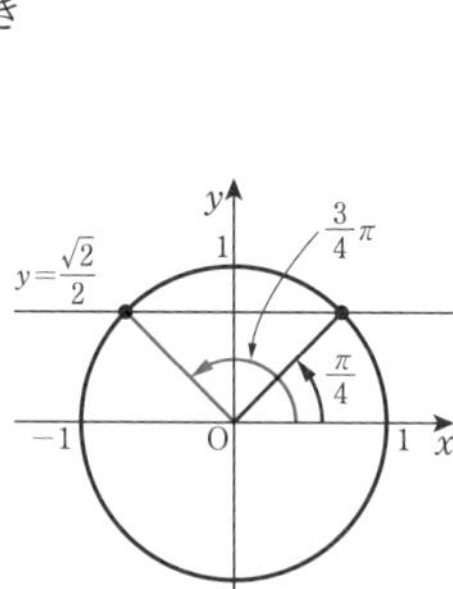

したがって

$\boldsymbol{\theta=\dfrac{5}{12}\pi,\ \dfrac{11}{12}\pi}$

演習問題

125 (1) $\cos\theta=x$ とおくと，$0\leqq\theta<2\pi$ より

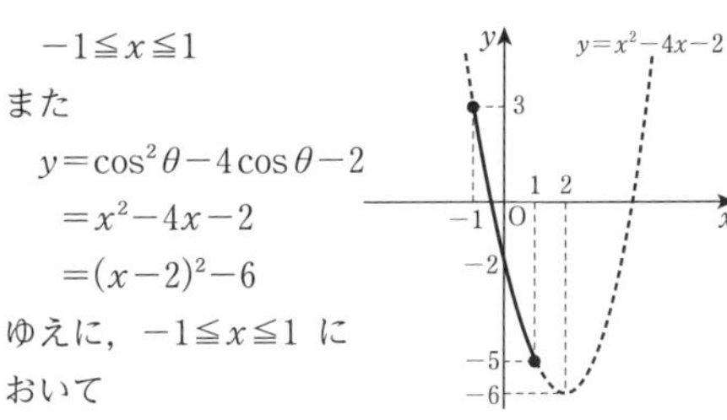

$-1 \leqq x \leqq 1$

また

$y=\cos^2\theta-4\cos\theta-2$

$=x^2-4x-2$

$=(x-2)^2-6$

ゆえに，$-1 \leqq x \leqq 1$ において

$x=-1$ のとき，最大値 3

$x=1$ のとき，最小値 -5

をとる。

$x=-1$ のとき，$\cos\theta=-1$ より　$\theta=\pi$

$x=1$ のとき，$\cos\theta=1$ より　$\theta=0$

よって，y は

$\theta=\pi$ のとき，最大値 3，

$\theta=0$ のとき，最小値 -5 をとる。

(2)　$\sin\theta=x$ とおくと，$0 \leqq \theta < 2\pi$ より

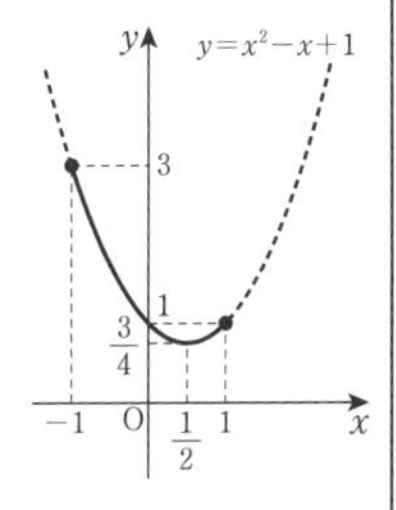

$-1 \leqq x \leqq 1$

また

$y=\sin^2\theta-\sin\theta+1$

$=x^2-x+1$

$=\left(x-\frac{1}{2}\right)^2-\left(\frac{1}{2}\right)^2+1$

$=\left(x-\frac{1}{2}\right)^2+\frac{3}{4}$

ゆえに，$-1 \leqq x \leqq 1$ において

$x=-1$ のとき，最大値 3

$x=\frac{1}{2}$ のとき，最小値 $\frac{3}{4}$

をとる。

$x=-1$ のとき，$\sin\theta=-1$ より　$\theta=\frac{3}{2}\pi$

$x=\frac{1}{2}$ のとき，$\sin\theta=\frac{1}{2}$ より　$\theta=\frac{\pi}{6},\ \frac{5}{6}\pi$

よって，y は

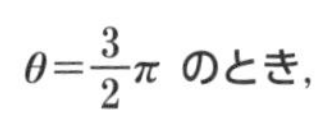

$\theta=\frac{3}{2}\pi$ のとき，

最大値 3，

$\theta=\frac{\pi}{6},\ \frac{5}{6}\pi$ の

とき，最小値 $\frac{3}{4}$ をとる。

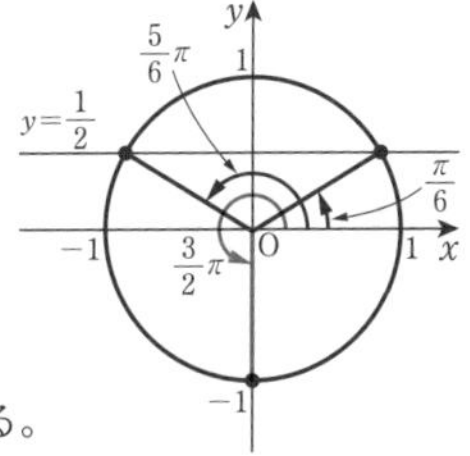

126　(1)　$\cos 2\theta=1-2\sin^2\theta$ より

$1-2\sin^2\theta+\sin\theta<0$

ゆえに　$(\sin\theta-1)(2\sin\theta+1)>0$　……①

$0 \leqq \theta < 2\pi$ のとき，$-1 \leqq \sin\theta \leqq 1$

よって，①を満たす $\sin\theta$ の値の範囲は

$-1 \leqq \sin\theta < -\frac{1}{2}$

したがって

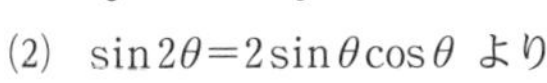

$\frac{7}{6}\pi<\theta<\frac{11}{6}\pi$

(2)　$\sin 2\theta=2\sin\theta\cos\theta$ より

$2\sin\theta\cos\theta+\sqrt{2}\sin\theta>0$

ゆえに　$\sin\theta(2\cos\theta+\sqrt{2})>0$

よって

$\begin{cases}\sin\theta>0\\ 2\cos\theta+\sqrt{2}>0\end{cases}$　……①

または

$\begin{cases}\sin\theta<0\\ 2\cos\theta+\sqrt{2}<0\end{cases}$　……②

$0 \leqq \theta < 2\pi$ の範囲において

①は，$\sin\theta>0$ を満たす θ の範囲と

$\cos\theta>-\frac{\sqrt{2}}{2}$ を満たす θ の範囲の共通部分であるから

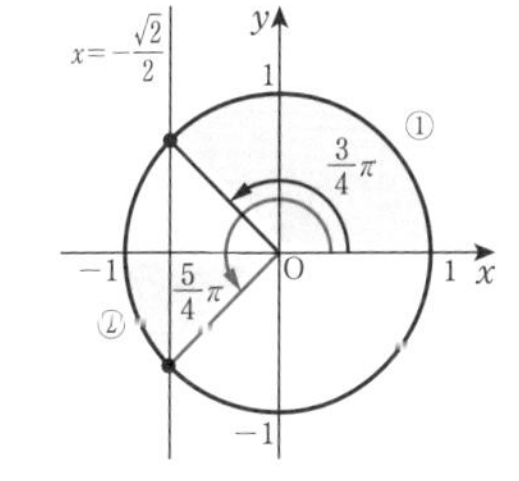

$0<\theta<\frac{3}{4}\pi$

②は，$\sin\theta<0$ を満たす θ の範囲と

$\cos\theta<-\frac{\sqrt{2}}{2}$ を満たす θ の範囲の共通部分であるから

$\pi<\theta<\frac{5}{4}\pi$

したがって

$0<\theta<\frac{3}{4}\pi,\ \pi<\theta<\frac{5}{4}\pi$

4章　指数関数・対数関数

1節　指数関数

33　0や負の整数の指数　p.104

127A (1)　$5^0=\mathbf{1}$　　(2)　$10^{-1}=\mathbf{\frac{1}{10}}$

127B (1)　$6^{-2}=\frac{1}{6^2}=\mathbf{\frac{1}{36}}$　　(2)　$(-4)^{-3}=\frac{1}{(-4)^3}=\mathbf{-\frac{1}{64}}$

128A (1)　$a^4\times a^{-1}=a^{4+(-1)}=\boldsymbol{a^3}$

(2)　$a^{-3}\div a^{-4}=a^{-3-(-4)}=a^1=\boldsymbol{a}$

(3)　$(a^{-2}b^{-3})^{-2}=a^{-2\times(-2)}b^{-3\times(-2)}=\boldsymbol{a^4b^6}$

128B (1)　$a^{-2}\times a^3=a^{-2+3}=a^1=\boldsymbol{a}$

(2)　$a^3\div a^{-5}=a^{3-(-5)}=\boldsymbol{a^8}$

(3)　$a^4\times a^{-3}\div(a^2)^{-1}=a^{4+(-3)-(-2)}=\boldsymbol{a^3}$

129A (1)　$10^{-4}\times 10^5=10^{-4+5}=10^1=\mathbf{10}$

(2)　$3^5\times 3^{-5}=3^{5+(-5)}=3^0=\mathbf{1}$

(3)　$2^2\div 2^5\div 2^{-3}=2^{2-5-(-3)}=2^0=\mathbf{1}$

129B (1)　$7^{-4}\div 7^{-6}=7^{-4-(-6)}=7^2=\mathbf{49}$

(2)　$2^3\times 2^{-2}\div 2^{-4}=2^{3+(-2)-(-4)}=2^5=\mathbf{32}$

(3)　$(3^{-1})^{-2}\div 3^2\times 3^4=3^{-1\times(-2)}\div 3^2\times 3^4$

$=3^{2-2+4}=3^4=\mathbf{81}$

34　累乗根　p.106

130A (1)　$(-2)^3=-8$ であるから，

-8 の 3 乗根は　-2

(2)　$2^6=64$，$(-2)^6=64$ であるから，
64 の 6 乗根は　**2 と −2**

(3)　$10^4=10000$ であるから，
$\sqrt[4]{10000}=\mathbf{10}$

130B (1)　$5^4=625$，$(-5)^4=625$ であるから，
625 の 4 乗根は　**5 と −5**

(2)　$(-2)^5=-32$ であるから，
$\sqrt[5]{-32}=\mathbf{-2}$

(3)　$\left(-\frac{1}{4}\right)^3=-\frac{1}{64}$ であるから，
$\sqrt[3]{-\frac{1}{64}}=\mathbf{-\frac{1}{4}}$

131A (1)　$\sqrt[3]{7}\times\sqrt[3]{49}=\sqrt[3]{7\times49}=\sqrt[3]{7^3}=\mathbf{7}$

(2)　$(\sqrt[6]{8})^2=\sqrt[6]{8^2}=\sqrt[6]{(2^3)^2}=\sqrt[6]{2^6}=\mathbf{2}$

131B (1)　$\frac{\sqrt[3]{81}}{\sqrt[3]{3}}=\sqrt[3]{\frac{81}{3}}=\sqrt[3]{27}=\sqrt[3]{3^3}=\mathbf{3}$

(2)　$\sqrt{\sqrt[4]{256}}=\sqrt[2\times4]{256}=\sqrt[8]{2^8}=\mathbf{2}$

35 有理数の指数

p.108

132A (1)　$7^{\frac{1}{3}}=\sqrt[3]{7}$

(2)　$5^{-\frac{2}{3}}=\frac{1}{\sqrt[3]{5^2}}=\frac{1}{\sqrt[3]{25}}$

132B (1)　$3^{\frac{3}{5}}=\sqrt[5]{3^3}=\sqrt[5]{27}$

(2)　$6^{-\frac{2}{3}}=\frac{1}{\sqrt[3]{6^2}}=\frac{1}{\sqrt[3]{36}}$

133A (1)　$9^{\frac{3}{2}}=\sqrt{9^3}=\sqrt{(3^2)^3}=\sqrt{(3^3)^2}=3^3=\mathbf{27}$

(2)　$125^{-\frac{1}{3}}=\frac{1}{\sqrt[3]{125}}=\frac{1}{\sqrt[3]{5^3}}=\mathbf{\frac{1}{5}}$

133B (1)　$64^{\frac{2}{3}}=\sqrt[3]{64^2}=\sqrt[3]{2^{12}}=\sqrt[3]{(2^4)^3}=2^4=\mathbf{16}$

(2)　$16^{-\frac{3}{4}}=\frac{1}{\sqrt[4]{16^3}}=\frac{1}{\sqrt[4]{(2^4)^3}}=\frac{1}{\sqrt[4]{(2^3)^4}}=\frac{1}{2^3}=\mathbf{\frac{1}{8}}$

134A (1)　$\sqrt[3]{a^2}\times\sqrt[3]{a^4}=a^{\frac{2}{3}}\times a^{\frac{4}{3}}=a^{\frac{2}{3}+\frac{4}{3}}=\boldsymbol{a^2}$

(2)　$\sqrt{a}\div\sqrt[6]{a}\times\sqrt[3]{a^2}=a^{\frac{1}{2}}\div a^{\frac{1}{6}}\times a^{\frac{2}{3}}=a^{\frac{3-1+4}{6}}=a^1=\boldsymbol{a}$

134B (1)　$\sqrt[3]{a^5}\div\sqrt[3]{a^2}=a^{\frac{5}{3}}\div a^{\frac{2}{3}}=a^{\frac{5}{3}-\frac{2}{3}}=a^1=\boldsymbol{a}$

(2)　$\sqrt[3]{a^7}\times\sqrt[4]{a^5}\div\sqrt[12]{a^7}=a^{\frac{7}{3}}\times a^{\frac{5}{4}}\div a^{\frac{7}{12}}=a^{\frac{28+15-7}{12}}=\boldsymbol{a^3}$

135A (1)　$27^{\frac{1}{6}}\times9^{\frac{3}{4}}=(3^3)^{\frac{1}{6}}\times(3^2)^{\frac{3}{4}}=3^{\frac{1}{2}}\times3^{\frac{3}{2}}$
$=3^{\frac{1}{2}+\frac{3}{2}}=3^2=\mathbf{9}$

(2)　$\sqrt[3]{4}\times\sqrt[6]{4}=(2^2)^{\frac{1}{3}}\times(2^2)^{\frac{1}{6}}=2^{\frac{2}{3}}\times2^{\frac{1}{3}}$
$=2^{\frac{2}{3}+\frac{1}{3}}=2^1=\mathbf{2}$

(3)　$(9^{-\frac{3}{5}})^{\frac{5}{6}}=\{(3^2)^{-\frac{3}{5}}\}^{\frac{5}{6}}=(3^{-\frac{6}{5}})^{\frac{5}{6}}=3^{-1}=\mathbf{\frac{1}{3}}$

135B (1)　$16^{\frac{1}{3}}\div4^{\frac{1}{6}}=(2^4)^{\frac{1}{3}}\div(2^2)^{\frac{1}{6}}=2^{\frac{4}{3}}\div2^{\frac{1}{3}}$
$=2^{\frac{4}{3}-\frac{1}{3}}=2^1=\mathbf{2}$

(2)　$\sqrt[5]{4}\times\sqrt[5]{8}=(2^2)^{\frac{1}{5}}\times(2^3)^{\frac{1}{5}}=2^{\frac{2}{5}}\times2^{\frac{3}{5}}$
$=2^{\frac{2}{5}+\frac{3}{5}}=2^1=\mathbf{2}$

(3)　$\sqrt{2}\times\sqrt[6]{2}\div\sqrt[3]{4}=2^{\frac{1}{2}}\times2^{\frac{1}{6}}\div(2^2)^{\frac{1}{3}}$
$=2^{\frac{1}{2}+\frac{1}{6}-\frac{2}{3}}$
$=2^{\frac{3+1-4}{6}}=2^0=\mathbf{1}$

36 指数関数

p.110

136A

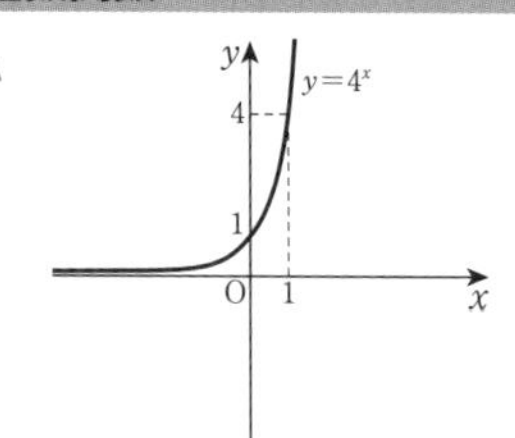

136B

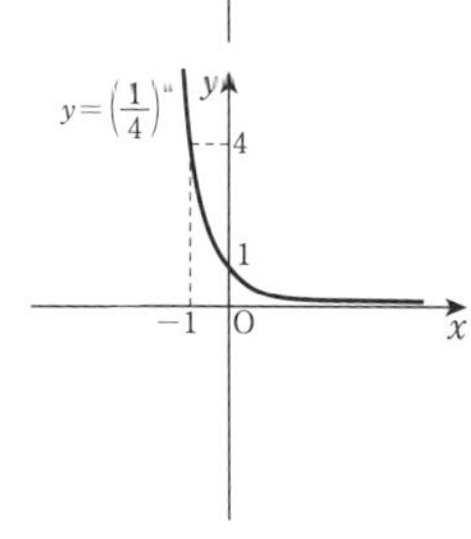

137A (1)　$\sqrt[3]{3^4}=3^{\frac{4}{3}}$，$\sqrt[4]{3^5}=3^{\frac{5}{4}}$，$\sqrt[5]{3^6}=3^{\frac{6}{5}}$
ここで，指数の大小を比較すると
$\frac{6}{5}<\frac{5}{4}<\frac{4}{3}$
$y=3^x$ の底 3 は 1 より大きいから
$3^{\frac{6}{5}}<3^{\frac{5}{4}}<3^{\frac{4}{3}}$
よって　$\sqrt[5]{3^6}<\sqrt[4]{3^5}<\sqrt[3]{3^4}$

(2)　$\left(\frac{1}{9}\right)^{\frac{1}{2}}=\left\{\left(\frac{1}{3}\right)^2\right\}^{\frac{1}{2}}=\frac{1}{3}$，$\frac{1}{27}=\left(\frac{1}{3}\right)^3$
ここで，指数の大小を比較すると　$1<2<3$
$y=\left(\frac{1}{3}\right)^x$ の底 $\frac{1}{3}$ は 0 より大きく，1 より小さいから　$\left(\frac{1}{3}\right)^3<\left(\frac{1}{3}\right)^2<\frac{1}{3}$
よって　$\frac{1}{27}<\left(\frac{1}{3}\right)^2<\left(\frac{1}{9}\right)^{\frac{1}{2}}$

137B (1)　$\sqrt{8}=2^{\frac{3}{2}}$，$\sqrt[3]{16}=2^{\frac{4}{3}}$，$\sqrt[4]{32}=2^{\frac{5}{4}}$
ここで，指数の大小を比較すると
$\frac{5}{4}<\frac{4}{3}<\frac{3}{2}$
$y=2^x$ の底 2 は 1 より大きいから
$2^{\frac{5}{4}}<2^{\frac{4}{3}}<2^{\frac{3}{2}}$
よって　$\sqrt[4]{32}<\sqrt[3]{16}<\sqrt{8}$

(2)　$\sqrt{\frac{1}{5}}=\left(\frac{1}{5}\right)^{\frac{1}{2}}$，$\sqrt[3]{\frac{1}{25}}=\sqrt[3]{\left(\frac{1}{5}\right)^2}=\left(\frac{1}{5}\right)^{\frac{2}{3}}$，
$\sqrt[4]{\frac{1}{125}}=\sqrt[4]{\left(\frac{1}{5}\right)^3}=\left(\frac{1}{5}\right)^{\frac{3}{4}}$
ここで，指数の大小を比較すると　$\frac{1}{2}<\frac{2}{3}<\frac{3}{4}$
$y=\left(\frac{1}{5}\right)^x$ の底 $\frac{1}{5}$ は 0 より大きく，1 より小さいから　$\left(\frac{1}{5}\right)^{\frac{3}{4}}<\left(\frac{1}{5}\right)^{\frac{2}{3}}<\left(\frac{1}{5}\right)^{\frac{1}{2}}$

よって　$\sqrt[4]{\dfrac{1}{125}}<\sqrt[3]{\dfrac{1}{25}}<\sqrt{\dfrac{1}{5}}$

138A (1)　$64=2^6$ であるから　$2^x=2^6$

よって　$\boldsymbol{x=6}$

(2)　$49=7^2$ であるから　$7^{3x}=7^2$

よって　$3x=2$　したがって　$\boldsymbol{x=\dfrac{2}{3}}$

138B (1)　$8^x=2^{3x}$ であるから　$2^{3x}=2^6$

よって　$3x=6$　したがって　$\boldsymbol{x=2}$

(2)　$8=2^3$ であるから　$2^{-3x}=2^3$

よって　$-3x=3$　したがって　$\boldsymbol{x=-1}$

139A (1)　$8=2^3$ であるから　$2^x<2^3$

ここで，底 2 は 1 より大きいから　$\boldsymbol{x<3}$

(2)　$\left(\dfrac{1}{4}\right)^x=\left(\dfrac{1}{2}\right)^{2x}$，$8=\left(\dfrac{1}{2}\right)^{-3}$ であるから

$\left(\dfrac{1}{2}\right)^{2x}\geqq\left(\dfrac{1}{2}\right)^{-3}$

ここで，底 $\dfrac{1}{2}$ は 0 より大きく，1 より小さいから　$2x\leqq-3$

よって　$\boldsymbol{x\leqq-\dfrac{3}{2}}$

(3)　$125=5^3$ であるから　$5^{x-2}\leqq5^3$

ここで，底 5 は 1 より大きいから　$x-2\leqq3$

よって　$\boldsymbol{x\leqq5}$

139B (1)　$\dfrac{1}{9}=3^{-2}$ であるから　$3^x>3^{-2}$

ここで，底 3 は 1 より大きいから　$\boldsymbol{x>-2}$

(2)　$3\sqrt{3}=3^{\frac{3}{2}}$ であるから　$3^{-x}<3^{\frac{3}{2}}$

ここで，底 3 は 1 より大きいから　$-x<\dfrac{3}{2}$

よって　$\boldsymbol{x>-\dfrac{3}{2}}$

(3)　$\dfrac{1}{\sqrt[3]{5}}=\left(\dfrac{1}{5}\right)^{\frac{1}{3}}$ であるから　$\left(\dfrac{1}{5}\right)^{2x}<\left(\dfrac{1}{5}\right)^{\frac{1}{3}}$

ここで，底 $\dfrac{1}{5}$ は 0 より大きく，1 より小さいから　$2x>\dfrac{1}{3}$

よって　$\boldsymbol{x>\dfrac{1}{6}}$

2節　対数関数

37 対数とその性質

p.113

140A (1)　$\boldsymbol{\log_3 9=2}$　　(2)　$\boldsymbol{\log_4\dfrac{1}{64}=-3}$

140B (1)　$\boldsymbol{\log_5 1=0}$　　(2)　$\boldsymbol{\log_7\sqrt{7}=\dfrac{1}{2}}$

141A (1)　$\boldsymbol{32=2^5}$　　(2)　$\boldsymbol{\dfrac{1}{125}=5^{-3}}$

141B (1)　$\boldsymbol{27=9^{\frac{3}{2}}}$　　(2)　$\boldsymbol{16=\left(\dfrac{1}{2}\right)^{-4}}$

142A (1)　$\log_2 16$ は 16 を 2 の累乗で表したときの指数を表す。

$16=2^4$　より　$\log_2 16=\boldsymbol{4}$

(2)　$\log_8 1$ は 1 を 8 の累乗で表したときの指数を表す。

$1=8^0$　より　$\log_8 1=\boldsymbol{0}$

(3)　$\log_9 27=x$ とおくと　$9^x=27$

ここで，$9^x=(3^2)^x=3^{2x}$，$27=3^3$

であるから　$3^{2x}=3^3$

$2x=3$

よって，$x=\dfrac{3}{2}$ となるから　$\log_9 27=\boldsymbol{\dfrac{3}{2}}$

(4)　$\log_4\dfrac{1}{8}=x$ とおくと　$4^x=\dfrac{1}{8}$

ここで，$4^x=(2^2)^x=2^{2x}$，$\dfrac{1}{8}=2^{-3}$

であるから　$2^{2x}=2^{-3}$

$2x=-3$

よって，$x=-\dfrac{3}{2}$ となるから　$\log_4\dfrac{1}{8}=\boldsymbol{-\dfrac{3}{2}}$

142B (1)　$\log_3 27$ は 27 を 3 の累乗で表したときの指数を表す。

$27=3^3$　より　$\log_3 27=\boldsymbol{3}$

(2)　$\log_2 2$ は 2 を 2 の累乗で表したときの指数を表す。

$2=2^1$　より　$\log_2 2=\boldsymbol{1}$

(3)　$\log_8 4=x$ とおくと　$8^x=4$

ここで，$8^x=(2^3)^x=2^{3x}$，$4=2^2$

であるから　$2^{3x}=2^2$

$3x=2$

よって，$x=\dfrac{2}{3}$ となるから　$\log_8 4=\boldsymbol{\dfrac{2}{3}}$

(4)　$\log_{\frac{1}{9}}\sqrt{3}=x$ とおくと　$\left(\dfrac{1}{9}\right)^x=\sqrt{3}$

ここで，$\left(\dfrac{1}{9}\right)^x=(3^{-2})^x=3^{-2x}$，$\sqrt{3}=3^{\frac{1}{2}}$

であるから　$3^{-2x}=3^{\frac{1}{2}}$

$-2x=\dfrac{1}{2}$

よって，$x=-\dfrac{1}{4}$ となるから　$\log_{\frac{1}{9}}\sqrt{3}=\boldsymbol{-\dfrac{1}{4}}$

143A (1)　$\log_2 3+\log_2 5=\log_2(3\times5)=\log_2 15$

よって　**15**

(2)　$\log_2 15-\log_2 3=\log_2\dfrac{15}{3}=\log_2 5$

よって　**5**

(3)　$\log_3 2^5=5\log_3 2$　よって　**5**

(4)　$\log_2\dfrac{1}{3}=\log_2 3^{-1}=-\log_2 3$　よって　**3**

143B (1)　$\log_3 14=\log_3(2\times7)=\log_3 2+\log_3 7$

よって　**7**

(2)　$\log_2\dfrac{7}{5}=\log_2 7-\log_2 5$　よって　**5**

(3)　$\log_2 9=\log_2 3^2=2\log_2 3$　よって　**2**

(4)　$\log_2\sqrt{5}=\log_2 5^{\frac{1}{2}}=\dfrac{1}{2}\log_2 5$

よって　**2**

144A (1)　$\log_{10}4+\log_{10}25=\log_{10}(4\times25)$

$=\log_{10}100=\log_{10}10^2=2\log_{10}10=\mathbf{2}$

(2)　$\log_2\sqrt{18}-\log_2\frac{3}{4}=\log_2\left(\sqrt{18}\div\frac{3}{4}\right)$

$=\log_2\left(3\sqrt{2}\times\frac{4}{3}\right)=\log_2 4\sqrt{2}$

$=\log_2(2^2\times2^{\frac{1}{2}})=\log_2 2^{\frac{5}{2}}=\frac{5}{2}\log_2 2=\mathbf{\frac{5}{2}}$

(3)　$2\log_3 3\sqrt{2}-\log_3 2$

$=\log_3\frac{(3\sqrt{2})^2}{2}=\log_3 3^2=2\log_3 3=\mathbf{2}$

144B (1)　$\log_5 50-\log_5 2=\log_5\frac{50}{2}=\log_5 25$

$=\log_5 5^2=2\log_5 5=\mathbf{2}$

(2)　$\log_2(2+\sqrt{2})+\log_2(2-\sqrt{2})$

$=\log_2\{(2+\sqrt{2})(2-\sqrt{2})\}$

$=\log_2 2=\mathbf{1}$

(3)　$2\log_{10}5-\log_{10}15+2\log_{10}\sqrt{6}$

$=\log_{10}5^2-\log_{10}15+\log_{10}(\sqrt{6})^2$

$=\log_{10}\frac{5^2\times6}{15}=\log_{10}10=\mathbf{1}$

145A (1)　$\log_4 8=\frac{\log_2 8}{\log_2 4}=\frac{\log_2 2^3}{\log_2 2^2}=\frac{3\log_2 2}{2\log_2 2}$

$=\mathbf{\frac{3}{2}}$

(2)　$\log_8\frac{1}{32}=-\log_8 32=-\frac{\log_2 32}{\log_2 8}=-\frac{\log_2 2^5}{\log_2 2^3}$

$=-\frac{5\log_2 2}{3\log_2 2}=\mathbf{-\frac{5}{3}}$

(3)　$\log_2 12-\log_4 9=\log_2 12-\frac{\log_2 9}{\log_2 4}$

$=\log_2 12-\frac{\log_2 3^2}{\log_2 2^2}=\log_2 12-\frac{2\log_2 3}{2\log_2 2}$

$=\log_2 12-\log_2 3$

$=\log_2\frac{12}{3}=\log_2 4=\log_2 2^2$

$=2\log_2 2=\mathbf{2}$

145B (1)　$\log_9\sqrt{3}=\frac{\log_3\sqrt{3}}{\log_3 9}=\frac{\log_3 3^{\frac{1}{2}}}{\log_3 3^2}=\frac{\frac{1}{2}\log_3 3}{2\log_3 3}$

$=\mathbf{\frac{1}{4}}$

(2)　$\log_3 8\times\log_4 3=\frac{\log_2 8}{\log_2 3}\times\frac{\log_2 3}{\log_2 4}=\frac{\log_2 2^3}{\log_2 2^2}$

$=\frac{3\log_2 2}{2\log_2 2}=\mathbf{\frac{3}{2}}$

(3)　$\log_4 9=\frac{\log_2 3^2}{\log_2 2^2}=\frac{2\log_2 3}{2\log_2 2}=\log_2 3$

であるから　$\frac{\log_4 9}{\log_2 3}=\frac{\log_2 3}{\log_2 3}=\mathbf{1}$

146A

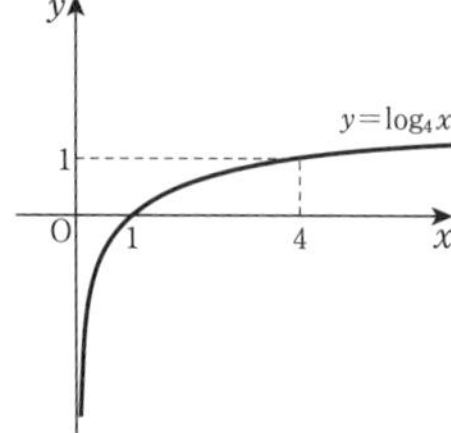

146B

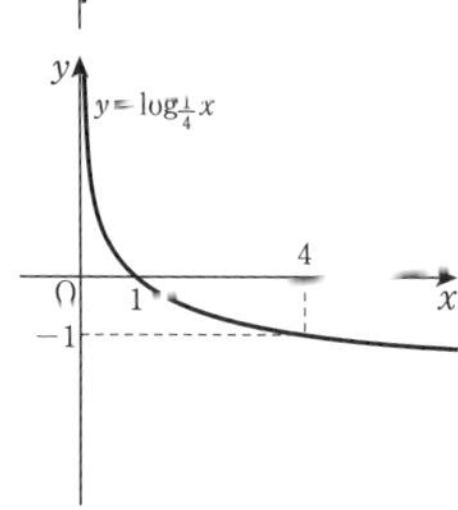

147A (1)　真数の大小を比較すると　$2<4<5$

$y=\log_3 x$ の底 3 は 1 より大きいから

$\mathbf{\log_3 2<\log_3 4<\log_3 5}$

(2)　真数の大小を比較すると

$\sqrt{7}<3<\frac{7}{2}$

$y=\log_2 x$ の底 2 は 1 より大きいから

$\mathbf{\log_2\sqrt{7}<\log_2 3<\log_2\frac{7}{2}}$

147B (1)　真数の大小を比較すると　$1<3<4$

$y=\log_{\frac{1}{4}}x$ の底 $\frac{1}{4}$ は，0 より大きく，1 より小さいから

$\mathbf{\log_{\frac{1}{4}}4<\log_{\frac{1}{4}}3<\log_{\frac{1}{4}}1}$

(2)　$2\log_{\frac{1}{3}}5=\log_{\frac{1}{3}}5^2$

$\frac{5}{2}\log_{\frac{1}{3}}4=\log_{\frac{1}{3}}4^{\frac{5}{2}}=\log_{\frac{1}{3}}2^5$

$3\log_{\frac{1}{3}}3=\log_{\frac{1}{3}}3^3$

真数の大小を比較すると　$5^2<3^3<2^5$

$y=\log_{\frac{1}{3}}x$ の底 $\frac{1}{3}$ は，0 より大きく，1 より小さいから

$\log_{\frac{1}{3}}2^5<\log_{\frac{1}{3}}3^3<\log_{\frac{1}{3}}5^2$

すなわち

$\mathbf{\frac{5}{2}\log_{\frac{1}{3}}4<3\log_{\frac{1}{3}}3<2\log_{\frac{1}{3}}5}$

148A (1)　真数は正であるから　$x-1>0$

よって　$x>1$　……①

ここで，与えられた方程式を変形すると

$\log_2(x-1)=\log_2 2^3$

ゆえに，$x-1=2^3$ より　$x=9$

①より　$\mathbf{x=9}$

(2)　真数は正であるから　$\frac{1}{x}>0$

よって　$x>0$　……①

ここで，与えられた方程式を変形すると

$\log_{\frac{1}{2}}\dfrac{1}{x}=\log_{\frac{1}{2}}\left(\dfrac{1}{2}\right)^{\frac{1}{2}}$

すなわち　$\log_{\frac{1}{2}}\dfrac{1}{x}=\log_{\frac{1}{2}}\dfrac{1}{\sqrt{2}}$

ゆえに，$\dfrac{1}{x}=\dfrac{1}{\sqrt{2}}$ より　$x=\sqrt{2}$

①より　$\boldsymbol{x=\sqrt{2}}$

(3)　真数は正であるから　$x+1>0$ かつ $x>0$

よって　$x>0$　……①

ここで，与えられた方程式を変形すると

$\log_2 x(x+1)=\log_2 2$

ゆえに，$x(x+1)=2$ より　$x^2+x-2=0$

これを解くと　$(x+2)(x-1)=0$

より　$x=-2,\ 1$

①より　$\boldsymbol{x=1}$

148B (1)　真数は正であるから　$3x-4>0$

よって　$x>\dfrac{4}{3}$　……①

ここで，与えられた方程式を変形すると

$\log_{\frac{1}{2}}(3x-4)=-\log_{\frac{1}{2}}\dfrac{1}{2}$

すなわち　$\log_{\frac{1}{2}}(3x-4)=\log_{\frac{1}{2}}2$

ゆえに，$3x-4=2$ より　$x=2$

①より　$\boldsymbol{x=2}$

(2)　与えられた方程式を変形すると

$\log_2 x^2=2\log_2 2$

すなわち　$\log_2 x^2=\log_2 2^2$

ゆえに　$x^2=2^2$

$x>0$ より　$\boldsymbol{x=2}$

(3)　真数は正であるから　$x+2>0$ かつ $x-2>0$

よって　$x>2$　……①

ここで，与えられた方程式を変形すると

$\log_{\frac{1}{2}}(x+2)(x-2)=-5\log_{\frac{1}{2}}\dfrac{1}{2}$

すなわち　$\log_{\frac{1}{2}}(x^2-4)=\log_{\frac{1}{2}}32$

ゆえに，$x^2-4=32$ より　$x^2=36$

これを解くと　$x=-6,\ 6$

①より　$\boldsymbol{x=6}$

149A (1)　真数は正であるから

$x>0$　……①

ここで，与えられた不等式を変形すると

$\log_2 x>3\log_2 2$

すなわち　$\log_2 x>\log_2 2^3$

底 2 は 1 より大きいから　$x>2^3$

ゆえに　$x>8$　……②

①，②より，求める解は　$\boldsymbol{x>8}$

(2)　真数は正であるから　$x+1>0$

よって　$x>-1$　……①

ここで，与えられた不等式を変形すると

$\log_2(x+1)\geqq\log_2 2^3$

すなわち　$\log_2(x+1)\geqq\log_2 8$

底 2 は 1 より大きいから　$x+1\geqq 8$

ゆえに　$x\geqq 7$　……②

①，②より　$\boldsymbol{x\geqq 7}$

(3)　真数は正であるから

$x>0$　……①

ここで，与えられた不等式を変形すると

$\log_{\frac{1}{4}}x\geqq-\log_{\frac{1}{4}}\dfrac{1}{4}$

すなわち　$\log_{\frac{1}{4}}x\geqq\log_{\frac{1}{4}}4$

底 $\dfrac{1}{4}$ は 0 より大きく，1 より小さいから

$x\leqq 4$　……②

①，②より　$\boldsymbol{0<x\leqq 4}$

149B (1)　真数は正であるから

$x>0$　……①

ここで，与えられた不等式を変形すると

$\log_4 x\leqq-\log_4 4$

すなわち　$\log_4 x\leqq\log_4 4^{-1}$

底 4 は 1 より大きいから　$x\leqq 4^{-1}$

ゆえに　$x\leqq\dfrac{1}{4}$　……②

①，②より　$\boldsymbol{0<x\leqq\dfrac{1}{4}}$

(2)　真数は正であるから

$x>0$　……①

ここで，与えられた不等式を変形すると

$\log_{\frac{1}{2}}x<-2\log_{\frac{1}{2}}\dfrac{1}{2}$ より　$\log_{\frac{1}{2}}x<\log_{\frac{1}{2}}\left(\dfrac{1}{2}\right)^{-2}$

すなわち　$\log_{\frac{1}{2}}x<\log_{\frac{1}{2}}4$

底 $\dfrac{1}{2}$ は 0 より大きく，1 より小さいから

$x>4$　……②

①，②より　$\boldsymbol{x>4}$

(3)　真数は正であるから　$x-2>0$

よって　$x>2$　……①

ここで，与えられた不等式を変形すると

$\log_{\frac{1}{3}}(x-2)<-\log_{\frac{1}{3}}\dfrac{1}{3}$ より

$\log_{\frac{1}{3}}(x-2)<\log_{\frac{1}{3}}\left(\dfrac{1}{3}\right)^{-1}$

すなわち　$\log_{\frac{1}{3}}(x-2)<\log_{\frac{1}{3}}3$

底 $\dfrac{1}{3}$ は 0 より大きく，1 より小さいから

$x-2>3$

ゆえに　$x>5$　……②

①，②より　$\boldsymbol{x>5}$

39 常用対数

p.122

150A (1)　$\log_{10}72=\log_{10}(7.2\times 10)$

$=\log_{10}7.2+\log_{10}10=0.8573+1$

$=\boldsymbol{1.8573}$

(2)　$\log_{10}0.06=\log_{10}\dfrac{6}{100}=\log_{10}6-\log_{10}100$

$=0.7782-2=\mathbf{-1.2218}$

150B (1) $\log_{10}540=\log_{10}(5.4\times100)$

$=\log_{10}5.4+\log_{10}100=0.7324+2=\mathbf{2.7324}$

(2) $\log_{10}\sqrt{6}=\frac{1}{2}\log_{10}6=\frac{1}{2}\times0.7782=\mathbf{0.3891}$

151A $\log_3 5=\frac{\log_{10}5}{\log_{10}3}$

$=\frac{0.6990}{0.4771}$

$\fallingdotseq\mathbf{1.4651}$

151B $\log_7 5=\frac{\log_{10}5}{\log_{10}7}$

$=\frac{0.6990}{0.8451}$

$\fallingdotseq\mathbf{0.8271}$

152A 2^{40} の常用対数をとると

$\log_{10}2^{40}=40\log_{10}2=40\times0.3010$

$=12.04$

ゆえに　$12<\log_{10}2^{40}<13$

よって　$10^{12}<2^{40}<10^{13}$

したがって，2^{40} は **13 桁**の数

152B 3^{40} の常用対数をとると

$\log_{10}3^{40}=40\log_{10}3=40\times0.4771=19.084$

ゆえに　$19<\log_{10}3^{40}<20$

よって　$10^{19}<3^{40}<10^{20}$

したがって，3^{40} は **20 桁**の数

演習問題

153 (1) $2^x=t$ とおくと　$t^2-9t+8=0$

よって　$(t-1)(t-8)=0$

$2^x>0$ より　$t>0$ であるから　$t=1,\ 8$

すなわち　$2^x=1=2^0$ または $2^x=8=2^3$

したがって　$\boldsymbol{x=0,\ 3}$

(2) 方程式を変形すると　$(3^x)^2-3\times3^x-54=0$

$3^x=t$ とおくと　$t^2-3t-54=0$

よって　$(t+6)(t-9)=0$

$3^x>0$ より　$t>0$ であるから　$t=9$

すなわち　$3^x=9=3^2$

したがって　$\boldsymbol{x=2}$

154 (1) $\log_3 x=t$ とおくと，$1\leqq x\leqq27$ より

$0\leqq t\leqq3$

また　$y=(\log_3 x)^2-\log_3 x-2$

$=t^2-t-2$

$=\left(t-\frac{1}{2}\right)^2-\frac{9}{4}$

ゆえに，$0\leqq t\leqq3$ において，

y は

$t=3$ のとき最大値 4,

$t=\frac{1}{2}$ のとき最小値 $-\frac{9}{4}$

をとる。

$t=3$ のとき　$\log_3 x=3$ より　$x=27$

$t=\frac{1}{2}$ のとき　$\log_3 x=\frac{1}{2}$ より　$x=\sqrt{3}$

よって，y は

$\boldsymbol{x=27}$ のとき　最大値 4,

$\boldsymbol{x=\sqrt{3}}$ のとき　最小値 $\boldsymbol{-\frac{9}{4}}$ をとる。

(2) $y=\left(\log_2\frac{x}{2}\right)\left(\log_2\frac{x}{8}\right)$

$=(\log_2 x-\log_2 2)(\log_2 x-\log_2 8)$

$=(\log_2 x-1)(\log_2 x-3)$

$=(\log_2 x)^2-4\log_2 x+3$

$\log_2 x=t$ とおくと，$\frac{1}{2}\leqq x\leqq8$ より

$-1\leqq t\leqq3$

また　$y=t^2-4t+3$

$=(t-2)^2-1$

ゆえに，$-1\leqq t\leqq3$ において，

y は

$t=-1$ のとき最大値 8,

$t=2$ のとき最小値 -1

をとる。

$t=-1$ のとき　$\log_2 x=-1$ より　$x=\frac{1}{2}$

$t=2$ のとき　$\log_2 x=2$ より　$x=4$

よって，y は

$\boldsymbol{x=\frac{1}{2}}$ のとき　最大値 8,

$\boldsymbol{x=4}$ のとき　最小値 $\boldsymbol{-1}$ をとる。

5章　微分法と積分法

1節　微分係数と導関数

40 平均変化率と微分係数

p.126

155A (1) $\frac{f(1)-f(0)}{1-0}$

$=\frac{(1^2+2\times1)-(0^2+2\times0)}{1-0}=\mathbf{3}$

(2) $\frac{f(1+h)-f(1)}{h}$

$=\frac{\{(1+h)^2+2\times(1+h)\}-(1^2+2\times1)}{h}$

$=\frac{4h+h^2}{h}$

$=\frac{h(4+h)}{h}=\boldsymbol{4+h}$

155B (1) $\frac{f(3)-f(1)}{3-1}$

$=\frac{(2\times3^2-3)-(2\times1^2-1)}{3-1}=\mathbf{7}$

(2) $\frac{f(a+h)-f(a)}{h}$

$=\dfrac{\{2(a+h)^2-(a+h)\}-(2a^2-a)}{h}$

$=\dfrac{(4a-1)h+2h^2}{h}$

$=\dfrac{h(4a-1+2h)}{h}=\mathbf{4a-1+2h}$

156A (1) $f'(1)=\lim_{h\to 0}\dfrac{f(1+h)-f(1)}{h}$

$=\lim_{h\to 0}\dfrac{-2(1+h)^2-(-2\times 1^2)}{h}$

$=\lim_{h\to 0}\dfrac{-4h-2h^2}{h}=\lim_{h\to 0}\dfrac{h(-4-2h)}{h}$

$=\lim_{h\to 0}(-4-2h)=\mathbf{-4}$

(2) $f'(-3)=\lim_{h\to 0}\dfrac{f(-3+h)-f(-3)}{h}$

$=\lim_{h\to 0}\dfrac{-2(-3+h)^2-\{-2\times(-3)^2\}}{h}$

$=\lim_{h\to 0}\dfrac{12h-2h^2}{h}=\lim_{h\to 0}\dfrac{h(12-2h)}{h}$

$=\lim_{h\to 0}(12-2h)=\mathbf{12}$

156B (1) $f'(2)=\lim_{h\to 0}\dfrac{f(2+h)-f(2)}{h}$

$=\lim_{h\to 0}\dfrac{-(2+h)^2-(-2^2)}{h}$

$=\lim_{h\to 0}\dfrac{-4h-h^2}{h}=\lim_{h\to 0}\dfrac{h(-4-h)}{h}$

$=\lim_{h\to 0}(-4-h)=\mathbf{-4}$

(2) $f'(-1)=\lim_{h\to 0}\dfrac{f(-1+h)-f(-1)}{h}$

$=\lim_{h\to 0}\dfrac{-(-1+h)^2-\{-(-1)^2\}}{h}$

$=\lim_{h\to 0}\dfrac{2h-h^2}{h}=\lim_{h\to 0}\dfrac{h(2-h)}{h}$

$=\lim_{h\to 0}(2-h)=\mathbf{2}$

41 導関数

p.128

157A (1) $f'(x)=\lim_{h\to 0}\dfrac{2(x+h)-2x}{h}=\lim_{h\to 0}\dfrac{2h}{h}$

$=\lim_{h\to 0}2=\mathbf{2}$

(2) $f'(x)=\lim_{h\to 0}\dfrac{\{(x+h)^2+5\}-(x^2+5)}{h}$

$=\lim_{h\to 0}\dfrac{(x^2+2xh+h^2+5)-(x^2+5)}{h}$

$=\lim_{h\to 0}\dfrac{2xh+h^2}{h}=\lim_{h\to 0}(2x+h)=\mathbf{2x}$

157B (1) $f'(x)=\lim_{h\to 0}\dfrac{-(x+h)^2-(-x^2)}{h}$

$=\lim_{h\to 0}\dfrac{-(x^2+2xh+h^2)+x^2}{h}$

$=\lim_{h\to 0}\dfrac{-2xh-h^2}{h}$

$=\lim_{h\to 0}(-2x-h)=\mathbf{-2x}$

(2) $f'(x)=\lim_{h\to 0}\dfrac{(x+h-3)-(x-3)}{h}$

$=\lim_{h\to 0}\dfrac{h}{h}=\lim_{h\to 0}1=\mathbf{1}$

158A (1) $y'=(4x-1)'$

$=(4x)'-(1)'$

$=4\times(x)'-(1)'$

$=4\times 1-0=\mathbf{4}$

(2) $y'=(3x^2+6x-5)'$

$=(3x^2)'+(6x)'-(5)'$

$=3\times(x^2)'+6\times(x)'-(5)'$

$=3\times 2x+6\times 1-0$

$=\mathbf{6x+6}$

(3) $y'=(-2x^3+6x^2+4x)'$

$=(-2x^3)'+(6x^2)'+(4x)'$

$=-2\times(x^3)'+6\times(x^2)'+4\times(x)'$

$=-2\times 3x^2+6\times 2x+4\times 1$

$=\mathbf{-6x^2+12x+4}$

(4) $y'=(4x^3-5x^2+7)'$

$=(4x^3)'-(5x^2)'+(7)'$

$=4\times(x^3)'-5\times(x^2)'+(7)'$

$=4\times 3x^2-5\times 2x+0$

$=\mathbf{12x^2-10x}$

158B (1) $y'=(x^2-2x+2)'$

$=(x^2)'-(2x)'+(2)'$

$=(x^2)'-2\times(x)'+(2)'$

$=2x-2\times 1+0=\mathbf{2x-2}$

(2) $y'=(x^3-5x^2-6)'$

$=(x^3)'-(5x^2)'-(6)'$

$=(x^3)'-5\times(x^2)'-(6)'$

$=3x^2-5\times 2x-0$

$=\mathbf{3x^2-10x}$

(3) $y'=(-4x^3+3x^2-6x+1)'$

$=(-4x^3)'+(3x^2)'-(6x)'+(1)'$

$=-4\times(x^3)'+3\times(x^2)'-6\times(x)'+(1)'$

$=-4\times 3x^2+3\times 2x-6\times 1+0$

$=\mathbf{-12x^2+6x-6}$

(4) $y'=\left(\dfrac{4}{3}x^3-\dfrac{1}{2}x^2-\dfrac{3}{2}x\right)'$

$=\left(\dfrac{4}{3}x^3\right)'-\left(\dfrac{1}{2}x^2\right)'-\left(\dfrac{3}{2}x\right)'$

$=\dfrac{4}{3}\times(x^3)'-\dfrac{1}{2}\times(x^2)'-\dfrac{3}{2}\times(x)'$

$=\dfrac{4}{3}\times 3x^2-\dfrac{1}{2}\times 2x-\dfrac{3}{2}\times 1$

$=\mathbf{4x^2-x-\dfrac{3}{2}}$

159A (1) $y=(x-1)(x-2)=x^2-3x+2$ より

$y'=(x^2-3x+2)'=\mathbf{2x-3}$

(2) $y=(3x+2)^2=9x^2+12x+4$ より

$y'=(9x^2+12x+4)'=\mathbf{18x+12}$

(3) $y=x(2x-1)^2=x(4x^2-4x+1)$

$=4x^3-4x^2+x$ より

$y'=(4x^3-4x^2+x)'=\mathbf{12x^2-8x+1}$

159B (1) $y=(2x-1)(2x+1)=4x^2-1$ より
$y'=(4x^2-1)'=\boldsymbol{8x}$
(2) $y=x^2(x-3)=x^3-3x^2$ より
$y'=(x^3-3x^2)'=\boldsymbol{3x^2-6x}$
(3) $y=(x+2)^3=x^3+6x^2+12x+8$ より
$y'=(x^3+6x^2+12x+8)'=\boldsymbol{3x^2+12x+12}$

160A $f(x)$ を微分すると $f'(x)=-2x+3$ であるから
$f'(2)=-2\times2+3=\boldsymbol{-1}$

160B $f(x)$ を微分すると $f'(x)=3x^2+8x$ であるから
$f'(-2)=3\times(-2)^2+8\times(-2)=\boldsymbol{-4}$

161A $\dfrac{dS}{dr}=\boldsymbol{8\pi r}$

161B $\dfrac{dh}{dt}=\boldsymbol{v-gt}$

42 接線の方程式

p.131

162A (1) $f(x)=2x^2-4$ とおくと
$f'(x)=4x$
$f'(1)=4$ より，求める接線の方程式は
$y-(-2)=4(x-1)$
すなわち　$\boldsymbol{y=4x-6}$
(2) $f(x)=x^3-3x$ とおくと
$f'(x)=3x^2-3$
$f'(1)=0$ より，求める接線の方程式は
$y-(-2)=0(x-1)$
すなわち　$\boldsymbol{y=-2}$

162B (1) $f(x)=2x^2-4x+1$ とおくと
$f'(x)=4x-4$
$f'(0)=-4$ より，求める接線の方程式は
$y-1=-4(x-0)$
すなわち　$\boldsymbol{y=-4x+1}$
(2) $f(x)=5x-x^3$ とおくと
$f'(x)=5-3x^2$
$f'(2)=-7$ より，求める接線の方程式は
$y-2=-7(x-2)$
すなわち　$\boldsymbol{y=-7x+16}$

163A $f(x)=-x^2+4x-3$ とおくと　$f'(x)=-2x+4$
よって，接点を $\mathrm{P}(a,\ -a^2+4a-3)$ とすると，
接線の傾きは　$f'(a)=-2a+4$
したがって，接線の方程式は
$y-(-a^2+4a-3)=(-2a+4)(x-a)$
この式を整理して
$y=(-2a+4)x+a^2-3$ ……①
これが点 $(3,\ 4)$ を通ることから
$4=(-2a+4)\times3+a^2-3$ より
$a^2-6a+5=0$
$(a-1)(a-5)=0$
よって　$a=1,\ 5$
これらを①に代入して
$a=1$ のとき　$\boldsymbol{y=2x-2}$
$a=5$ のとき　$\boldsymbol{y=-6x+22}$

163B $f(x)=x^2+2x+3$ とおくと　$f'(x)=2x+2$
よって，接点を $\mathrm{P}(a,\ a^2+2a+3)$ とすると，
接線の傾きは　$f'(a)=2a+2$
したがって，接線の方程式は
$y-(a^2+2a+3)=(2a+2)(x-a)$
この式を整理して
$y=(2a+2)x-a^2+3$ ……①
これが点 $(-2,\ -6)$ を通ることから
$-6=(2a+2)\times(-2)-a^2+3$ より
$a^2+4a-5=0$
$(a+5)(a-1)=0$
よって　$a=-5,\ 1$
これらを①に代入して
$a=-5$ のとき　$\boldsymbol{y=-8x-22}$
$a=1$ のとき　$\boldsymbol{y=4x+2}$

2節　微分法の応用

43 関数の増減と極大・極小

p.133

164A (1) $f'(x)=3x^2-6x=3x(x-2)$
$f'(x)=0$ を解くと　$x=0,\ 2$
$f(x)$ の増減表は，次のようになる。

x	…	0	…	2	…
$f'(x)$	+	0	−	0	+
$f(x)$	↗	2	↘	−2	↗

よって，関数 $f(x)$ は
区間 $x\leqq0$，$2\leqq x$ で増加し，
区間 $0\leqq x\leqq2$ で減少する。
(2) $f'(x)=-3x^2+3=-3(x+1)(x-1)$
$f'(x)=0$ を解くと　$x=-1,\ 1$
$f(x)$ の増減表は，次のようになる。

x	…	−1	…	1	…
$f'(x)$	−	0	+	0	−
$f(x)$	↘	−3	↗	1	↘

よって，関数 $f(x)$ は
区間 $-1\leqq x\leqq1$ で増加し，
区間 $x\leqq-1$，$1\leqq x$ で減少する。

164B (1) $f'(x)=6x^2+6x=6x(x+1)$
$f'(x)=0$ を解くと　$x=0,\ -1$
$f(x)$ の増減表は，次のようになる。

x	…	−1	…	0	…
$f'(x)$	+	0	−	0	+
$f(x)$	↗	1	↘	0	↗

よって，関数 $f(x)$ は
区間 $x\leqq-1$，$0\leqq x$ で増加し，
区間 $-1\leqq x\leqq0$ で減少する。
(2) $f'(x)=-6x^2+18x-12$
$=-6(x-1)(x-2)$
$f'(x)=0$ を解くと　$x=1,\ 2$
$f(x)$ の増減表は，次のようになる。

x	$\cdots$	1	$\cdots$	2	$\cdots$
$f'(x)$	$-$	0	$+$	0	$-$
$f(x)$	↘	-1	↗	0	↘

よって，関数 $f(x)$ は

区間 $1 \leqq x \leqq 2$ で増加し，

区間 $x \leqq 1$，$2 \leqq x$ で減少する。

165A (1)　$y'=3x^2-3=3(x+1)(x-1)$

$y'=0$ を解くと　$x=-1,\ 1$

y の増減表は，次のようになる。

x	$\cdots$	-1	$\cdots$	1	$\cdots$
y'	$+$	0	$-$	0	$+$
y	↗	極大 2	↘	極小 -2	↗

よって，y は

$x=-1$ で **極大値 2** をとり，

$x=1$ で **極小値 −2** をとる。

また，グラフは次のようになる。

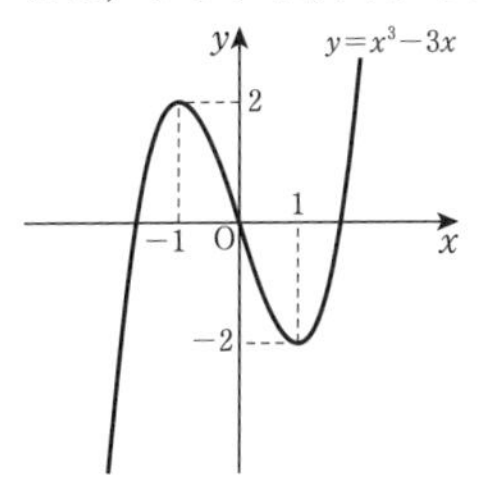

(2)　$y'=-3x^2+6x+9=-3(x+1)(x-3)$

$y'=0$ を解くと　$x=-1,\ 3$

y の増減表は，次のようになる。

x	$\cdots$	-1	$\cdots$	3	$\cdots$
y'	$-$	0	$+$	0	$-$
y	↘	極小 -5	↗	極大 27	↘

よって，y は

$x=3$ で **極大値 27** をとり，

$x=-1$ で **極小値 −5** をとる。

また，グラフは次のようになる。

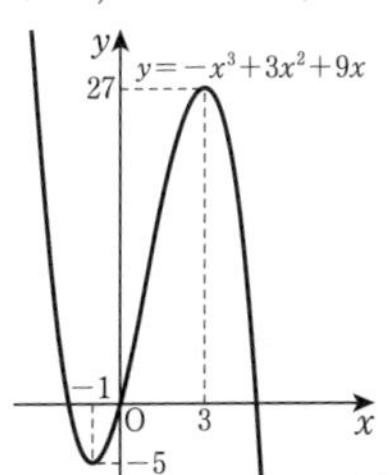

165B (1)　$y'=6x^2-24x+18=6(x-1)(x-3)$

$y'=0$ を解くと　$x=1,\ 3$

y の増減表は，次のようになる。

x	$\cdots$	1	$\cdots$	3	$\cdots$
y'	$+$	0	$-$	0	$+$
y	↗	極大 6	↘	極小 -2	↗

よって，y は

$x=1$ で **極大値 6** をとり，

$x=3$ で **極小値 −2** をとる。

また，グラフは次のようになる。

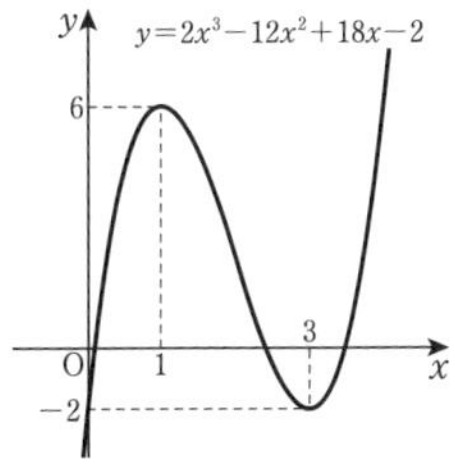

(2)　$y'=-6x^2+6=-6(x+1)(x-1)$

$y'=0$ を解くと　$x=-1,\ 1$

y の増減表は，次のようになる。

x	$\cdots$	-1	$\cdots$	1	$\cdots$
y'	$-$	0	$+$	0	$-$
y	↘	極小 -9	↗	極大 -1	↘

よって，y は

$x=1$ で **極大値 −1** をとり，

$x=-1$ で **極小値 −9** をとる。

また，グラフは次のようになる。

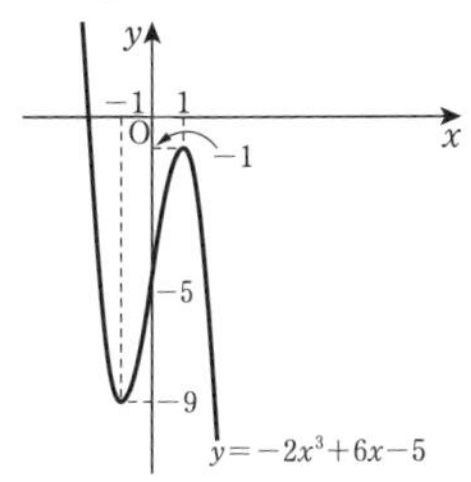

166A $f'(x)=6x^2+2ax-12$

$f(x)$ が $x=1$ で極小値 -6 をとるとき

$f'(1)=0,\ f(1)=-6$

ゆえに　$6+2a-12=0,\ 2+a-12+b=-6$

これを解くと　$a=3,\ b=1$

よって　$f(x)=2x^3+3x^2-12x+1$

このとき　$f'(x)=6x^2+6x-12=6(x-1)(x+2)$

$f'(x)=0$ を解くと　$x=1,\ -2$

$f(x)$ の増減表は，次のようになる。

x	$\cdots$	-2	$\cdots$	1	$\cdots$
$f'(x)$	$+$	0	$-$	0	$+$
$f(x)$	↗	極大 21	↘	極小 -6	↗

増減表から，$f(x)$ は $x=1$ で極小値 -6 をとる。

したがって　$\boldsymbol{a=3,\ b=1}$

また，$x=-2$ のとき，**極大値 21** をとる。

166B $f'(x)=-3x^2+2ax+9$

$f(x)$ が $x=3$ で極大値 20 をとるとき

$f'(3)=0,\ f(3)=20$

ゆえに　$-27+6a+9=0,\ -27+9a+27+b=20$

これを解くと　$a=3,\ b=-7$

よって　$f(x)=-x^3+3x^2+9x-7$

このとき　$f'(x)=-3x^2+6x+9=-3(x+1)(x-3)$

$f'(x)=0$ を解くと　$x=-1,\ 3$

$f(x)$ の増減表は，次のようになる。

x	$\cdots$	-1	$\cdots$	3	$\cdots$
$f'(x)$	$-$	0	$+$	0	$-$
$f(x)$	↘	極小 -12	↗	極大 20	↘

増減表から，$f(x)$ は $x=3$ で極大値 20 をとる。
したがって　$\boldsymbol{a=3,\ b=-7}$
また，$x=-1$ のとき，**極小値 -12** をとる。

44 関数の最大・最小

p.136

167A (1) $y'=-6x^2+6x+12$
$=-6(x+1)(x-2)$
$y'=0$ を解くと　$x=-1,\ 2$
区間 $-2\leqq x\leqq 3$ における y の増減表は，次のようになる。

x	-2	$\cdots$	-1	$\cdots$	2	$\cdots$	3
y'	／	$-$	0	$+$	0	$-$	／
y	0	↘	極小 -11	↗	極大 16	↘	5

よって，y は
$x=2$ のとき 最大値 16 をとり，
$x=-1$ のとき 最小値 -11 をとる。

(2) $y'=-3x^2+12=-3(x+2)(x-2)$
$y'=0$ を解くと　$x=-2,\ 2$
区間 $-1\leqq x\leqq 3$ における y の増減表は，次のようになる。

x	-1	$\cdots$	2	$\cdots$	3
y'	／	$+$	0	$-$	／
y	-6	↗	極大 21	↘	14

よって，y は
$x=2$ のとき 最大値 21 をとり，
$x=-1$ のとき 最小値 -6 をとる。

167B (1) $y'=3x^2-6x=3x(x-2)$
$y'=0$ を解くと　$x=0,\ 2$
区間 $-2\leqq x\leqq 1$ における y の増減表は，次のようになる。

x	-2	$\cdots$	0	$\cdots$	1
y'	／	$+$	0	$-$	／
y	-18	↗	極大 2	↘	0

よって，y は
$x=0$ のとき 最大値 2 をとり，
$x=-2$ のとき 最小値 -18 をとる。

(2) $y'=3x^2-3=3(x+1)(x-1)$
$y'=0$ を解くと　$x=-1,\ 1$
区間 $-3\leqq x\leqq 2$ における y の増減表は，次のようになる。

x	-3	$\cdots$	-1	$\cdots$	1	$\cdots$	2
y'	／	$+$	0	$-$	0	$+$	／
y	-18	↗	極大 2	↘	極小 -2	↗	2

よって，y は
$x=-1,\ 2$ のとき 最大値 2 をとり，
$x=-3$ のとき 最小値 -18 をとる。

168 $x+y=12$ より　$y=12-x$
$x>0,\ y>0$ より　$x>0,\ 12-x>0$
したがって　$0<x<12$

$$V=\pi\times\left(\frac{x}{2}\right)^2\times y=\pi\times\left(\frac{x}{2}\right)^2(12-x)$$
$$=\frac{\pi}{4}(-x^3+12x^2)$$
$$V'=\frac{\pi}{4}(-3x^2+24x)=-\frac{3\pi}{4}x(x-8)$$

$V'=0$ を解くと　$x=0,\ 8$
区間 $0<x<12$ における V の増減表は，次のようになる。

x	0	$\cdots$	8	$\cdots$	12
V'	／	$+$	0	$-$	／
V	／	↗	極大 64π	↘	／

また，$x=8$ のとき $y=4$ である。
よって，V は **$x=8,\ y=4$ のとき**
最大値 64π cm^3

45 方程式・不等式への応用

p.138

169A (1) $y=x^3-3x+5$ とおくと
$y'=3x^2-3=3(x+1)(x-1)$
$y'=0$ を解くと　$x=-1,\ 1$
y の増減表は，次のようになる。

x	$\cdots$	-1	$\cdots$	1	$\cdots$
y'	$+$	0	$-$	0	$+$
y	↗	極大 7	↘	極小 3	↗

この関数のグラフは次のようになり，グラフと x 軸は 1 点で交わる。

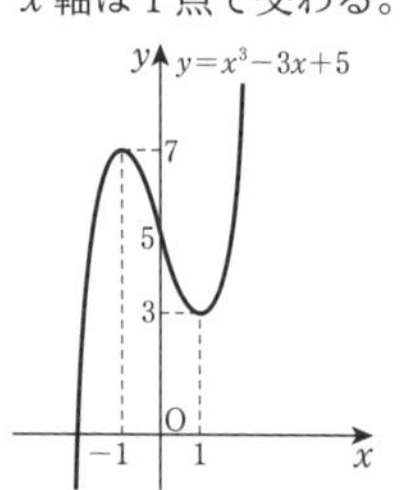

よって，与えられた方程式の異なる実数解の個数は **1 個**

(2) $y=2x^3-3x^2-12x-3$ とおくと
$y'=6x^2-6x-12=6(x+1)(x-2)$
$y'=0$ を解くと　$x=-1,\ 2$
y の増減表は，次のようになる。

x	$\cdots$	-1	$\cdots$	2	$\cdots$
y'	$+$	0	$-$	0	$+$
y	↗	極大 4	↘	極小 -23	↗

この関数のグラフは次のようになり，グラフと x 軸は異なる 3 点で交わる。

よって，与えられた方程式の異なる実数解の個数は **3 個**

169B (1)　$y=x^3+3x^2-4$ とおくと

$y'=3x^2+6x=3x(x+2)$

$y'=0$ を解くと　$x=-2,\ 0$

y の増減表は，次のようになる。

x	$\cdots$	-2	$\cdots$	0	$\cdots$
y'	$+$	0	$-$	0	$+$
y	↗	極大 0	↘	極小 -4	↗

この関数のグラフは次のようになり，グラフと x 軸の共有点は 2 個である。

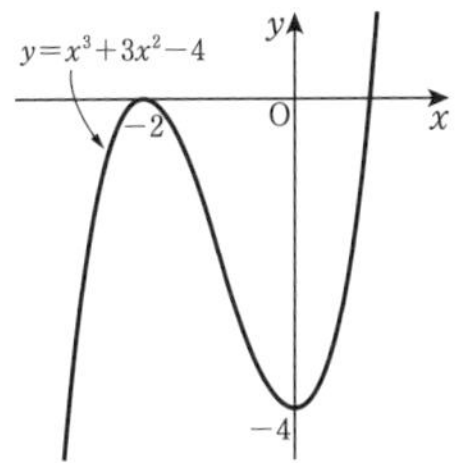

よって，与えられた方程式の異なる実数解の個数は **2 個**

(2)　$y=x^3+3x^2-9x-2$ とおくと

$y'=3x^2+6x-9=3(x-1)(x+3)$

$y'=0$ を解くと　$x=-3,\ 1$

y の増減表は，次のようになる。

x	$\cdots$	-3	$\cdots$	1	$\cdots$
y'	$+$	0	$-$	0	$+$
y	↗	極大 25	↘	極小 -7	↗

この関数のグラフは次のようになり，グラフと x 軸は異なる 3 点で交わる。

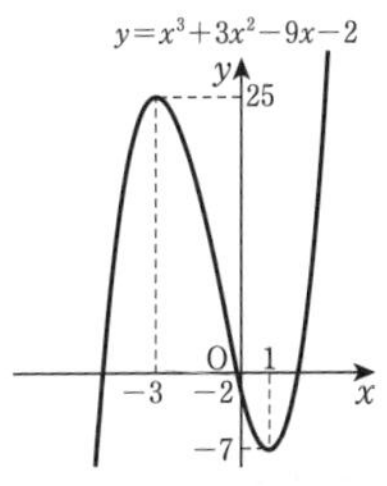

よって，与えられた方程式の異なる実数解の個数は **3 個**

170A 与えられた方程式を

$2x^3+3x^2+1=a$　……①

と変形し，$f(x)=2x^3+3x^2+1$ とおくと

$f'(x)=6x^2+6x=6x(x+1)$

$f'(x)=0$ を解くと　$x=-1,\ 0$

$f(x)$ の増減表は，次のようになる。

x	$\cdots$	-1	$\cdots$	0	$\cdots$
$f'(x)$	$+$	0	$-$	0	$+$
$f(x)$	↗	極大 2	↘	極小 1	↗

ゆえに，$y=f(x)$ のグラフは次のようになる。

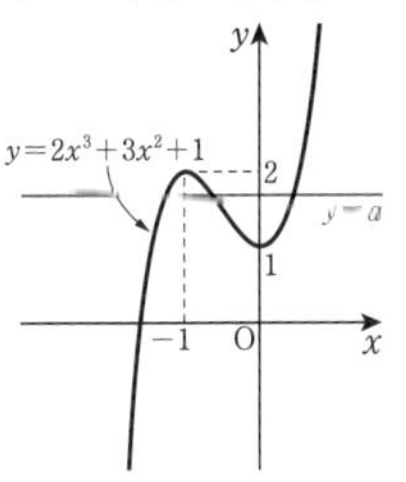

方程式①の異なる実数解の個数は，このグラフと直線 $y=a$ の共有点の個数に一致する。

よって，$a<1$，$2<a$ **のとき　1 個**

$a=1$，2 **のとき　2 個**

$1<a<2$ **のとき　3 個**

170B 与えられた方程式を

$-x^3+3x=a$　……①

と変形し，$f(x)=-x^3+3x$ とおくと

$f'(x)=-3x^2+3=-3(x+1)(x-1)$

$f'(x)=0$ を解くと　$x=-1,\ 1$

$f(x)$ の増減表は，次のようになる。

x	$\cdots$	-1	$\cdots$	1	$\cdots$
$f'(x)$	$-$	0	$+$	0	$-$
$f(x)$	↘	極小 -2	↗	極大 2	↘

ゆえに，$y=f(x)$ のグラフは次のようになる。

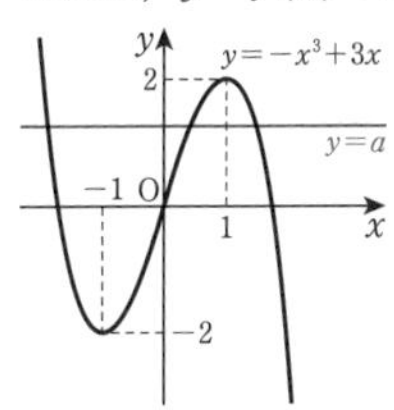

方程式①の異なる実数解の個数は，このグラフと直線 $y=a$ の共有点の個数に一致する。

よって，$a<-2$，$2<a$ **のとき　1 個**

$a=-2$，2 **のとき　2 個**

$-2<a<2$ **のとき　3 個**

171A $f(x)=(x^3+4)-3x^2=x^3-3x^2+4$ とおくと

$f'(x)=3x^2-6x=3x(x-2)$

$f'(x)=0$ を解くと　$x=0,\ 2$

区間 $x\geqq 0$ における $f(x)$ の増減表は，次のようになる。

x	0	$\cdots$	2	$\cdots$
$f'(x)$	／	$-$	0	$+$
$f(x)$	4	↘	極小 0	↗

ゆえに，$x\geqq 0$ において，$f(x)$ は $x=2$ で最小値 0 をとる。

よって，$x \geqq 0$ のとき，$f(x) \geqq 0$ であるから

$(x^3+4)-3x^2 \geqq 0$

すなわち　$x^3+4 \geqq 3x^2$

等号が成り立つのは $x=2$ のときである。

171B $f(x)=(2x^3+4)-6x=2x^3-6x+4$ とおくと

$f'(x)=6x^2-6=6(x+1)(x-1)$

$f'(x)=0$ を解くと　$x=-1,\ 1$

区間 $x \geqq 0$ における $f(x)$ の増減表は，次のようになる。

x	0	$\cdots$	1	$\cdots$
$f'(x)$		$-$	0	$+$
$f(x)$	4	↘	極小 0	↗

ゆえに，$x \geqq 0$ において，$f(x)$ は $x=1$ で最小値 0 をとる。

よって，$x \geqq 0$ のとき，$f(x) \geqq 0$ であるから

$(2x^3+4)-6x \geqq 0$

すなわち　$2x^3+4 \geqq 6x$

等号が成り立つのは $x=1$ のときである。

46 4次関数のグラフ

p.141

172A $y'=4x^3+12x^2+8x=4x(x+1)(x+2)$

$y'=0$ を解くと　$x=0,\ -1,\ -2$

y の増減表は，次のようになる。

x	$\cdots$	-2	$\cdots$	-1	$\cdots$	0	$\cdots$
y'	$-$	0	$+$	0	$-$	0	$+$
y	↘	極小 0	↗	極大 1	↘	極小 0	↗

よって，y は

$x=-1$　のとき　極大値 1

$x=-2,\ 0$ のとき　極小値 0 をとる。

また，グラフは次のようになる。

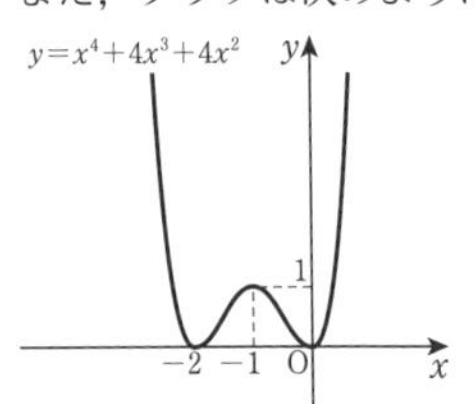

172B $y'=-4x^3+16x=-4x(x+2)(x-2)$

$y'=0$ を解くと　$x=0,\ -2,\ 2$

y の増減表は，次のようになる。

x	$\cdots$	-2	$\cdots$	0	$\cdots$	2	$\cdots$
y'	$+$	0	$-$	0	$+$	0	$-$
y	↗	極大 11	↘	極小 -5	↗	極大 11	↘

よって，y は

$x=-2,\ 2$ のとき　極大値 11

$x=0$　　のとき　極小値 -5 をとる。

また，グラフは次のようになる。

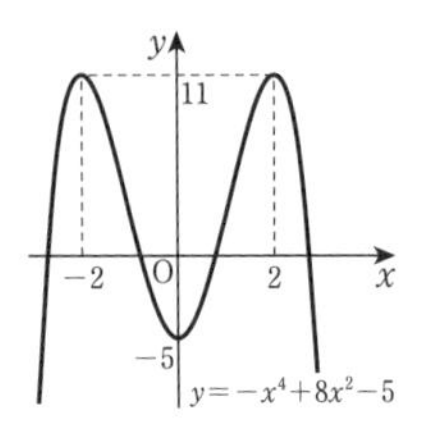

3節　積分法

47 不定積分

p.142

173A (1) $\displaystyle\int(-2)\,dx=\boldsymbol{-2x+C}$

(2) $\displaystyle 3\int x^2\,dx+\int x\,dx=\boldsymbol{x^3+\frac{1}{2}x^2+C}$

173B (1) $\displaystyle\int 2x\,dx=\boldsymbol{x^2+C}$

(2) $\displaystyle 2\int x^2\,dx-3\int dx=\boldsymbol{\frac{2}{3}x^3-3x+C}$

174A (1) $\displaystyle\int(2x-1)\,dx=2\int x\,dx-\int dx$

$=\boldsymbol{x^2-x+C}$

(2) $\displaystyle\int(x^2+3x)\,dx=\int x^2\,dx+3\int x\,dx$

$\displaystyle=\boldsymbol{\frac{1}{3}x^3+\frac{3}{2}x^2+C}$

(3) $\displaystyle\int(-2x^2+3x-4)\,dx$

$\displaystyle=-2\int x^2\,dx+3\int x\,dx-4\int dx$

$\displaystyle=\boldsymbol{-\frac{2}{3}x^3+\frac{3}{2}x^2-4x+C}$

174B (1) $\displaystyle\int(6x-5)\,dx=6\int x\,dx-5\int dx$

$=\boldsymbol{3x^2-5x+C}$

(2) $\displaystyle\int(1-x-x^2)\,dx=\int dx-\int x\,dx-\int x^2\,dx$

$\displaystyle=\boldsymbol{x-\frac{1}{2}x^2-\frac{1}{3}x^3+C}$

(3) $\displaystyle\int\left(3x^2-\frac{2}{3}x+1\right)dx=3\int x^2\,dx-\frac{2}{3}\int x\,dx+\int dx$

$\displaystyle=\boldsymbol{x^3-\frac{1}{3}x^2+x+C}$

175A (1) $\displaystyle\int(x-2)(x+3)\,dx$

$\displaystyle=\int(x^2+x-6)\,dx$

$\displaystyle=\boldsymbol{\frac{1}{3}x^3+\frac{1}{2}x^2-6x+C}$

(2) $\displaystyle\int(x+1)^2\,dx=\int(x^2+2x+1)\,dx$

$\displaystyle=\boldsymbol{\frac{1}{3}x^3+x^2+x+C}$

175B (1) $\displaystyle\int x(3x-1)\,dx=\int(3x^2-x)\,dx$

$\displaystyle=\boldsymbol{x^3-\frac{1}{2}x^2+C}$

(2) $\displaystyle\int(2x+1)(3x-2)\,dx=\int(6x^2-x-2)\,dx$

$\displaystyle=\boldsymbol{2x^3-\frac{1}{2}x^2-2x+C}$

176A (1) $\int(t-2)\,dt=\boldsymbol{\frac{1}{2}t^2-2t+C}$

(2) $\int(3y^2-2y-1)\,dy=\boldsymbol{y^3-y^2-y+C}$

176B (1) $\int(9t^2-2t)\,dt=\boldsymbol{3t^3-t^2+C}$

(2) $\int(-9u^2-5u+2)\,du=\boldsymbol{-3u^3-\frac{5}{2}u^2+2u+C}$

177A (1) $F(x)=\int(4x+2)\,dx$

$=2x^2+2x+C$

よって　$F(0)=2\times0^2+2\times0+C=C$

ここで，$F(0)=1$ であるから　$C=1$

したがって　$\boldsymbol{F(x)=2x^2+2x+1}$

(2) $F(x)=\int(-3x^2+2x-1)\,dx$

$=-x^3+x^2-x+C$

よって　$F(1)=-1^3+1^2-1+C=-1+C$

ここで，$F(1)=-1$ であるから

$-1+C=-1$ より　$C=0$

したがって　$\boldsymbol{F(x)=-x^3+x^2-x}$

177B (1) $F(x)=\int(-2x+5)\,dx$

$=-x^2+5x+C$

よって　$F(0)=-0^2+5\times0+C=C$

ここで，$F(0)=3$ であるから　$C=3$

したがって　$\boldsymbol{F(x)=-x^2+5x+3}$

(2) $F(x)=\int(6x^2-2x+3)\,dx$

$=2x^3-x^2+3x+C$

よって　$F(2)=2\times2^3-2^2+3\times2+C=18+C$

ここで，$F(2)=9$ であるから

$18+C=9$ より　$C=-9$

したがって　$\boldsymbol{F(x)=2x^3-x^2+3x-9}$

48 定積分

p.146

178A (1) $\int_{-1}^{2}3x^2\,dx=\Big[x^3\Big]_{-1}^{2}=2^3-(-1)^3=\boldsymbol{9}$

(2) $\int_{-1}^{3}3\,dx=\Big[3x\Big]_{-1}^{3}=3\times3-3\times(-1)=\boldsymbol{12}$

178B (1) $\int_{-2}^{2}2x\,dx=\Big[x^2\Big]_{-2}^{2}=2^2-(-2)^2=\boldsymbol{0}$

(2) $\int_{-5}^{-2}(-3)\,dx=\Big[-3x\Big]_{-5}^{-2}$

$=\{-3\times(-2)\}-\{-3\times(-5)\}$

$=\boldsymbol{-9}$

179A (1) $\int_{-1}^{2}(4x+1)\,dx$

$=\Big[2x^2+x\Big]_{-1}^{2}$

$=(2\times2^2+2)-\{2\times(-1)^2+(-1)\}$

$=\boldsymbol{9}$

(2) $\int_{0}^{3}(3x^2-6x+7)\,dx$

$=\Big[x^3-3x^2+7x\Big]_{0}^{3}$

$=(3^3-3\times3^2+7\times3)-0$

$=\boldsymbol{21}$

(3) $\int_{0}^{2}(3x+1)\,dx-\int_{0}^{2}(3x-1)\,dx$

$=\int_{0}^{2}\{(3x+1)-(3x-1)\}\,dx$

$=\int_{0}^{2}2\,dx=2\Big[x\Big]_{0}^{2}=2\times2=\boldsymbol{4}$

(4) $\int_{1}^{3}(3x+5)^2\,dx-\int_{1}^{3}(3x-5)^2\,dx$

$=\int_{1}^{3}\{(3x+5)^2-(3x-5)^2\}\,dx$

$=\int_{1}^{3}60x\,dx$

$=30\Big[x^2\Big]_{1}^{3}=30\times(9-1)=\boldsymbol{240}$

179B (1) $\int_{-1}^{1}(x^2-2x-3)\,dx$

$=\Big[\frac{1}{3}x^3-x^2-3x\Big]_{-1}^{1}$

$=\Big(\frac{1}{3}\times1^3-1^2-3\times1\Big)$

$-\Big\{\frac{1}{3}\times(-1)^3-(-1)^2-3\times(-1)\Big\}$

$=\boldsymbol{-\frac{16}{3}}$

(2) $\int_{1}^{4}(x-2)^2\,dx$

$=\int_{1}^{4}(x^2-4x+4)\,dx$

$=\Big[\frac{1}{3}x^3-2x^2+4x\Big]_{1}^{4}$

$=\Big(\frac{1}{3}\times4^3-2\times4^2+4\times4\Big)-\Big(\frac{1}{3}\times1^3-2\times1^2+4\times1\Big)$

$=\boldsymbol{3}$

(3) $\int_{0}^{1}(2x^2-5x+3)\,dx-\int_{0}^{1}(2x^2+5x+3)\,dx$

$=\int_{0}^{1}\{(2x^2-5x+3)-(2x^2+5x+3)\}\,dx$

$=\int_{0}^{1}(-10x)\,dx$

$=-5\Big[x^2\Big]_{0}^{1}=-5\times1=\boldsymbol{-5}$

(4) $\int_{0}^{4}(4x^2-x+2)\,dx-\int_{0}^{4}(4x^2+x+3)\,dx$

$=\int_{0}^{4}\{(4x^2-x+2)-(4x^2+x+3)\}\,dx$

$=\int_{0}^{4}(-2x-1)\,dx$

$=\Big[-x^2-x\Big]_{0}^{4}=(-4^2-4)-0=\boldsymbol{-20}$

180A (1) $\int_{1}^{1}(4x^2+x-3)\,dx=\boldsymbol{0}$

(2) $\int_{0}^{1}(x^2-x+1)\,dx+\int_{1}^{2}(x^2-x+1)\,dx$

$=\int_{0}^{2}(x^2-x+1)\,dx$

$=\Big[\frac{1}{3}x^3-\frac{1}{2}x^2+x\Big]_{0}^{2}$

$=\Big(\frac{1}{3}\times2^3-\frac{1}{2}\times2^2+2\Big)-0=\boldsymbol{\frac{8}{3}}$

180B (1) $\int_{-1}^{0}(x^2+1)\,dx+\int_{0}^{2}(x^2+1)\,dx$

$=\int_{-1}^{2}(x^2+1)\,dx$

$=\left[\frac{1}{3}x^3+x\right]_{-1}^{2}$

$=\left(\frac{1}{3}\times2^3+2\right)-\left\{\frac{1}{3}\times(-1)^3+(-1)\right\}=\mathbf{6}$

(2) $\int_{-3}^{-1}(x^2+2x)\,dx-\int_{1}^{-1}(x^2+2x)\,dx$

$=\int_{-3}^{-1}(x^2+2x)\,dx+\int_{-1}^{1}(x^2+2x)\,dx$

$=\int_{-3}^{1}(x^2+2x)\,dx$

$=\left[\frac{1}{3}x^3+x^2\right]_{-3}^{1}$

$=\left(\frac{1}{3}\times1^3+1^2\right)-\left\{\frac{1}{3}\times(-3)^3+(-3)^2\right\}=\mathbf{\frac{4}{3}}$

181A (1) $\int_{-1}^{2}(3t^2-2t)\,dt$

$=\left[t^3-t^2\right]_{-1}^{2}$

$=(2^3-2^2)-\{(-1)^3-(-1)^2\}=\mathbf{6}$

(2) $\int_{-1}^{1}(3y^2+4y-1)\,dy$

$=\left[y^3+2y^2-y\right]_{-1}^{1}$

$=(1^3+2\times1^2-1)-\{(-1)^3+2\times(-1)^2-(-1)\}$

$=\mathbf{0}$

181B (1) $\int_{-2}^{0}(4-2s^2)\,ds$

$=\left[4s-\frac{2}{3}s^3\right]_{-2}^{0}$

$=0-\left\{4\times(-2)-\frac{2}{3}\times(-2)^3\right\}=\mathbf{\frac{8}{3}}$

(2) $\int_{1}^{2}(2u^2-u+1)\,du$

$=\left[\frac{2}{3}u^3-\frac{1}{2}u^2+u\right]_{1}^{2}$

$=\left(\frac{2}{3}\times2^3-\frac{1}{2}\times2^2+2\right)-\left(\frac{2}{3}\times1^3-\frac{1}{2}\times1^2+1\right)$

$=\mathbf{\frac{25}{6}}$

182A (1) $\frac{d}{dx}\int_{2}^{x}(t^2+3t+1)\,dt$

$=\boldsymbol{x^2+3x+1}$

(2) $\frac{d}{dx}\int_{-3}^{x}(2t^2-5t)\,dt$

$=\boldsymbol{2x^2-5x}$

182B (1) $\frac{d}{dx}\int_{-1}^{x}(2t^2-1)\,dt$

$=\boldsymbol{2x^2-1}$

(2) $\frac{d}{dx}\int_{2}^{x}(t-3)^2\,dt$

$=\boldsymbol{(x-3)^2}$

49 定積分と面積

p.150

183A (1) 求める面積 S は，右の図の斜線部分の面積。

$S=\int_{-1}^{2}(3x^2+1)\,dx$

$=\left[x^3+x\right]_{-1}^{2}$

$=(2^3+2)-\{(-1)^3+(-1)\}$

$=\mathbf{12}$

(2) 求める面積 S は，右の図の斜線部分の面積。

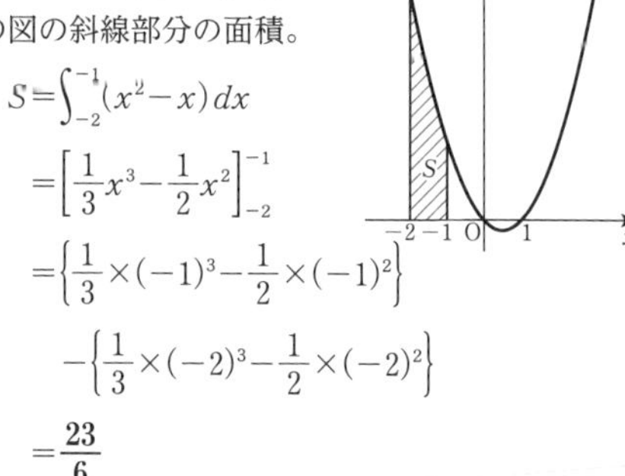

$S=\int_{-2}^{-1}(x^2-x)\,dx$

$=\left[\frac{1}{3}x^3-\frac{1}{2}x^2\right]_{-2}^{-1}$

$=\left\{\frac{1}{3}\times(-1)^3-\frac{1}{2}\times(-1)^2\right\}$

$-\left\{\frac{1}{3}\times(-2)^3-\frac{1}{2}\times(-2)^2\right\}$

$=\mathbf{\frac{23}{6}}$

183B (1) 求める面積 S は，右の図の斜線部分の面積。

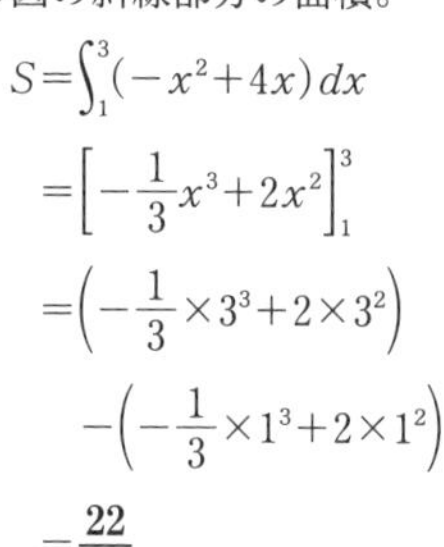

$S=\int_{1}^{3}(-x^2+4x)\,dx$

$=\left[-\frac{1}{3}x^3+2x^2\right]_{1}^{3}$

$=\left(-\frac{1}{3}\times3^3+2\times3^2\right)$

$-\left(-\frac{1}{3}\times1^3+2\times1^2\right)$

$=\mathbf{\frac{22}{3}}$

(2) 求める面積 S は，右の図の斜線部分の面積。

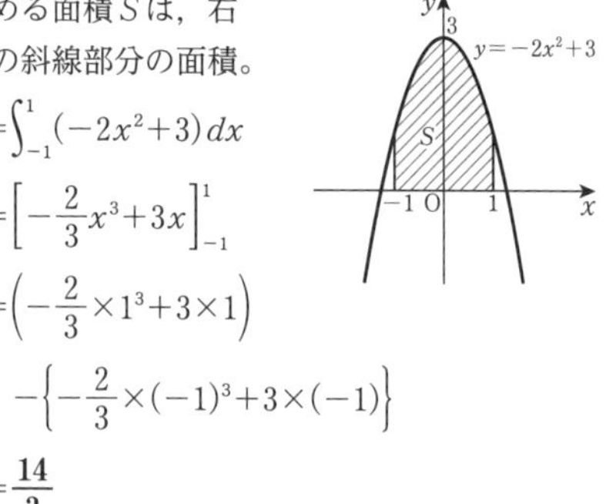

$S=\int_{-1}^{1}(-2x^2+3)\,dx$

$=\left[-\frac{2}{3}x^3+3x\right]_{-1}^{1}$

$=\left(-\frac{2}{3}\times1^3+3\times1\right)$

$-\left\{-\frac{2}{3}\times(-1)^3+3\times(-1)\right\}$

$=\mathbf{\frac{14}{3}}$

184A (1) 放物線 $y=x^2-3x$ と x 軸の共有点の x 座標は $x^2-3x=0$ より　$x=0,\ 3$

ここで，区間 $0\leqq x\leqq3$ では　$x^2-3x\leqq0$

よって，求める面積 S は

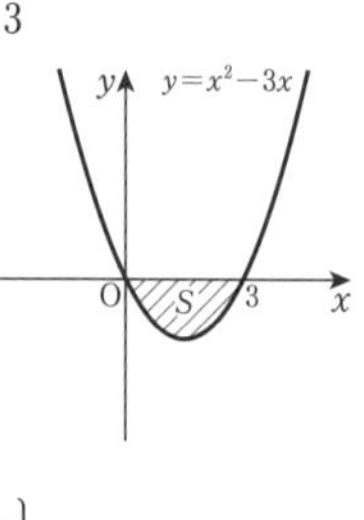

$S=-\int_{0}^{3}(x^2-3x)\,dx$

$=-\left[\frac{1}{3}x^3-\frac{3}{2}x^2\right]_{0}^{3}$

$=-\left\{\left(\frac{1}{3}\times3^3-\frac{3}{2}\times3^2\right)-0\right\}$

$=\dfrac{9}{2}$

(2) 放物線 $y=3x^2-12$ と x 軸の共有点の x 座標は　$3x^2-12=0$ より　$x=-2,\ 2$

ここで，区間 $-2\leqq x\leqq 2$ では　$3x^2-12\leqq 0$

よって，求める面積 S は

$$S=-\int_{-2}^{2}(3x^2-12)\,dx$$
$$=-\Big[x^3-12x\Big]_{-2}^{2}$$
$$=-[(2^3-12\times 2)-\{(-2)^3-12\times(-2)\}]$$
$$=\mathbf{32}$$

184B (1) 放物線 $y=\dfrac{1}{2}x^2+2x$ と x 軸の共有点の x 座標は　$\dfrac{1}{2}x^2+2x=0$ より　$x=0,\ -4$

ここで，区間 $-4\leqq x\leqq 0$ では　$\dfrac{1}{2}x^2+2x\leqq 0$

よって，求める面積 S は

$$S=-\int_{-4}^{0}\left(\frac{1}{2}x^2+2x\right)dx$$
$$=-\left[\frac{1}{6}x^3+x^2\right]_{-4}^{0}$$
$$=-\left[0-\left\{\frac{1}{6}\times(-4)^3+(-4)^2\right\}\right]$$
$$=\mathbf{\frac{16}{3}}$$

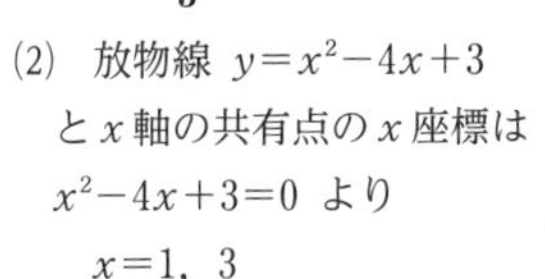

(2) 放物線 $y=x^2-4x+3$ と x 軸の共有点の x 座標は $x^2-4x+3=0$ より　$x=1,\ 3$

ここで，区間 $1\leqq x\leqq 3$ では　$x^2-4x+3\leqq 0$

よって，求める面積 S は

$$S=-\int_{1}^{3}(x^2-4x+3)\,dx$$
$$=-\left[\frac{1}{3}x^3-2x^2+3x\right]_{1}^{3}$$
$$=-\left\{\left(\frac{1}{3}\times 3^3-2\times 3^2+3\times 3\right)-\left(\frac{1}{3}\times 1^3-2\times 1^2+3\times 1\right)\right\}$$
$$=\mathbf{\frac{4}{3}}$$

185A 区間 $-2\leqq x\leqq 1$ では　$x^2+9\geqq 2x^2$

よって，求める面積 S は

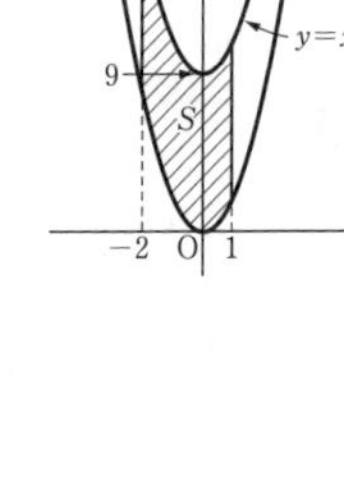

$$S=\int_{-2}^{1}\{(x^2+9)-2x^2\}\,dx$$
$$=\int_{-2}^{1}(-x^2+9)\,dx$$
$$=\left[-\frac{1}{3}x^3+9x\right]_{-2}^{1}$$
$$=\left(-\frac{1}{3}\times 1^3+9\times 1\right)$$
$$-\left\{-\frac{1}{3}\times(-2)^3+9\times(-2)\right\}$$
$$=\mathbf{24}$$

185B 区間 $2\leqq x\leqq 3$ では　$-x^2+4x-4\geqq x^2-6x+4$

よって，求める面積 S は

$$S=\int_{2}^{3}\{(-x^2+4x-4)-(x^2-6x+4)\}\,dx$$
$$=\int_{2}^{3}(-2x^2+10x-8)\,dx$$
$$=\left[-\frac{2}{3}x^3+5x^2-8x\right]_{2}^{3}$$
$$=\left(-\frac{2}{3}\times 3^3+5\times 3^2-8\times 3\right)-\left(-\frac{2}{3}\times 2^3+5\times 2^2-8\times 2\right)$$
$$=\mathbf{\frac{13}{3}}$$

186A 放物線 $y=x^2-2x-1$ と直線 $y=x-1$ の共有点の x 座標は

$x^2-2x-1=x-1$

$x^2-3x=0$

$x(x-3)=0$

$x=0,\ 3$

区間 $0\leqq x\leqq 3$ では　$x-1\geqq x^2-2x-1$

よって，求める面積 S は

$$S=\int_{0}^{3}\{(x-1)-(x^2-2x-1)\}\,dx$$
$$=\int_{0}^{3}(-x^2+3x)\,dx$$
$$=\left[-\frac{1}{3}x^3+\frac{3}{2}x^2\right]_{0}^{3}$$
$$=\left(-\frac{1}{3}\times 3^3+\frac{3}{2}\times 3^2\right)-0$$
$$=\mathbf{\frac{9}{2}}$$

186B 放物線 $y=-x^2-x+4$ と直線 $y=-3x+1$ の共有点の x 座標は

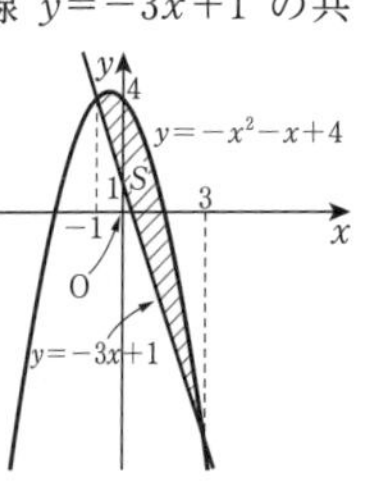

$-x^2-x+4=-3x+1$

$x^2-2x-3=0$

$(x+1)(x-3)=0$

$x=-1,\ 3$

区間 $-1\leqq x\leqq 3$ では　$-x^2-x+4\geqq -3x+1$

よって，求める面積 S は

$$S=\int_{-1}^{3}\{(-x^2-x+4)-(-3x+1)\}\,dx$$
$$=\int_{-1}^{3}(-x^2+2x+3)\,dx$$
$$=\left[-\frac{1}{3}x^3+x^2+3x\right]_{-1}^{3}$$
$$=\left(-\frac{1}{3}\times 3^3+3^2+3\times 3\right)$$

$-\left\{-\frac{1}{3}\times(-1)^3+(-1)^2+3\times(-1)\right\}$

$=\mathbf{\frac{32}{3}}$

187A (1) 区間 $1\leqq x\leqq 2$ では $y\leqq 0$

よって，求める面積 S は

$S=-\int_1^2(x-1)(x-2)\,dx$

$=-\left\{-\frac{1}{6}(2-1)^3\right\}$

$=\mathbf{\frac{1}{6}}$

(2) 2次関数 $y=-x^2+x+2$ と x 軸の共有点の x 座標は

$-x^2+x+2=0$ より

$x^2-x-2=0$

$(x+1)(x-2)=0$

$x=-1,\ 2$

区間 $-1\leqq x\leqq 2$ では $y\geqq 0$

よって，求める面積 S は

$S=\int_{-1}^2(-x^2+x+2)\,dx$

$=-\int_{-1}^2(x^2-x-2)\,dx$

$=-\int_{-1}^2(x+1)(x-2)\,dx$

$=-\left[-\frac{1}{6}\{2-(-1)\}^3\right]$

$=\mathbf{\frac{9}{2}}$

187B (1) 区間 $-2\leqq x\leqq 3$ では $y\geqq 0$

よって，求める面積 S は

$S=\int_{-2}^3\{-(x+2)(x-3)\}\,dx$

$=-\int_{-2}^3(x+2)(x-3)\,dx$

$=-\left[-\frac{1}{6}\{3-(-2)\}^3\right]$

$=\mathbf{\frac{125}{6}}$

(2) 2次関数 $y=x^2-2x-3$ と x 軸の共有点の x 座標は $x^2-2x-3=0$ より

$(x+1)(x-3)=0$

$x=-1,\ 3$

区間 $-1\leqq x\leqq 3$ では $y\leqq 0$

よって，求める面積 S は

$S=-\int_{-1}^3(x+1)(x-3)\,dx$

$=-\left[-\frac{1}{6}\{3-(-1)\}^3\right]$

$=\mathbf{\frac{32}{3}}$

188A $y=x(x-1)(x+2)$ のグラフと x 軸の共有点の x 座標は

$x(x-1)(x+2)=0$

より $x=-2,\ 0,\ 1$

区間 $-2\leqq x\leqq 0$ で $y\geqq 0$

区間 $0\leqq x\leqq 1$ で $y\leqq 0$

よって

$S=\int_{-2}^0 x(x-1)(x+2)\,dx-\int_0^1 x(x-1)(x+2)\,dx$

$=\int_{-2}^0(x^3+x^2-2x)\,dx-\int_0^1(x^3+x^2-2x)\,dx$

$=\left[\frac{1}{4}x^4+\frac{1}{3}x^3-x^2\right]_{-2}^0-\left[\frac{1}{4}x^4+\frac{1}{3}x^3-x^2\right]_0^1$

$=\mathbf{\frac{37}{12}}$

188B $y=-x^3+x$ のグラフと x 軸の共有点の x 座標は

$-x^3+x=0$

$-x(x+1)(x-1)=0$

より $x=-1,\ 0,\ 1$

区間 $-1\leqq x\leqq 0$ で $y\leqq 0$

区間 $0\leqq x\leqq 1$ で $y\geqq 0$

よって

$S=-\int_{-1}^0(-x^3+x)\,dx+\int_0^1(-x^3+x)\,dx$

$=-\left[-\frac{1}{4}x^4+\frac{1}{2}x^2\right]_{-1}^0+\left[-\frac{1}{4}x^4+\frac{1}{2}x^2\right]_0^1$

$=\mathbf{\frac{1}{2}}$

演習問題

189 $f(x)=x^3-3a^2x+16$ とおくと

$f'(x)=3x^2-3a^2=3(x+a)(x-a)$

$a>0$ より，区間 $x\geqq 0$ における $f(x)$ の増減表は次のようになる。

x	0	…	a	…
$f'(x)$		$-$	0	$+$
$f(x)$	16	↘	極小 $-2a^3+16$	↗

不等式が成り立つには $-2a^3+16\geqq 0$ であればよい。

$a^3-8\leqq 0$ を解くと

$(a-2)(a^2+2a+4)\leqq 0$

$(a-2)\{(a+1)^2+3\}\leqq 0$

ここで $(a+1)^2+3>0$

ゆえに $a\leqq 2$

したがって，$a>0$ より

$\mathbf{0<a\leqq 2}$

190 (1) $\int_1^x f(t)\,dt=x^2-3x-a$ の両辺を x について微分すると

$\mathbf{f(x)=2x-3}$

また，与えられた等式に $x=1$ を代入すると

(左辺)$=\int_1^1 f(t)\,dt=0$

(右辺)$=1^2-3\times1-a=-2-a$

より　$-2-a=0$

よって　$\boldsymbol{a=-2}$

(2) $\displaystyle\int_a^x f(t)\,dt=2x^2+3x-5$ の両辺を x について微分すると

$\boldsymbol{f(x)=4x+3}$

また，与えられた等式に $x=a$ を代入すると

(左辺)$=\displaystyle\int_a^a f(t)\,dt=0$

(右辺)$=2a^2+3a-5$

より　$2a^2+3a-5=0$

これを解くと　$(a-1)(2a+5)=0$

よって　$\boldsymbol{a=1,\ -\frac{5}{2}}$

191 (1) $x-3\geqq0$　すなわち　$x\geqq3$ のとき

$|x-3|=x-3$

$x-3\leqq0$　すなわち　$x\leqq3$ のとき

$|x-3|=-(x-3)=-x+3$

よって

$$\int_0^4|x-3|\,dx$$

$$=\int_0^3|x-3|\,dx+\int_3^4|x-3|\,dx$$

$$=\int_0^3(-x+3)\,dx+\int_3^4(x-3)\,dx$$

$$=\left[-\frac{1}{2}x^2+3x\right]_0^3+\left[\frac{1}{2}x^2-3x\right]_3^4$$

$$=\left(-\frac{1}{2}\times3^2+3\times3\right)-0+\left(\frac{1}{2}\times4^2-3\times4\right)-\left(\frac{1}{2}\times3^2-3\times3\right)$$

$$=\boldsymbol{5}$$

(2) $2x-3\geqq0$　すなわち　$x\geqq\frac{3}{2}$ のとき

$|2x-3|=2x-3$

$2x-3\leqq0$　すなわち　$x\leqq\frac{3}{2}$ のとき

$|2x-3|=-(2x-3)=-2x+3$

よって

$$\int_0^3|2x-3|\,dx$$

$$=\int_0^{\frac{3}{2}}|2x-3|\,dx+\int_{\frac{3}{2}}^3|2x-3|\,dx$$

$$=\int_0^{\frac{3}{2}}(-2x+3)\,dx+\int_{\frac{3}{2}}^3(2x-3)\,dx$$

$$=\left[-x^2+3x\right]_0^{\frac{3}{2}}+\left[x^2-3x\right]_{\frac{3}{2}}^3$$

$$=\left\{-\left(\frac{3}{2}\right)^2+3\times\frac{3}{2}\right\}-0+(3^2-3\times3)-\left\{\left(\frac{3}{2}\right)^2-3\times\frac{3}{2}\right\}$$

$$=\boldsymbol{\frac{9}{2}}$$

24(02)②